水文水资源系列丛书

塔河流域干旱预警及灾害效应风险评估

覃新闻　薛联青

王新平　白云岗　罗　健　著

东南大学出版社

·南京·

内 容 摘 要

　　干旱是全球范围内频繁发生的一种慢性自然灾害,对社会生活和经济发展的影响之大、范围之广、持续之久、危害之深已严重影响了人类的生存和发展。本书主要针对我国典型的干旱区流域塔里木河流域水资源极端匮乏、干旱频繁发生的实际情况,深入分析了塔里木河流域的干旱灾害特征及成因,根据流域内陆水循环和水平衡的特点,对塔里木河流域的干旱特征进行了定量描述,建立了适用性强的干旱评价方法。系统分析了典型流域的干旱演变趋势,并基于气象、水文干旱指标,运用马尔柯夫链对干旱状态转移预测,建立了塔河流域干旱预警关键技术。以此为基础,进行了塔河流域干旱灾害风险评估与区划,量化分析了塔河流域干旱灾害效应,提出了相应的干旱灾害应对措施,为流域水资源规划、流域社会经济与生态环境保护提供了科学依据,对流域生态系统和水资源可持续利用具有重要的理论和实践意义。

　　本书可供水文水资源学科、环境科学、资源科学、农业工程及水利工程等学科的科研人员、大学教师和相关专业的研究生和本科生,以及从事水资源管理领域、水土保持工程及生态环境保护的管理和技术人员阅读参考。

图书在版编目(CIP)数据

　　塔河流域干旱预警及灾害效应风险评估/覃新闻等著. —南京:东南大学出版社,2013.6
　　水文水资源系列丛书
　　ISBN 978 - 7 - 5641 - 4184 - 4

　　Ⅰ.①塔… Ⅱ.①覃… Ⅲ.①塔里木河-流域-干旱-预测 ②塔里木河-流域-旱灾-风险分析 Ⅳ.①P426.616

　　中国版本图书馆 CIP 数据核字(2013)第 081364 号

塔河流域干旱预警及灾害效应风险评估

出版发行	东南大学出版社
出 版 人	江建中
社　　址	南京市四牌楼 2 号
邮　　编	210096
经　　销	江苏省新华书店
印　　刷	兴化印刷有限责任公司
开　　本	700 mm×1000 mm　1/16
印　　张	16.75　彩插:8 面
字　　数	333 千字
版　　次	2013 年 6 月第 1 版
印　　次	2013 年 6 月第 1 次印刷
书　　号	ISBN 978 - 7 - 5641 - 4184 - 4
印　　数	1—1 000
定　　价	41.00 元

　　(本社图书若有印装质量问题,请直接与营销部联系。电话:025 - 83791830)

前　言

干旱是全球范围内频繁发生的一种慢性自然灾害,它对社会生活和经济发展的影响之大、范围之广、持续之久、危害之深严重影响了人类的生存和发展。干旱事件发展缓慢且不易被察觉,当干旱特征显露之后,其影响范围之广、程度之严重已致使应对措施常常难于实施。近年来,由于全球性气候变化和人类活动加剧,干旱发生趋于频繁,尤其是在水资源紧缺地区,干旱严重威胁当地人民赖以生存的粮食、水和生态环境,制约着当地的生产、生活,给工农业生产带来无法估量的损失,全球每年因干旱造成的经济损失高达 60 亿～80 亿美元,远远超过了其他自然灾害。中国是世界上受干旱灾害最为严重的国家之一,干旱、半干旱地区约占全国面积的 47%。近 5 来我国旱灾发生频繁,影响范围之广、受灾面积之大已经引起了高度重视。

地处中国西部的塔里木河被誉为新疆各族人民的"母亲河",塔里木河流域所形成的天然绿洲是阻挡塔克拉玛干沙漠的风沙侵袭、保护人类生存环境的天然保障。随着气候变化与人类活动的加剧,塔里木河流域干旱化趋势也进一步加剧,旱灾频次明显加快。旱情旱灾影响范围已远远超出农业,不仅威胁工农业生产,对生态也造成了直接影响,干旱给原本紧缺的水资源和生态环境产生了巨大破坏,加剧了供需矛盾,解决干旱条件下的水资源短缺问题,已经成为当今需要迫切解决的问题。

因此,系统研究塔里木河流域干旱特征、干旱演变及干旱成灾机制和变化规律,加强该流域干旱预警,对流域生态系统和人类的可持续发展具有重要的理论意义,对科学合理进行流域水资源开发利用,维护流域经济、社会、生态系统的稳定性和持续性具有重大的实际指导作用。

全书共包含六个方面的内容,分为九章。其中,第 1 章阐述了国内外干旱研究的发展趋势及研究的重大意义,从干旱定义、干旱特征及干旱指标等方面分析了目前研究状况及存在的问题;第 2 章介绍了塔里木河流域的概况及干旱的影响要素;第3章重点讨论塔里木河流域的干旱灾害特征及成因,建立了适用性强的干旱评价方法;第4章系统建立了塔里木河流域的干旱指标,并针对典型区域解析了干旱演变趋势;第5章主要是基于气象、水文干旱指标,确立了塔里木河流域干旱指标体系及干旱综合评价理论方法;第6、7章重点研究了流域干旱灾害风险评估与区划方法,建立了塔里木河流域干旱预警理论方法关键技术。第8、9章主要以干旱评估与干旱预警为基础,对干旱指标值进行短期预测,取得了相应的预测结果,量化分析了塔里木河流域干旱灾害效应,提出了相应的干旱灾害应对措施,为地方水资源管理及干旱预警提供了参考。

　　本书主要是作者及相关科研、论文成果的总结,全书由薛联青统稿。在本书撰写过程中,李永坤、李泽华、张竞楠、杨明智、邢宝龙、王思琪、李晓林、张江辉、张强、木沙·如孜、孙鹏、卢震林、加孜拉、刘洪波等都给予了大力支持。石河子大学的杨广讲师参与了本书第1章、第2章、第4章等章节的编写工作,在此一并表示感谢。特别感谢水利部水文局王爱平高级工程师,塔里木河流域管理局张洛成处长,楚永红副处长,孙超、郑刚和陈小强三位工程师等的帮助和支持。

　　在本书的撰写过程中,得到了石河子大学水建学院、水文水资源与水利工程科学国家重点实验室等单位领导和专家的大力支持,在此深表谢意!

　　本书出版得到水利部公益性行业科研专项(201001057,201001066),水文水资源与水利工程科学国家重点实验室专项经费(2011585512)的资助,在此表示感谢!

　　同时对作者所引用的参考文献的作者及不甚疏漏的引文作者也一并致谢!

　　由于作者水平有限,编写过程中难免存在很多不足及顾此失彼之处,敬请读者给予批评指正!

作　者

2013 年 3 月

目　录

1 绪 论

1.1 问题提出

近年来,随着全球气候变暖以及用水需求的不断增加,地处全国内陆干旱区的塔里木河域水资源匮乏的问题越来越严重,已成为制约地区经济社会可持续发展的重要因素之一。频繁发生的干旱是一个世界范围重大灾害性气候问题,直接和间接地阻碍了社会经济发展并威胁着人类的生存。《气候变化国家评估报告》(2006年12月)指出,目前气候变化对干旱和洪涝等水文极端事件的研究尚处于起步阶段,无论是研究方法还是研究内容都比较薄弱。我国农业、水资源、森林与其他自然生态系统、海岸带与近海生态系统等极易受全球气候变化的不利影响,自然灾害将有进一步加剧的可能。尤其是近年来,在气候变化和人类活动加剧等外界干扰作用下,干旱发生趋于频繁,在水资源紧缺地区,干旱灾害给社会经济的各个层面造成一系列复杂的影响,特别是对农业领域的危害并非局限于受灾的区域。与暴雨、洪水、地震等毁灭性效应的灾害相比,干旱发展缓慢且不易被察觉,当干旱特征显露之后,其影响范围之广、程度之严重致使应对措施无从开展,干旱已威胁到人类的生存和发展。深入研究分析变化条件下干旱演变态势,进行合理的干旱预警与流域干旱致灾效应分析,对科学用水、水资源合理调配以及流域的可持续发展具有重要意义。

我国是一个干旱灾害频繁发生的国家。据统计,全国每年干旱造成的损失占各种自然灾害的15%以上,为各项灾害之首。自上世纪90年代以来,我国旱灾频次明显加快,几乎每3年就发生一次重旱甚至特大旱,旱情持续时间更长,跨季、跨年的旱灾越来越频繁,旱灾造成的损失也呈加重趋势。2010年西南5省(市)(云南、贵州、广西、四川、重庆)发生百年一遇特大干旱,耕地受旱面积1.01亿亩,有2088万人、1368万头大牲畜因旱饮水困难,引起了国内外的广泛关注。频繁发生的干旱灾害,对我国城乡供水安全、粮食安全和生态环境安全构成极大威胁,抗旱减灾工作面临着前所未有的压力和挑战。据不完全统计,我国GDP平均每年因旱灾损失 1.1%,约为 3 000 亿元,重旱年份则高达 2.5%～3.5%。

作为我国最大的内陆干旱区的新疆塔里木河流域(以下简称塔河流域),水资源匮乏的问题越来越严重,已成为制约地区经济社会可持续发展的重要因素之一。随着塔里木河来水量持续减少以及区域内用水需求的增加,造成下游河道断流、干枯和地下水位下降,胡杨林及灌木大量死亡,绿色走廊不断衰退,生态环境恶化。2009 年,塔河遭遇了 60 年一遇的特大干旱,主干河流入水量大幅减少,断流河段长达 1 100 km。频繁发生严重旱情,旱灾波及的范围已远远超出农业,不仅威胁塔河流域的粮棉生产,也给区域生态环境带来直接影响。

世界气象组织(WMO)和政府间气候变化专门委员会(IPCC)2007 年 8 月 7 日联合发布的报告指出,全球持续变暖已经是毫无疑问的趋势,持续干旱、高温等事件变得更加频繁。报告预测未来某些内陆干旱区的持续干旱和高温等极端事件很可能将更加频繁地发生。

旱灾不仅造成严重的经济损失,还加剧了水土流失、荒漠化土地扩展等生态环境灾害,更严重影响社会经济发展与可持续发展。2006 年,喀什、和田、阿克苏的部分县(市)河道来水量锐减,致使 4 月下旬～5 月中旬农作物受旱面积一度达到近 475 万亩,其中重旱面积近 100 万亩,有近 50 万人、108 万头(只)大牲畜发生临时饮水困难。2009 年,塔河流域源流区遭遇大旱,叶尔羌河、盖孜河、提孜那甫河、库山河四条河流 5～7 月来水量比历年同期减少 44.1%,是有水文记载以来同期来水量最少的年份,给流域社会生产、生活以及生态带来了极大的损失。塔河三源流(阿克苏河、叶尔羌河、和田河)5 月份径流量仅为 8.91 亿 m³,比历年同期减少 2.15 亿 m³,为特枯月份。受源流来水减少及上游源流区抗旱灌溉引水的影响,塔河干流控制断面阿拉尔 6 月上旬来水量只有 0.06 亿 m³,比历年同期少 89%,6 月中旬比同期少 92%。受此影响,塔河近年来发生的断流点向上游发展,断流河长较往年有所延长,对下游农业生产和生态用水造成严重影响,旱灾已成为制约塔河流域可持续发展的重要灾害。

开展塔河流域干旱灾害方面的研究,对提高塔河流域抗旱应急管理水平,增强抗旱减灾预案的针对性和可操作性,提升灾害监测预报水平和预警能力,完善应急反应处置,发挥科技在抗旱减灾中的重要支撑、引领作用,预防和减轻自然灾害损失具有重要的实践指导意义。

1.2 干旱与干旱灾害

1.2.1 干旱定义

干旱一词在气象学上有两种含义:一是干旱气候,一是干旱灾害。干旱气候是指蒸发量比降水量大得多的一种气候现象,是最大可能蒸散量(用 H. L. 彭曼公式计算的)与年降水量的比值大于或等于 3.5 的地区。干旱灾害是指某一地理范围在某一具体时段内的降水量比年平均降水量显著偏少,导致该地区的经济活动(尤其是农业生产)和人类生活受到较大危害的现象。作为自然灾害,干旱是表征气候学和水文参数最好的指标之一。在不同地区以及不同的学科领域里,国内外关于干旱的定义多达一百多种。对于干旱问题,用不同角度定义和用不同标准衡量,都体现了人们对干旱的认识和理解存在明显的差异。目前国际上对干旱的常规定义有以下几种:①世界气象组织定义为(WMO,1986):"干旱是指长期的、持续的缺少降水。"②联合国防治干旱和荒漠化公约(UN Secretraiat General,1994)定义:"干旱是指降水已经大大低于正常记录水平,造成土地资源生产系统水文严重失衡的自然现象。"③美国粮食和农业组织(FAO,1983)定义旱灾为:"作物生长所需水分低于多年平均值。"④气候与天气百科全书(Schneider,1996)定义干旱为:"一个地区在统计基础上一个季度、一年或是多年的长期缺少降水。"⑤Gumbel(1963)定义干旱为日径流量的年均最小值。⑥Palmer(1965)解释干旱为:"一个干旱地区有着显著偏差的水文条件。"⑦Linseley,等人(1959)定义干旱为:"持续一段时间的无显著降雨。"⑧国际气候界定义干旱为:"长时期缺乏降水或降水明显短缺"或"降水短缺导致某方面的活动缺水。"⑨美国天气局定义干旱为:"严重和长时间的缺雨。"由于使用不同的变量来描述干旱,因此,干旱的定义各不相同。张景书按照普通逻辑对概念的要求,依据干旱的实际将干旱定义为:"干旱是指在一定时期内无降水或者降水量偏少引起土壤水分缺乏,从而不能满足作物正常生长所需要水分的一种气候现象。"该定义为发生定义,即通过种差指出干旱和其他气候现象(如水涝)在形式方面的不同。张景书指出:"一定时期内无效降水或者降水量偏少引起土壤水分缺乏,从而不能满足作物正常生长所需的水分"为种差,"气候现象"为属,"种差＋属"的定义方式体现了干旱概念的特有内涵和外延。任尚义综合各种定义反映干旱的特性,认为干旱是指在相对广阔的地区,在长期无降水和少降水或降水异常偏少的气候背景下,水分供应严重不足的现象。商务印书馆出版的《现代汉语词典》(第五版)中将"干旱"解释为"因降水不足而土壤、气候干燥"。我国国家气候局认为干旱是指因水分的收与支或供与求不平衡而形成的持续的水分短缺现象。《中华人民共和国抗旱条例》中将干旱灾害定义为由于降水减少、水工程供水不足引起的用水短缺,并对生活、生产和生态造成危害的事件。

而百度百科网络上从三个学科对"干旱"进行了定义:一是从大气科学(一级学科)中的应用气象学(二级学科)方面将干旱定义为"长期无雨或少雨导致空气干燥的现象";二是从地理学(一级学科)中的气候学(二级学科)方面将干旱定义为"长期无雨或少雨导致空气干燥的现象";三是从资源科技(一级学科)中的气候资源学(二级学科)方面将干旱定义为"长期无雨或少雨导致土壤和河流缺水及空气干燥的现象"。目前对干旱的定义很多,各自从本学科乃至本学科的不同方面来描述这一现象。

鉴此,国内外统一使用以下四种干旱定义类型(Wilhite and Glantz,1985;American Meteorological Society,2004),分别为:气象干旱、水文干旱、农业干旱和社会经济干旱。

(1) 气象干旱

气象干旱指某一地区长时期缺乏降水(Pinkeye,1966;Santos,1983;Chang,1991;Eltahir,1992),水分支出大于水分收入而造成的水分短缺现象(张强,2006)。降水普遍用于气象干旱的分析,考虑到使用降水距平值作为干旱指标(Gibbs,1975),多项研究使用月降水量数据分析干旱,用累计降水量和缺失量等其他方法分析干旱持续时间和强度(Chang and Kleopa,1991;Estrela,等,2000)。气象干旱最直观的表现在于降水量的减少,降水量的减少不仅是气象干旱发生的根本原因,而且它是引发其他类型干旱发生的重要的自然因子。农业干旱的发生与前期降水量息息相关,这是因为前期降水量和土壤保墒性能决定自然供给作物水分的能力;降水量的多少直接影响河流的径流量和河流、湖泊、水库、水塘的水位高度,从而影响到水文干旱的发生;因降水量减少不仅会影响到人们的生活用水,而且还使工业、航运、旅游、发电等行业遭受不同程度的经济损失。气象干旱是干旱类型的最初形式,依据气象干旱持续的时间和范围相继会引发农业干旱、水文干旱和社会经济干旱。

(2) 水文干旱

水文干旱是指一段时期地表水和地下水资源不足,它是为水的使用而建立起来的水资源管理体制系统,水文径流数据已被广泛应用于干旱分析(Dracup,等,1980;Sen,1980;Zelenhasic 和 Salvai,1987;Chang 和 Stenson,1990;Frick,等,1990;Mohan 和 Rangacharya,1991;Clausen 和 Pearson,1995)。利用回归分析有关干旱径流的集水属性,发现地质条件是影响水文干旱的主要因素之一(Zecharias 和 Brutsaert,1998;Vogel 和 Kroll,1992)。张俊等人认为水文干旱是指因降水长期短缺而造成某段时间内地表水或地下水收支不平衡,出现水分短缺,使河流径流量、地表水、水库蓄水和湖水减少的现象。水文干旱是与大量供水(包括河流、湖泊、水库和水塘的水位高度短缺)相联系的。与气象干旱和农业干旱相比,水文干旱出现较慢,如降水的减少有可能在半年内并不会反映在径流的减少上。这种惰性也意味着水文干旱比其他形式的干旱持续时间更长。水文干旱发生将导致城市、农村供水紧张,人畜饮水困难,也会加重农业干旱,导致社会经济干旱。水文干旱的评估一般采用总水量短缺、累计流量距平、地表水供给指数等指标。为了定量描述和分析水文干旱,把游程理论引入到定义之中,即一个径流的时间序列 $Q(t)$,为一个截断水平 $Q_0(t)$ 所截,负的游程长度 $D(Q(t){\leqslant}Q_0(t))$ 为干旱历时,游程 S(距 $Q(t)$ 的累计偏差)为干燥烈度(或干旱程度),游程强度 M(距 $Q_0(t)$ 的平均偏差)为干旱强度。其中,截断水平也叫干旱限值,是干旱特性描述的一个决定性因子。

(3) 农业干旱

农业干旱通常可分为两种情况:土壤干旱和作物干旱。土壤干旱是指土壤有效水分减少到凋萎水量以下,使植物生长发育得不到正常供水的情形;作物干旱是指作物内水分亏损的生理现象。它可能是因根区土壤水分不足又伴随一定的蒸发势,也可能是土壤水分充足,因大气过高的蒸发势而引起的作物体内暂时性缺水。土壤干旱和作物干旱构成了农业干旱,表现为植物枯萎、减产等。孙荣强等认为农业干旱以土壤含水量和植物生长状态为特征,在农业生长季节内因长期无雨,造成大气干旱、土壤缺水,农作物生长发育受抑,导致明显减产,甚至无收的一种农业气象灾害。农业干旱通常来说就是土壤和植物生长长期受到地表水资源的限制,土壤含水量的下降主要是受到气象干旱和水文干旱等几个因素的影响,如实际蒸散量和潜在蒸发。植物需水则取决于当时的天气条件下,具体植物的生物学特性和增长阶段以及土壤的物理和生物特性。一些干旱指数主要是基于降水、温度和土壤水分,并且已经应用于农业干旱的研究。

（4）社会经济干旱

社会经济干旱是指水资源系统不能满足社会需水要求，从而关联到干旱与社会经济供应与需求关系（AMS，2004）。因天气原因而导致社会经济需要大于社会经济总供给水时往往会发生社会经济干旱。社会经济干旱同时也是自然系统与人类经济关系中水资源供需不平衡造成的异常水分短缺现象。其指标经常与一些经济商品的供需联系在一起，如粮食生产、发电量、航运、旅游效益以及生命财产损失系数法，即认为航运、旅游、发电等损失系数与受旱时间、受旱天数、受旱强度等诸因素存在一种函数关系。

一些研究已经讨论了上述四种基本干旱类型，这将有益于更好地介绍一种新的干旱类型，即地下水干旱。地下水干旱尚未列入到以上四种干旱类型之中，迄今为止，人们已经做了有关地下水干旱方面的研究，但尚不成熟，有待进一步的探讨。

1.2.2　干旱灾害

干旱问题是一个世界性的问题。当今世界对于干旱及干旱灾害的研究已有多年历史，国内外学者普遍认为干旱呈增加趋势。首先是非洲的萨赫勒—苏丹地区持续不断地发生严重的干旱，大范围的严重干旱又在世界许多地区接连不断地出现，加上与干旱灾害有关的荒漠化灾害等影响极大，严重制约了许多国家经济、社会的发展，并且威胁到人类的生存环境。为了减轻干旱灾害的影响，1988 年，WMO 和 UNEP 联合建立了政府间气候变化专门委员会（PICC），1990 年和 1995 年发表了两次评估报告，主要对干旱与沙漠化，特别是未来气候变化对农业、土地利用、林业、草地、水文和水资源的可能影响进行了系统地分析和研究，同时利用大气环流模式（GCMS）模拟研究了气候极端事件、萨赫勒干旱等。冯丽文（1988 年）从气候对社会、经济、环境冲击的角度出发，对我国近 35 年（1951—1985 年）来干害发生的时空分布特征及变化规律进行了分析，并且以大量事实为依据，阐述了干旱灾害对我国国民经济，如粮食产量、水资源和能源、林收渔业等造成的影响。方修琦等根据农业灾害统计资料，分析了新中国成立以来的旱灾时空分异特征和演变规律；得到的结论是我国旱灾灾情分布特点主要受自然环境控制。陈菊英、马宗晋等分别利用降水量距平百分率、干旱频率等指标建立了我国干旱灾害的时空分布格局。水利部长江水利委员会依据水旱灾害史料和气象水文观测记录分析了长江流域的历史农业干旱灾害时空分布规律。姜逢清等基于新疆 1950—1997 年历史灾害统计资料，运用一般统计学方法与分形理论分析了新疆的干旱灾害特征，对新疆农业旱情进行了风险评估。肖军,赵景波等(2006 年)利用陕西省 54 年来的农业旱灾灾情资料对旱灾特征进行了详细地分析和预测,得出陕西省旱灾有发生频率加快、灾情加重的趋势,干旱灾害具有较强的持续性。张允,赵景波(2009 年)通过对历史文献资料的收集、统计和分析,对 1644—1911 年西海固地区干旱灾害的时间变化、空间变化、等级序列以及驱动力因子进行了研究。总结出了在气候条件和人类活动的影响下,干旱灾害在时间和区域上呈逐年加重的趋势。黄会平(2010 年)根据近 60 年来干旱灾情统计资料,分析了我国干旱灾害的时空分布特征及其变化趋势。统计结果表明:近 60 年来,我国干旱灾害的受灾面积、成灾面积、经济损失有逐步增加的趋势,灾害发生的频率也在不断加快。在空间分布上,陕西、甘肃、宁夏、内蒙、山西、青海、黑龙江、吉林、辽宁、重庆、山东、河北、北京、天津等是成灾严重的省(市)区;北方的黄河流域、松辽河流域、海滦河流域、淮河流域受灾严重,南方的长江流域、珠江流域、太湖流域等受灾相对较低,但总体上都有不断加重的趋势。李晶,王耀强等(2010 年)调查分析了内蒙古自治区 101 个旗县1990～2007 年间因旱造成的农业、牧业、城镇居民生活及工业方面的损害程度及相应降水资料。运用统计计算、频率分析等方法,初步确定了内蒙古自治区的旱情时空分布特征,确定了内蒙古自治区 3 个易旱季节旱灾易发区的分布区划及 3 个级别的旱灾等级(严重旱灾、中度旱灾、轻度旱灾)发生频率和分布区划。江涛,杨奇(2011 年)等利用 1956—2005 年 126 个雨量站逐月降水资料,采用标准化降雨指数和经验正交函数分解法,探讨了广东省干旱灾害空间分布规律,结果表明:局部地区干旱灾害有逐渐加重的趋势。

在深入调查研究本国旱灾规律、旱灾影响和国民抗旱减灾活动的基础上,美国国会于 1998 年通过美国国家干旱政策法案(The Natinoal Druoght Poliyc),明确提出本国抗旱减灾的方针,同时成立了国家干旱政策委员会(The National Drouhgt Policy Commission),授权对本国抗旱方略进行研究,并向国会提出有关建议。国家干旱政策委员会随后提交了题为"为 21 世纪的干旱做准备(Preparing for Drouhgt in the 21st Centuyr-Report of the National Drought Pocliy Commssion)"的报告,全面分析了本国旱情形势,提出了具体的抗旱减灾对策。刘引鸽(2003年)利用西北地区降水和农作物旱灾面积统计资料,将干旱灾害事件与影响因子进行对比分析,结果表明:厄尔尼诺事件当年或次年,南方涛动指数负距平,太阳黑子低值,青藏高原为多雪年,地表径流枯期,西北干旱灾害发生率较高,降水稀少,气候变化,人类活动是干旱灾害发生的原因。杜金龙,邢茂娟等(2004 年)研究出了地处黑龙江省西部松嫩平原腹地的安达市干旱灾害形成的原因是自然因素和人类因素。黄桂珍,韦庆华等(2010年)从气候、地形等方面分析了广西凌云县2009年秋至2010年干旱灾害的成因,并提出了相应的抗旱措施,尽可能减少干旱灾害造成的损失。梁建茵等根据广东省86个气象站的降水量资料,用正态化Z指标讨论了广东省汛期旱涝的成因及前期影响因子,并对前后汛期的旱涝等级进行了划分。吕娟,高辉等(2011年)根据2000年以后的气象及旱灾统计数据,总结出了21世纪我国干旱灾害发生频率大、受旱面积广、区域变化明显的特点,并从自然、社会两方面分析了旱灾频发的原因。李治国,朱玲玲等(2012年)利用河南省1950~2009年干旱灾情资料,分析了干旱灾害的变化特征及成因,得到的结论是资源环境、气候变化和社会经济条件是干旱灾害形成的原因。

1.3　干旱研究的进展

1.3.1　干旱指标的研究

干旱指标是干旱监测的基础,也是衡量干旱程度的关键环节。由于干旱成因及其影响的复杂性,很难找到一种普遍适用各种用途的干旱指标,因此应用于不同需求的各种干旱指标得到了发展。归纳各种干旱指标大致可分为四类,即气象指标、水文指标、农业指标、社会经济指标。由于各个部门对干旱的定义不同,水文部门以径流量的丰枯等级来划分干旱程度,农业部门以土壤的干湿状况来确定干旱程度,气象部门则以降雨量的多少来确定干旱程度。因此,为了监测研究干旱及其变化,科学家们利用气温、降水量、径流量等水文气象要素,逐渐发展了大量的干旱指标。这些干旱指标包含了降水量、气温、蒸发量、径流、土壤含水量、湖泊水位、地下水位等众多的基础资料,最终形成一系列简单的指标数字。对于决策者和相关领域来说,干旱指标比原始观测资料更加直观,可利用性强。

在国外,Gibbs和Maher在1967年提出了RD指标(Rainfall Deciles),将降水量按从大到小的顺序排列分组,采用百分位法将降雨量划分为5个等级,落入第1等级范围内被定义为一场干旱事件,该指标已广泛应用于澳大利亚的干旱监测。Bahlme和Mooley在1980年提出了BMDI指标,根据干旱程度将干旱划分为正常、轻旱、中旱、大旱、极旱5个等级;Bogard等根据该指标研究了不同环境对干旱的影响;McKee等在1993年提出了标准化降水指数(Standardized Precipitation

Index，SPI），其优点是仅需要降雨资料，就能够反映出干旱对不同类型的水资源可利用量的影响，既可用来评价对降雨响应较快的土壤水分，亦可用来评价对降雨响应相对较慢的地下水补给，时空适用性强。Hayes 使用 SPI 监测美国的干旱得到了很好的效果，该指数还被美国国家干旱减灾中心（the National Drought Mitigation Center，NDMC）和西部区域气候中心（the Western Regional Climate Center，WRCC）用于监测紧邻的美国各州的气候分异水平。Tsakiris 等提出了一个类似于 SPI 的指标——径流干旱指标（Runoff drought index，RDI），考虑了蒸散发能力对干旱的影响。Richard 通过对水库蓄水、径流、积雪和降水进行加权平均提出了地表水供给指标（Surface Water Supply Index，SWSI），能够较为全面地反映干旱对城市用水和农业灌溉的影响。随着卫星遥感技术的发展，Kogan 在 1995 年就尝试将卫星遥感资料计算的植被条件指数（VCI）用于干旱监测。随后，Ghulam 先后提出了植被条件返照率干旱指数（VCDA）和正交干旱指数（PDI）。Brown 等又将遥感信息与气象信息组合建立了植被干旱响应指数（VegDRI）。

在国外学者对干旱指标的研究成果中，值得重点指出的是 1965 年由 Palmer 提出的目前国际上应用仍然非常广泛的帕尔默干旱指数（Palmer Drought Severity Index，PDSI）。该指标利用降水与气温资料，运用 Thornthwaite 方法估算的蒸散发能力且基于双层土壤模型的假设进行简单的水量平衡计算，提出"对当前情况气候上适宜的降水"概念（Climatically Appropriate For Existing Condition，CAFEC）：当某地区实际的水分供给持续少于当地气候适宜的水分供给时，由水分亏缺导致的干旱将会出现。Palmer 干旱程度指标（Palmer Drought Severity Index，PDSI）是经过权重修正的无量纲指标，在时间和空间上都具有可比性。PDSI 自提出至今，被广泛应用于旱情比较、旱情时空分布特征分析、干旱面积评价等旱涝气候评价及其灾害评价，并被确定为美国各州政府机构启动干旱救助计划的依据。

中国学者在干旱指标研究方面也取得了一定的进展。鞠笑生等从降雨量的分布函数入手，对降雨量进行正态变换，提出了 Z 指标。中国国家气象中心使用 Z 指标监测各地的旱涝状况。杨青等利用降雨距平百分率建立了适用于干旱半干旱地区大范围、长时期干旱监测的干旱指数。王劲松等根据干旱地区降水量和蒸发量的实际特点，运用两者的相对变率来消除两者量级的区别，建立了一种改进的西北地区干旱指标——K 指标。庞万才等从有效降水的理论入手，针对降水过程次数、降水过程总量、降水过程的时间分布结构和效能，提出了相对蒸散效能指数、降水过程总效能指数等四个干旱指数。朱自玺等对气象产量和降水距平进行相关分析,并与农业干旱划分标准相结合,确定了两套与轻旱、中旱、重旱和极端干旱相对应的干旱指标。张强等提出了一个以标准化降水指数、湿润度指数及近期降水量为基础的综合干旱指数 CI。该指数已经作为中国国家气象干旱等级标准。

综上所述,干旱指标种类繁多,常用的干旱指标大都建立在特定的地域和时间范围内,随着 3S(GIS、GPS、RS)在大范围干旱监测及评价中的应用,达到了实时、动态的监测旱情,能对旱灾造成的损失进行综合评价,并可以通过情景分析手段,直观地表达出旱灾灾情和损失的空间分布情况,对干旱特征、干旱评价的研究以及干旱防治措施的开展具有良好的参考价值。

1.3.2　干旱特征与演变

由于干旱具有随机性,概率论和随机理论方法是研究干旱特性的一种合适的途径。1967 年,Yevjevich 最初把应用游程理论用于干旱特性研究,定义了干旱历时、干旱烈度和干旱强度,即干旱特征三要素,初步分析了这些要素的统计规律。此后,有不少学者基于这一理论基础,进行了深入研究。干旱三要素之间一般具有很高的相依性,多变量分析就成为早期研究中较为容易、客观的方法,主要用来分析揭示干旱发生的规律。2001 年 Shen 研究了一定干旱历时对应的干旱烈度的条件概率分布和已知干旱历时和干旱烈度的边际分布的联合分布。2006 年,Shiau 通过指数分布和 Gamma 分布拟合了干旱历时和干旱烈度的边缘分布,通过 Copula 函数将干旱历时和干旱烈度两者连接起来,建立干旱历时和干旱烈度的概率模型,为干旱分析提供了一种新途径。随后 Shiau 等利用此方法对黄河流域的干旱特征进行了分析。2007 年,Zhang 等利用 Copula 函数分析了气象干旱三要素两两间的变化规律。

对于干旱空间分布特征,Andreadis 等利用 VIC(Variable Infiltration Capacity)模型模拟出 1920~2003 年美国的土壤水分与径流量,当它们低于一定阈值水平时认为干旱事件发生,随后采用聚类算法识别出干旱事件的历时、范围以及相应的干旱程度,建立了 SAD(Drought Severity-Area-Duration)曲线,基于此曲线分析美国干旱的历史变化趋势。Tallaksen 等利用 SWAP(Soil-Water-Atmosphere)模型模拟的地下水补给量和 MODFLOW 模拟的地下水头,根据截距法确定英国 Pang 流域干旱事件的历时、覆盖范围及其干旱程度。Santos 等采用主成分分析法(Principal Component Analysis, PCA)和 K -均值聚类算法(K-means clustering, KMC)两种方法对葡萄牙干旱的空间分布进行识别分析。

在国内,闫宝伟等利用 Copula 函数分析了汉江上游的干旱特征。王文胜等根据河川径流记录,应用 Kriging 优化内插法,按照游程理论及截距法分析了干旱历时、干旱烈度及其条件概率等特征值。史建国等运用 Penman-Monteith 法计算干燥度,并在此基础上运用 Kriging 插值法生成黄河流域干燥度的分布图。蔡明科、和宛琳等人分别利用游程分析、马尔可夫平稳概率和随机理论的方法分析了渭河流域和黄土高原的干旱特征。彭高辉等运用游程理论进行数字特征计算,绘制了黄河流域干旱重现期等值线图,并根据 K-均值聚类算法对数字特征进行分类。

1.3.3 干旱预警研究

很多学者对干旱预报的研究开展了大量工作,其中不少预报方法是建立在干旱指数和大气环流指数的基础之上。1998 年,Dai 将经验正交函数(Empirical Orthogonal Function,EOF)引到全球的干旱时空分析中,发现干旱事件的发生与厄尔尼诺现象密切相关。Tabrizi 等运用 Wilcoxon-Mann-Whitney 非参数检验方法探索气象干旱与水文干旱的相关关系,结果显示两者具有较好的一致性,这也说明了通过一类干旱的出现来预测另一类干旱发生的可能性。Nalbantis 和 Tsakiris 探讨了相同设计模式的气象与水文干旱指标的相关关系,通过气象干旱指标在希腊 Evinos 流域取得较好的预测效果。由于干旱与诸如降雨、径流等随机现象关系密切,因此干旱也具有随机性,随机理论方法是研究干旱特性的一种合适的途径。Lohani 等采用非齐次马尔柯夫链研究 PDSI 序列的随机特征,根据随机特性建立了早期的干旱预警系统。Chung 等运用低阶离散自回归滑动平均模型(DARMA)估计干旱事件的发生概率。Kim 等根据 PDSI 干旱指标,应用配对小波变换和人工神经网络方法,对墨西哥 Conchos 流域进行干旱预警。

在国内,张存杰等以 EOF 为基础,利用均生函数法、多元回归法等数理统计方法对降雨量进行预测检验,得出一种适用于西北地区干旱预测的概念模型。陈涛等通过方差分析筛选出环流特征量中对干旱敏感的预报因子,基于这些因子建立了干旱预报模型,在衡阳地区取得了较好的模拟效果。张遇春等根据灰色系统突变预测方法,建立 GM(1,1)灾变预测模型,预测了黑河地区未来的干旱发生情况。林盛吉利用主成分(PCA)与支持向量机(SVM)相结合的统计降尺度方法,构建大尺度气候预报因子与月降雨量的模型,应用 HadCM3 等三种气候模式对未来 30 年钱塘江流域的干旱情况进行预测。

1.3.4　干旱灾害监测

美国国家级干旱监测系统始于 20 世纪 80 年代。20 世纪末,由美国国家干旱减灾中心(NDMC)、海洋大气局(NOAA)、农业部(USDA)一起合作建立了新的干旱监测系统(The Drought Monitor),由监测干旱状况及影响的图形和文字组成。"The Drought Monitor"中将干旱程度分为 4 个级别:D1,D2,D3,D4。另外一个级别是 D0,表示虽然没有发生干旱灾害,但较正常偏少。

干旱级别划分及其出现概率		
级　别	干旱状况	出现概率 $P(\%)$
D0	偏旱	$20 < P \leqslant 30$
D1	轻旱	$10 < P \leqslant 20$
D2	中旱	$5 < P \leqslant 10$
D3	重旱	$2 < P \leqslant 5$
D4	特旱	$P \leqslant 2$

美国干旱监测等级划分采用百分位数方法,用于确定干旱级别的所有数据都考虑了它们在该地点、该时间出现的历史频次。唯一的例外是在与各种干旱等级相关的时段内,用地方标准化的百分位数描述干旱特征时,对标准降水百分率采用了一些全国性的标准。尽管干旱分类阈值在全美所有区域内并非都能很准确地与百分位数相对应,但它们仍然为使用统一参数的干旱分类提供了一个可参考的标准。

2002—2003 年澳大利亚经历了一次强度大,范围广的干旱,一些地区还伴随高温事件。在干旱的高峰期,澳大利亚 57% 的大陆遭受了 10 个月甚至更长时间的非常严重的水分亏损,90% 地区的累计降水量低于中位数。为了更客观、公平和透明地处理极端事件,2005 年,澳大利亚工业理事会委托成立国家农业监测系统。NAMS(National Agricultural Monitoring System)系统由气象和国家科学、工业研究机构(CSIRO)合作完成。NAMS 信息显示主要农业产品系统的目前状况和近期生长季产品预测。NAMS 最初的目的是进行气候监测并为旱地提供数据,之后NAMS 延伸到覆盖澳大利亚灌溉区和集约化工业。

张强等就目前干旱监测技术在现实需求的牵引下,随着气象及其相关学科技

术进步,大致将干旱监测技术发展分为以下七个阶段:

(1) 仅依赖降水的单要素阶段。20世纪前20年,主要以降水来监测干旱。最早是用累积降水短缺程度或降水距平来度量干旱,1916年,Munger假设干旱的强度与干旱持续的时间的平方呈正比,提出一个年际和地区间可比较的森林火险客观度指数。随后Kincer通过分析将季节分布和不同强度降水天数,设计了一个更实用的干旱指数。Blumenstock还提出利用概率理论来计算干旱指数。

(2) 降水和温度要素相结合的阶段。20世纪30年代初Marcovitch首次将气温引入干旱指数的计算。随后,Thornthwaite提出了降水效率指数,用月降水和月蒸发之比来表示月降水效率。之后,Thornthwaite又进一步提出用降水量减去蒸散量作为干旱指数。Thornthwaite的工作为现代气候学分类奠定了理论基础。

(3) 针对农业的干旱监测技术发展阶段。由于干旱对农业的影响显著,van Bavel等首次提出了农业干旱概念。随后,Dickson假定蒸散与土壤总水分含量成正比来计算农业干旱日。1960年,WMO正式给出了一个针对玉米的干旱指数。与此同时,Thornthwaite等提出了水分收支计算法,用于跟踪土壤水分变化。之后,McGuire等通过延伸潜在蒸散概念提出了充足水分指数,并用该指数绘制了1957年美国东部干旱空间分布图。

(4) Palmer指数时代。1965年,Palmer提出了干旱指数模型,这是干旱指数发展史上的一个重要里程碑,该模型将前期降水、水分供给和水分需求结合在水文计算系统中,并采用了气候适宜条件标准化计算,使该指数在空间和时间上具有可比性,即是著名的Palmer气象干旱指数(PDSI)。相对于20世纪初的干旱监测方法,Palmer指数以完善的水分平衡模式为物理基础,是干旱指数发展史上的重大转折点。

(5) 针对专门用途的发展阶段。Keetch等提出了一个可用火灾管控的干旱指数,其干旱因子由降水和土壤水分综合确定。随后,Shear等给出了由水分收支确定的水分异常干旱指数。1980年,Dracup等利用长期平均年流量提出了水文干旱事件监测模型。而最近,Zierl建立了专门针对森林生态系统的WAWAHAMO干旱指数。另外,国外一些科学家也开始提出社会经济干旱指数和社会经济干旱脆弱性指数的概念。

(6) 标准化指数发展阶段。为了使干旱指数能用于国家决策之中,1993年,Houorou等以80%保证率的降水量作为可靠降水指数(DI),并以其监测整个非洲大陆。Leathers于20世纪末发展了国家标准干旱指数(CI)。王劲松等利用降水和蒸发相对值平衡原理提出了一个 K 干旱监测指数,在西北地区干旱监测业务试验中表现出了比较好的效果。

(7) 新技术和技术集成阶段。随着卫星遥感技术的发展和监测手段的多样性,早在 1995 年 Kogan 就尝试将卫星遥感资料计算的植被条件指数(VCI)用于干旱监测。随后,Ghulam 先后提出了植被条件返照率干旱指数(VCDA)和正交干旱指数(PDI)。之后,Brown 等又将遥感信息与气象信息组合建立了植被干旱响应指数(VegDRI)。

由于干旱是一个涉及很多相关学科的复杂自然现象,目前还没有任何干旱监测方法能够对干旱进行准确、及时的监测,因此,干旱监测技术发展面临诸多的科学挑战。

1.3.5　干旱灾害风险评估

干旱灾害评估是对干旱现象的频度和强度、危险性、易损性及潜在性、经济损失进行估计。美国(1965 年)帕默尔提出了干旱指数(帕默尔干旱指数),用来评估研究区域干旱的范围、干旱程度、干旱频度和受灾面积等问题。Cuhasch(1995 年)提出了下次降水平均等待时间(AWTP)来表述某区域某时段里干旱持续时间,该指数可以用来衡量干旱时间的长短或干旱的程度等。Diaz 和 Quayle 用美国各地温度、降水资料为美国 48 个地区建立了干旱指数。Bhalm 等在分析印度夏季季风期的水分条件时提出了干旱面积指数(DAI)。一些先进国家,特别是美国和日本,近几年开始注重干旱缺水风险评估、风险管理和应急预案的研究。AdamMunro 等提出了基于风险评价与管理理论的城市干旱缺水管理模式。美国政府一直重视干旱研究、预防与管理,在处理干旱和其他自然灾害或紧急事件时,社会各界,特别是联邦政府越来越强调预防、减灾和风险管理。其中,基于风险的干旱管理和抗旱预案已成为美国干旱政策的重要组成部分。以美国减灾中心 Wilhite 博士为核心的研究团体,开展了旱灾的风险评价与管理基础理论方面的系统研究,提出了基于风险评价的 10 个步骤的干旱规划与预案方法。目前,基于风险评价的干旱管理和抗旱预案已成为美国联邦政府应付干旱的基石。日本从 80 年代起制定"综合治水对策",要求开展洪涝、干旱风险评价和风险管理的研究,并在区域旱灾损失评估、风险评价和综合减灾对策等方面取得了一定的研究成果。另为,俄罗斯、澳大利亚等国家也相继建立了气候监测及诊断分析业务,以加强对灌溉用水和干旱灾害的研究。

在基于综合性旱情指标的预测方法中,1981年安顺清等人开展了利用蒸发力和相对蒸散量计算作物水分亏缺状况的研究工作。1982年,鹿洁忠开展了关于"农田水分平衡和干旱的计算预测"的研究,孙荣强采用土壤水平衡的方法建立了"农业干旱预测模型"。在世界气候计划的推动下,中国于1987年成立了国家气候委员会,制定了中国国家气候计划,推动了气候灾害,包括干旱规律、干旱评估的研究进展。1989年4月,我国成立的中国国际减灾干旱委员会,提出了应加强干旱及其影响评估模式和系统的研究,包括研究干旱对土地退化、地表植被退化、地表水、地下水的影响;建立各类干旱影响的评估模式,及中国近代和历史时期干旱发生发展的规律、形成机制和过程;干旱预测方法及自然与人为因素对干旱的影响研究;气候变化、干旱与荒漠化的相互作用研究;对干旱及其影响进行区划,在不同区域建立减轻干旱影响的示范工程,制定减轻干旱影响的对策等。安顺清等人利用灰色系统理论预测方法,王革丽等采用时间序列分析方法,朱晓华采用分形理论,张学成等人采用均生函数预测方法对干旱进行了预测研究。1996年,王密侠等人建立了"陕西省作物旱情预测系统"。1998年,田武文等人建立了"陕西省旱涝季度、年度预测和集成预测模型"。章大全等根据中国气象局(1958—2007年)提供的温度、降水和Palmer旱涝指数均一化数据库,构建统计模型,量化了温度和降水变化在干旱形成中所占的比重,并对未来5年中国8个气候区的干旱化趋势进行了预测。杨建伟利用沁河流域气象站42年的实测降水量资料建立灰色预测GM(1,1)灾变模型,对干旱灾害进行预测,经检验,效果较为理想。国家水利部(2008年)发布的《旱情等级标准》规定了农业、牧业和城市旱情的评估指标及等级划分标准。申广荣等利用GIS技术对黄淮海平原的旱情进行了监测研究。

随着经济的迅速发展、人口增长及由此引起的以气候变暖为标志的全球气候变化,干旱有进一步加重的趋势。国内外干旱灾害研究很多,且在干旱定义、干旱灾害成因、干旱指标、影响因素、干旱等级、研究干旱的各种方法、预测预报干旱灾害等各方面取得了很好的成果,但对新疆干旱,尤其是针对塔河流域干旱灾害方面的研究较少,仍有待进一步深入。

1.4 主要研究内容

本书重点分析了塔河流域历史干旱发生的频率及灾害损失,揭示了近50年流域内的干旱灾害时空演变特征。通过搜集《新疆通志(水利志)》《中国气象灾害大典(新疆卷)》《新疆50年(1955—2005)》《新疆维吾尔自治区抗旱规划报告》《中国历史干旱(1949—2000)》等文献,新疆防汛抗旱办公室对历史文件等资料进行系统整理,并采用典型区域调研核准的方法,构建了新疆历史干旱灾害损失数据库。

基于塔河流域水资源时空分布特征、现状用水水平及气候变化等因素,从不同层次、不同角度对塔河流域内的干旱灾害成因进行了系统的研究,确定了流域内形成干旱的主要因素。通过分析得出,塔河流域干旱灾害成因是由自然和社会两个主要因素共同造成的,流域内干旱频发与流域内干旱缺水、水资源时空分布不均匀是造成干旱频发的根本原因,而人类的不合理活动及其气候变化是造成干旱灾害增加的诱因。从时间尺度上、空间尺度上分析了干旱灾害的演变规律与分布特征,系统地分析研究流域干旱特征及其演变趋势,结果显示塔河流域近年来干旱灾害发生频率明显呈增加的趋势,同时干旱灾害的受灾面积、成灾面积、各种经济损失有逐步增加的趋势。流域内大多数区域均有春旱发生,春夏季是新疆最普遍的干旱季节。

在总结前人干旱研究的基础,根据研究流域内陆水循环和水平衡的实际特点,对其干旱特征进行了定量描述,系统分析了流域的干旱演变趋势,选取气象、水文干旱指标,参照流域的实际旱情检验了各指标的适用性,并运用模糊物元理论建立了流域综合干旱评价模型。依据选定的气象干旱指标,应用主成分分析法对塔河流域的气象干旱空间分布进行划分,对各分区的春季旱涝情况进行了趋势预测。同时采用三阈值游程理论对流域水文干旱事件进行识别分析,借助 Copula 函数建立了干旱两要素之间的联合分布,计算出各干旱事件的联合重现期。

选取标准降水与干旱灾害损失等关键指标,对塔河流域内干旱灾害进行了风险评估,制定了不同干旱等级下干旱发生概率的空间分布图。研究建立了干旱预警理论方法,运用加权马尔柯夫链对干旱转移状态进行预测,引入双原则对严重干旱事件的预测结果进行了优化。运用自回归滑动平均模型(ARIMA)及乘积季节模型(SARIMA)对中尺度干旱指标值进行预测,结果令人满意,研究成果可为区域水资源管理及抗旱方案的制定提供技术支撑。

2 研究区概况

2.1 地理位置

塔河流域位于我国新疆维吾尔自治区南部的塔里木盆地内,处于东经 73°10′~94°05′,北纬 34°55′~43°08′之间,流域面积为 102.04 万 km²,其中国内面积为 99.68 万 km²,国外面积为 2.36 万 km²。塔河流域与印度、吉尔吉斯斯坦、阿富汗、巴基斯坦等中亚、西亚诸国接壤。

塔河流域地处塔里木盆地,盆地南部、西部和北部为阿尔金山、昆仑山和天山环抱,地貌呈环状结构,地势为西高东低、北高南低,平均海拔为 1 000 m 左右。各山系海拔均在 4 000 m 以上,盆地和平原地势起伏和缓,盆地边缘绿洲海拔为 1 200 m,盆地中心海拔 900 m 左右,最低处为罗布泊,海拔为 762 m。地理位置见图 2.1。

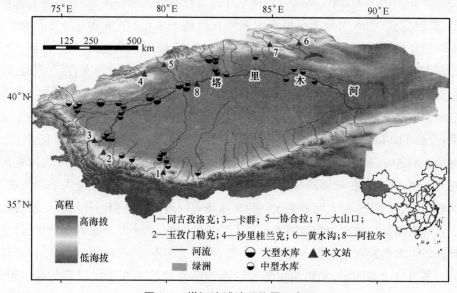

图 2.1 塔河流域地理位置示意图

塔河流域水系由环塔里木盆地的阿克苏河、喀什噶尔河、叶尔羌河、和田河、开都河—孔雀河、迪那河、渭干河与库车河、克里雅河和车尔臣河等九大水系 144 条河流组成,流域面积 102 万 km²,其中山地占 47%,平原区占 20%,沙漠面积占 33%。流域内有 5 个地(州)的 42 个县(市)和生产建设兵团 4 个师的 55 个团场。塔河干流全长 1 321 km,自身不产流,历史上塔河流域的九大水系均有水汇入塔河干流。由于人类活动与气候变化等影响,目前与塔河干流有地表水力联系的只有和田河、叶尔羌河和阿克苏河三条源流,孔雀河通过扬水站从博斯腾湖抽水经库塔干渠向塔河下游灌区输水,形成"四源一干"的格局。由于"四源一干"流域面积占流域总面积的 25.4%,多年平均年径流量占流域年径流总量的 64.4%,对塔河的形成、发展与演变起着决定性的作用。

2.2　地形地貌

塔河流域远离海洋,地处中纬度欧亚大陆腹地,四周高山环绕,东部是塔克拉玛干大沙漠,形成了干旱环境中典型的大陆性气候。阿克苏河流域中的库玛拉克河长 298 km,国内段 105 km,在库玛拉克河以东的河漫滩,既有河渠灌溉水的入渗,又有东侧来自高台地的径流,使温宿县托乎拉一带泉流、沼泽广布。托什干河长 457 km,国内段长 317 km,由西向东穿过乌什谷地。河谷阶地发育,在各级阶地上,渠网纵横密布,大量渠系灌溉水入渗补给地下水,又在河漫滩与低阶地溢出。库玛拉克河与托什干河在阿克苏市西大桥西北 15 km 处汇合后称阿克苏河。阿克苏河南流 13 km 至艾里西谷口被河床中的一条带状沙洲分为两支,西支叫老大河,东支叫新大河。新、老大河在阿瓦提县以下重新汇合,向东南流与叶尔羌河相汇成塔河。阿克苏河干流至肖夹克汇入塔河,全长 132 km。新大河为汛期泄洪主要河道,全长 113 km;老大河是阿克苏市、农一师沙井子垦区和阿瓦提县灌溉引水天然河道,全长 104 km。阿克苏河流域河道内水量损失计算较为复杂,库玛拉克河和托什干河,普遍存在河漫滩与低阶地处的地下水溢出,阿克苏河进入平原区后,汊河较多,水系复杂,新大河和老大河两岸灌溉对河道的水量回归补给也比较明显。

和田河是目前唯一穿越塔克拉玛干沙漠的河流,是南北贯通的绿色通道,也是目前塔里木盆地三条绿色走廊(塔河干流、叶尔羌河下游、和田河下游)中保存最好的一条自然生态体系,和田河下游绿色走廊的重要性不亚于塔河下游绿色走廊。根据和田河流域来水和用水情况分析,正常年份和田河流域的水量在非汛期全部通过两渠首引至灌区,只有在汛期 2～3 个月有洪水下泄至和田河下游和塔河干流,因此洪水对于维持和田河流域绿色走廊的生态平衡和向下游输水起到了决定性的作用。

开都河全长 560 km,河流出山口至博斯腾湖河段长 139 km,河段内水量损失率为 6%。孔雀河是无支流水系,唯一源头来自博斯腾湖,其原来终点为罗布湖,后因灌溉农业发展,下游来水量急剧衰竭,河道断流,罗布湖于 1972 年完全干涸。孔雀河作为塔河一条重要的源流,被誉为巴州人民的"母亲河",其下游绿色走廊与塔河下游绿色走廊共同组成塔里木盆地东北缘的天然绿色屏障。由于孔雀河下游远离交通干线、人迹罕至,该区又处于核试验禁区,再加上水资源极度匮乏,因此人们无力顾及这一地区的生态环境保护问题。

流域北倚天山,西临帕米尔高原,南凭昆仑山、阿尔金山,三面高山耸立,地势西高东低。来自昆仑山、天山的河流搬运大量泥沙,堆积在山麓和平原区,形成广阔的冲、洪积平原及三角洲平原,以塔河干流最大。根据其成因和物质组成,山区以下分为下面三种地貌带。

山麓砾漠带:为河流出山口形成的冲洪积扇,主要为卵砾质沉积物,在昆仑山北麓分布高度 2 000~1 000 m,宽 30~40 km;天山南麓高度 1 300~1 000 m,宽10~15 km。地下水位较深,地面干燥,植被稀疏。

冲洪积平原绿洲带:位于山麓砾漠带与沙漠之间,由冲洪积扇下部及扇缘溢出带,河流中、下游及三角洲组成。因受水源的制约,绿洲呈不连续分布。昆仑山北麓分布在 1 500~2 000 m,宽 5~120 km 不等;天山南麓分布在 1 200~920 m,宽度较大;坡降平缓,水源充足,引水便利,是流域的农牧业分布区。

塔克拉玛干沙漠区:以流动沙丘为主,沙丘高大,形态复杂,主要有沙垄、新月型沙丘链、金字塔沙山等。

塔河流域从上游到下游依次为高山、平原和荒漠。联系高山和沙漠的是一些大、中、小河流,以高山的降水与冰川积雪的融水为主要水源,流经山坡下的洪积平原,最终流入沙漠中的湖泊湿地或消失于沙漠中。水资源的形成、运移及转化大致可分为 3 个区:Ⅰ区——山区,是塔河的产水区;Ⅱ区——绿洲和绿洲荒漠交错带,是水的耗散区;Ⅲ区——荒漠区,是水的消失区,见图 2.2。

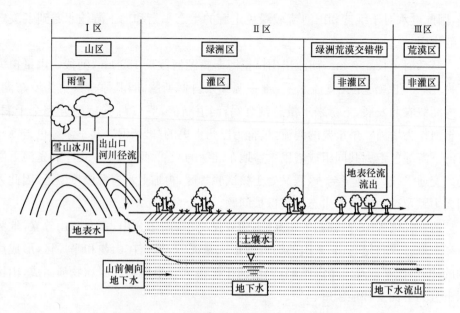

图 2.2　塔河流域水分转化及分区示意图

2.3　气候特征

塔河流域远离海洋,地处中纬度欧亚大陆腹地,西、南、北三面高山环绕,形成了干旱环境中典型的大陆性气候。其特点是:降水稀少、蒸发强烈,四季气候悬殊,温差大,多风沙、浮尘天气,日照时间长,光热资源丰富。气温年较差(年内最高气温与最低气温差)和日较差(日内最高气温与最低气温差)都很大,年平均日较差为14~16 ℃,年最大日较差一般在 25 ℃以上。年平均气温除高寒山区外多在 3.3~12 ℃之间。夏热冬寒是大陆性气候的显著特征,夏季 7 月平均气温为 20~30 ℃,冬季 1 月平均气温为 -10~-20 ℃。

冲洪积平原及塔里木盆地,≥10 ℃积温多在 4 000 ℃以上,持续 180~200 天;在山区,≥10 ℃积温少于 2 000 ℃;一般纬度北移一度,≥10 ℃积温约减少100 ℃,持续天数缩短 4 天。按热量划分,塔河流域属于干旱暖温带。年日照时数在 2 550~3 500 h左右,无霜期 190~220 天。

在高山环列和远离海洋的地形地貌、水文气象等因素综合影响下,全流域降水稀少,降水量地区分布差异很大。广大平原一般无降水径流发生,盆地中部存在大面积荒漠无流区。降水量的地区分布,总的趋势是北部多于南部,西部多于东部;山地多于平原;山地一般为 200～500 mm,盆地边缘 50～80 mm,东南缘 20～30 mm,盆地中心约 10 mm 左右。全流域多年平均年降水量为 116.8 mm,受水汽条件和地理位置的影响,"四源一干"多年平均年降水量为 236.7 mm,是降水量较多的区域。而蒸散发量很大,以 E-601 型蒸发皿的蒸发量计,一般山区为 800～1 200 mm,平原盆地 1 600～2 200 mm。

2.4 水文特征

2.4.1 水文循环

与西北干旱区众多内陆河流一样,塔河流域的上游山区径流形成于人烟稀少的高海拔地区,河道承接了大量冰雪融水和天然降雨;径流出山口后以地表水与地下水两种形式相互转化,大量径流滋养了绿洲生态系统,创造了富有生气和活力的绿洲农业,为水资源主要的开发利用区和消耗区;其后径流流入荒漠平原区,地表水转化为地下水和土壤水养育了面积广阔的天然植被,并随着水分的不断蒸发和渗漏,最终消失或形成湖泊。塔河流域研究区的水文循环基本过程见图 2.3。水文循环被描述为山区水文过程、绿洲水文过程与荒漠水文过程,山区水文过程主要以出山口径流及少量地下水潜流形式转化为绿洲水文过程,绿洲水文过程受人类社会经济活动而变化剧烈并影响着荒漠水文过程。

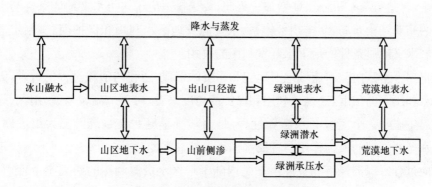

图 2.3 塔河流域水文循环示意图

　　降水、蒸发和径流等水文要素垂直地带性分布规律明显。从高山、中山到山前平原,再到荒漠、沙漠,随着海拔高程降低,降水量依次减少,蒸发能力依次增大。高山区分布丰厚的山地冰川,干旱指数小于 2,是湿润区;中山区是半湿润区,干旱指数 2~5;低山带及山间盆地是半干旱区,干旱指数 5~10;山前平原,干旱指数在8~20,是干旱带;戈壁、沙漠,干旱指数在 20 以上,塔克拉玛干沙漠腹地和库木塔格沙漠区可达 100 以上,是极干旱区。河流发源于高寒山区,穿过绿洲,消失在荒漠和沙漠地带。而山前平原中的绿洲是最强烈的径流消耗区和转化区。

　　塔里木盆地四周高山环抱,在地质历史时期,由于地壳运动的作用,褶皱带成为山区,沉降带组成盆地。山区降水所形成的地表河流,均呈向心水系向盆地汇集。地表河流在向盆地汇水的径流过程中,经历了不同的岩相地貌带,转化补给形成了具有不同水力特征的地下水系统,即潜水含水系统-潜水承压水系统-承压水系统。山前地带沉积有厚度很大的第四纪冲洪积层,河流出山口进入山前带后发生散流渗漏,大量补给地下水,成为平原区地下水的形成区。鉴于该地带岩性颗粒粗大,地下水径流强,形成单一结构、水质优良的潜水富集区。在山前带冲击洪积扇以下的冲洪积平原或冲洪积-湖积平原区,河流流量变小或断流,地下水获得的补给有限,由于岩性颗粒变细,含水层富水性变差,且上部潜水已大部盐化,仅在地下深处埋藏有水质较好、水量较小的空隙承压水。由此可见,以水流为主要动力的干旱内陆河流域山前冲洪积扇缘、潜水溢出带、冲积平原的水文地质和土壤具有明显的分带性。从水文地质条件看,从单一结构的潜水含水层逐步过渡到潜水与承压水二元结构;地下水由水平径流形成逐步过渡到垂向运动,地下水埋深由深变浅,水质由好逐渐溶解、浓缩为微咸水;土壤由粗颗粒沙质土逐渐过渡到细颗粒的黏性土,含盐量与有机质逐渐增加。为此,要选择适应于这类水文地质条件与土壤条件的产业结构布局、灌排技术体系、水资源及地下水利用和保护模式,制定适应于流域水文地质条件的地下水开发利用的模式。

　　根据干旱区内陆河流域地形地貌和水资源形成、运移与消耗过程的特点,无论从来水和用水的角度,还是从利用和保护的角度来看,对一个流域来说,山区、绿洲和荒漠生态是一个完整的水循环过程,是内陆干旱区水文系统的三大组成部分。绿洲水循环强烈的人为作用与荒漠水循环自然衰竭变化是一个自上而下响应敏感的单向过程。绿洲经济和荒漠生态是内陆干旱区水资源利用的两大竞争性用户,处于河流下游的荒漠生态用水,在不受水权保护的情况下,只能是被动的受害者。就干旱区内陆河流域水资源合理利用、生态环境保护而言,绿洲水文与荒漠水文是一个有机的整体。

2.4.2 降水与蒸发

塔河流域属暖温带极端干旱气候,该区多晴少雨,日照时间长,光热资源丰富。全流域多年平均降水量为 116.8 mm,干流仅为 17.4～42.8 mm。流域内蒸发强烈,山区一般为 800～1 200 mm,平原盆地为 1 600～2 200 mm。干旱指数高寒山区在 2～5 之间,戈壁平原达 20 以上,绿洲平原在 5～20 之间。夏季 7 月平均气温为 20～30 ℃,冬季 1 月平均气温为－10～－20 ℃。年平均日较差(一日中最高气温与最低气温之差)4～16 ℃,年最大日较差一般在 25 ℃以上。年平均气温在 10 ℃以上,≥10 ℃年积温在 3 300～4 400 ℃以上。年日照时数在 2 400～3 200 h 之间,无霜期 160～240 天。

塔河流域高山环绕盆地,荒漠包围绿洲,植被种群数量少,覆盖度低,土地沙漠化和盐碱化严重,生态环境脆弱。干流区天然林以胡杨为主,灌木以红柳、盐穗木为主,它们生长的盛衰、覆盖度的大小,因水分条件的优劣而异。其生长较好的主要分布在阿拉尔到铁干里克河段的沿岸,远离现代河道和铁干里克以下,都有不同程度的抑制或衰败。

在远离海洋和高山环列的综合影响下,全流域降水稀少,降水量时空分布差异很大。流域降水量主要集中在春、夏两季,其中春季占 15%～33%;夏季占 40%～60%;秋季占 10%～20%;冬季只占 5%～10%。如图 2.4 所示,广大平原一般无降水径流发生,在流域北部西北边缘靠近高山区形成了相对丰水带,这也是塔河流域的主要供给水源区。盆地中部存在大面积荒漠无流区。降水量的地区分布,总的趋势是北部多于南部,西部多于东部,山地多于平原;山地一般为 200～500 mm,盆地边缘 50～80 mm,东南缘 20～30 mm,盆地中心约 10 mm 左右。全流域多年平均年降水量为 116.8 mm,受水汽条件和地理位置的影响,"四源一干"多年平均年降水量为 236.7 mm,是降水量较多的区域。蒸发能力很强,多年平均水面蒸发量在 855.4～1 746 mm 之间,是降雨量的 20 倍左右。主要集中在 4～9 月,一般山区为 800～1 200 mm,平原盆地和沙漠为 1 600～2 200 mm(以折算 E-601 型蒸发器的蒸发量计算)。流域内气象要素时空分布见图 2.4、图 2.5。

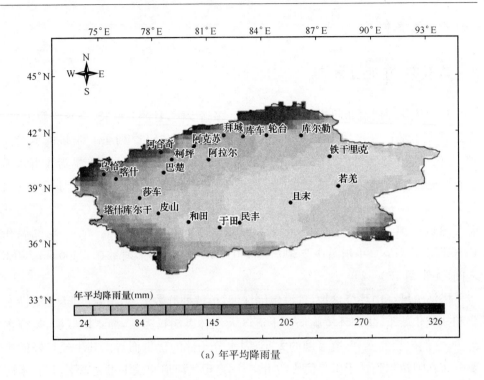

(a) 年平均降雨量

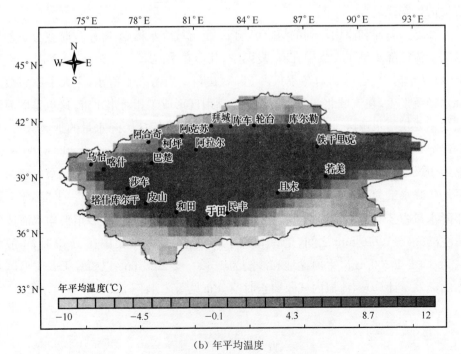

(b) 年平均温度

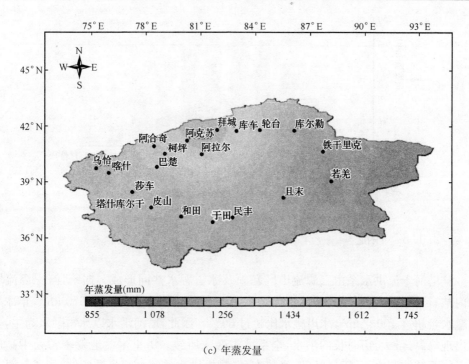

（c）年蒸发量

图 2.4 气象要素空间分布

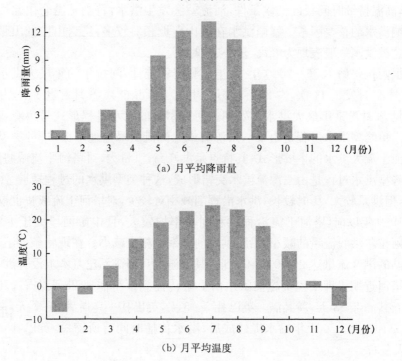

（a）月平均降雨量

（b）月平均温度

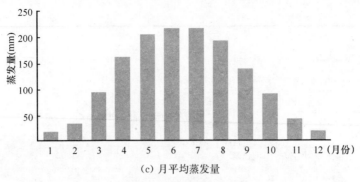

(c) 月平均蒸发量

图 2.5　气象要素时间分布

2.4.3　径流

塔河干流洪水系由三源流山区暴雨及冰雪融水共同形成。据统计,三源流域内共有冰川 7 200 多条,冰川总面积 13 100 余 km²,冰川储水量 1 670 km³,年冰川融水量超过 100 亿 m³,冰川融水比超过 60%。因此,塔河洪水以冰雪融水为主,凡出现峰高、量大、历时长的洪水,全系冰雪融水所致。塔里木盆地夏季常处于高压天气系统控制之下,天气晴朗,光热充足,能提供冰雪融水的热量条件,如遇气温升幅大、高温持续时间长的气候条件,河流就会发生洪水,特别是昆仑山北坡的气温是影响洪水的首要因素。暴雨洪水在天山南坡相对较多,昆仑山中低山带亦有出现。这类洪水一般表现为峰高、量小、历时短。

据阿拉尔站 1956—2000 年 44 年实测资料统计,阿拉尔的年最大洪水发生在 7~9 月,7 月发生 11 次,占 25%,8 月发生 30 次,占 68%,9 月发生 3 次,占 7%,由此可见,8 月份是年最大洪水多发期。阿拉尔站的洪水过程形式呈单峰或连续多峰型。单峰型洪水过程是由某一条源流或三源流洪峰遭遇形成,这种类型的洪水是塔河干流大洪水的主要形式,其特点是洪峰高、洪量大,对塔河干流威胁严重;连续多峰型洪水过程是由三源流洪水交错形成,这种类型洪水的过程矮胖,洪峰一般不高,但洪量较大,历时较长,洪水沿程削减相对较少,对塔河干流威胁也较严重。

1999 年以前,塔河干流沿程洪水削峰率均较大,且中游河段大于上游河段。随着阿拉尔洪峰流量的减小,沿程洪峰削减率也相应减小。在现状条件下,即使阿拉尔站的洪峰流量达 2 280 m³/s,到达其下游的乌斯满站已基本上没有洪峰过程。

塔河近期治理工程实施前洪水由上游传播到下游需要 25 天左右,其中阿拉尔—新其满 2~3 天,新其满—英巴扎 3~5 天,英巴扎—乌斯满 5~7 天,乌斯满—恰拉 8~10 天。2001 年输水堤建成后,洪水传播时间有所缩短,英巴扎—乌斯满为 2 天左右。

2.4.4　自然状态下径流过程

研究区内协合拉水文站和沙里桂兰克水文站位于阿克苏河流域出山口,受人类活动干扰小,其径流过程可认为是自然状态下。受极端干旱气候条件以及补给源的影响,塔河流域年内月水文过程表现出显著的丰枯特点:10～次年4月为枯水期,4～10月为丰水期,源流出山口水文站5～9月的水量就占年径流量的80%。从水文过程的起涨和消落时间看,自然水文过程的起涨时间基本上在4月,消落时间在10月。自然状态下的年内月水量变化的分析表明,年内水文过程水量高度集中;水量起涨与消落时间具有显著的规律性:4月起涨,10月消退;年内过程变化较大。源流区自然状态下的2个水文站12个月的来水量多年变化过程表明,多年水文过程较平稳,2个出山口水文站多年月平均变异系数为0.26,其中枯水期最为稳定,多年平均为0.19,丰水期变化较大,为0.33。从各站12个月的变异系数来看,4月的水量变动最大,其次是9月,这2个月是水文过程的起涨和消落的时间,水量变化最大。从年际月水量的丰枯比来看,年际丰枯变化远小于年内的丰枯变化,表现了年际变化的平稳性特点。年际多年平均丰枯比为3.36,枯水期的丰枯比要小于丰水期,也就是说冬季较为稳定,夏季变化则较大。自然状态下的年际月水量变化的分析表明,自然状态下的年际水文过程变化不大,表现出较稳定的特点。

阿克苏河流域多年来水过程见图2.6,两站年来水量均呈增加趋势,且协合拉水文站增加趋势较沙里桂兰克水文站明显。

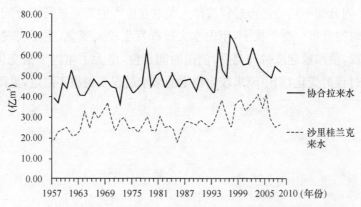

图 2.6　阿克苏河流域 1957—2008 年自然来水过程及其变化趋势

2.4.5　受干扰后径流过程

研究区的人类活动主要表现为水土资源的开发利用。土地资源的利用受到水资源条件的刚性约束,因此以农业用地为主的土地利用模式对水源条件具有高度的依赖性,形成典型的干旱区灌溉农业。1958年以来,区域内的人类修建了大量的水利设施,通过对自然径流的再调节,来为农业生产服务。因此,人类对水文过程的干扰表现出与水土开发利用活动密切相关的特点。

与自然状态下的年内月水文过程相同,受干扰后的年内月水文过程也表现为显著的丰枯特点,但丰、枯水期时间发生了变化:9~次年6月为枯水期,6~9月为丰水期,枯水期增长,丰水期缩短;丰水期(6~9月)的径流量占年径流的74%。受干扰下,水文过程的起涨和消退时间产生了改变,水文过程的起涨时间基本上为6月,与自然状态下的起涨时间相比,推迟了2个月,这是由于4、5月是农业生产大量用水的时间;而消落时间为9月,提前了一个月。受干扰下,多年月水量变异系数为1.24,与自然状态下的年内月水量变化相比,变化不大,但年内丰枯比为60.3,变化较大。

与自然状态下来水相比,受干扰后来水过程变得较不稳定,变异系数增大很多,以5月和6月变化最大,受干扰最强。从年际月水量的丰枯比来看,年际水量丰枯比较大,年际多年平均丰枯水量比为11.5,是自然状态下的丰枯水量比的3.4倍;年内变化也很大,丰枯水量比最小的1月,其值达到4.13,5月和6月多年月平均丰枯水量比则高达34。随着塔河水库、拦河闸堰,引水工程等河流水利工程的兴建,使年内分配不均的经历过程按照人类农业生产的需要进行再分配,从而改变了径流的时空分布。受干扰下,年内水文过程发生较大变化,主要表现在:缩短了丰水期时段,使水量起涨时间延后,消退时间提前,增大了年内丰枯变化。而年际间的水文过程的变化,则由原来较为稳定的来水过程变得很不稳定,见图2.7。

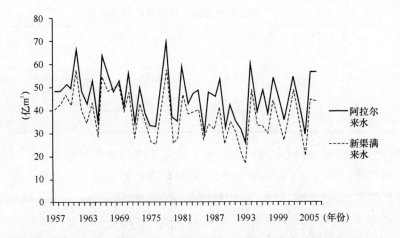

图 2.7 塔河干流区 1957—2006 年受干扰后来水过程及其变化趋势

将受干扰后的丰水期来水过程(以阿拉尔水文站与新渠满水文站为例)与源流自然来水过程相比,多年来水过程的丰枯变化规律基本是一致的;从来水过程的趋势来看,源流来水总体上呈增加的趋势,受干扰后的来水过程却呈下降趋势,即来水量呈减少趋势。这是由于区域内人类生产和生活用水量与耗水量大大增加。随着耗水量的增加,由于区域蒸发强烈,输入到大气的蒸散发量,也随着增加;此外,水库等水利设施的修建扩大了水面面积,也大大增加了水量蒸散发损失,从而增大了水资源的损耗量,使输往下游的水量减少,但这种耗损量并未完全改变年径流的丰枯特性。分析结果表明,人类活动对年径流具有一定的干扰作用,改变了水循环要素的量,使径流年内过程发生变化,年际变化增大,但并没有改变水文过程基本规律和特性。

2.4.6 径流变化特征分析

塔里木河流域源流区河流主要以冰川和永久性积雪补给为主,塔里木河上游近 50 年的多年平均径流量为 44.61 亿 m³,年径流量最大值发生在 1978 年,最大值为 69.69 亿 m³,年径流量最小值发生在 1972 年,最小值为 8.54 亿 m³,最大值与最小值相差 61.15 亿 m³,离差系数在 0.23~0.30 之间,径流的年际变化幅度较小,这正反映了塔里木河流域属于典型的大陆性干旱气候的特点。自 80 年代以来,受气候变化的影响,1981—2007 年的年径流量变化幅度明显要比 1958—1980 年小,见表 2.1。

表 2.1　塔里木河上游年径流量的变化趋势

年　份	Cv 值	Kendall 秩次相关检验			累积滤波器法
		统计值	趋势	显著性	
1958—1980	0.30	−1.82	下降趋势	不显著	减少
1981—2007	0.23	−0.23	下降趋势	不显著	减少
1958—2007	0.27	−1.14	下降趋势	不显著	减少

在过去 50 年里,塔里木河上游总体上呈现下降趋势。其中,1958—1980 年呈明显下降趋势,1981—2007 年呈下降趋势,但下降趋势不显著。根据 Kendall 秩次相关分析结果:在过去的 50 年里,年径流量的 MK 统计值为−1.14,未通过置信度为 95% 的显著性检验,表明在过去 50 年里年径流量具有微弱的下降趋势。1958—1980 年、1981—2007 年的 MK 统计量分别为−1.82 和−0.23,均未通过置信度为 95% 的显著性检验,但 1958—1980 年的年径流量下降趋势要比 1981—2007 年显著得多,这反映了近年来气候变化导致流域内气温升高、降水量增加,呈明显增湿趋势的事实。

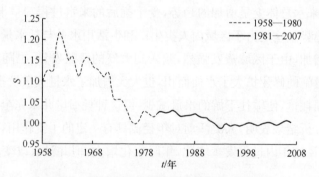

图 2.8　塔里木河上游年径流量累积平均曲线

小波方差图可以确定一个序列的主要尺度周期,根据近 50 年年径流序列小波方差图可以看出,塔里木河流域上游存在着年际尺度 6 年和年际尺度 14 年两个层次周期,且主震荡周期为 14 年,见图 2.9(a)。

小波变换的时频变化图能够反映出年径流量时间尺度变化、位相结构及其突变点分布。图 2.9(b)给出了年径流序列 Morlet 小波变换系数实部的时频分布,图中正值用实线表示,表示径流量偏多;负值用虚线表示,表示径流量偏少。其中 13～15 年周期表现十分突出,其中心尺度为 14 年,主要发生在 1958—1971 年和 1999—2007 年,而且尺度比较稳定。4～7 年周期变换较强,其中心尺度为 6 年。图 2.9(c)给出了 6 年和 14 年尺度周期的小波变换系数实部变化过程,对于 14 年的中尺度周期,从 1958—2007 年间明显存在着 11 次丰枯交替,突变点分别为 1963

年、1969 年、1968 年、1977 年、1982 年、1986 年、1991 年、1995 年、2000 年、2004
年；对于 6 年的小尺度周期，变化更频繁且比较零乱，出现 25 次丰枯交替，对应的
突变点的位置及分布相当清晰，丰枯变化比较剧烈；不同时域强度明显不同，局部
性差异较大。从主震荡周期可以推知未来 1 年内塔里木河上游年径流量将处于偏
丰期，接下来进入一个持续时间大约为 5 年的偏枯期。

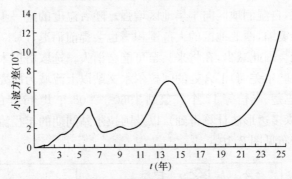

(a) 年径流量小波方差图

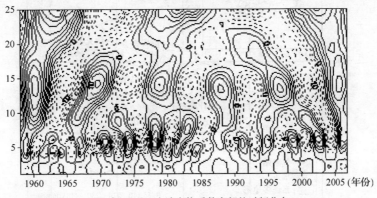

(b) 复 Morlet 小波变换系数实部的时频分布

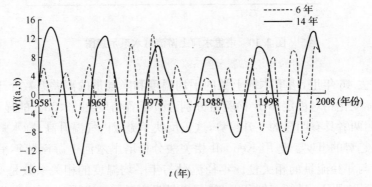

(c) 年径流量复 Morlet 小波变换系数实部变化过程

图 2.9 1958—2007 年径流量小波变换分析

2.4.7　径流演变诊断分析

气候变化引起水文循环的变化,导致水资源在时空上的重新分布和水资源数量的改变,进而影响生态环境和社会经济的发展。我国的河川径流对气候变化的敏感性由南向北,自湿润地区向干旱地区增强。随着温度的进一步升高,西北地区的高山冰川将会萎缩,西北地区的大范围积雪也会提前消退,以冰雪融水补给为主的河流流量可能会因此减少,在将来甚至可能会消失。选取塔里木河三大源流(阿克苏河、和田河、叶尔羌河)汇合处的阿拉尔水文站以上流域为研究区域,选用研究区域内阿克苏、巴楚、乌恰等 12 个气象站 1960—2005 年共 46 年的实测气象资料(面雨量采用泰森多边形法计算得到),以及阿拉尔站同期的年径流量资料,研究区域水系及站点分布见图 2.10。

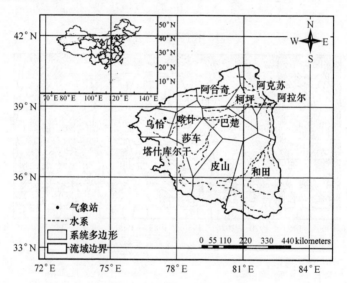

图 2.10　塔里木河上游流域水系示意图

在过去 46 年里,塔里木河上游的平均温度和降雨量的离差系数介于 0~0.4 之间,年际变化相对稳定,MK 检验值分别通过了置信度 99%、95%的显著性趋势检验,表明两者具有明显的上升趋势,这正反映了流域内气温升高、降水量增加,呈明显增湿趋势的事实。运用 Kendall 相关法分析塔里木河上游流域年平均温度、年降雨量与年径流量的相关性。年径流量与年平均温度的相关系数是 0.014,在 0.01 的显著水平下,进行双侧 T 检验,显著性概率是 0.887,因此可以得出:塔里木河上游流域径流量的年际变化受温度变化的影响很小。年径流量与年降雨量的相关系数是 0.034,在 0.01 的显著水平下,进行双侧 T 检验,显著性概率是 0.74,由此可以得出:塔里木河上游流域径流量的年际变化受降雨变化的影响很小,见表2.2。

表 2.2 塔里木河上游水文要素的变化趋势及相关关系

项目	C_V 值	MK 检验值	Kendall 相关系数
年平均温度	0.059 1	3.85(+)**	0.014
年降雨量	0.330 5	2.19(+)*	0.034
年径流量	0.235 5	1.43(−)	1

注:(+)表示上升趋势;(−)表示下降趋势;*代表趋势达到95%的置信水平;**代表趋势达到99%的置信水平。

极端气候事件作为一种稀有事件,具有突发性强,损害性大的特点,是气候变化研究的重点内容。近年来,塔里木河上游的极端气候事件频繁发生,给人类经济社会及自然环境造成巨大影响。从世界气象组织(WMO)公布的 27 个气候指标中选取其中的 10 个,分析塔里木河上游极端气候的变化趋势,进而分析径流的气候影响因子。计算结果如图 2.11 所示。结果表明:日最高气温年最小值、日最低气温年最小值具有明显上升趋势;年平均日温差具有明显下降趋势;日最高温度年最大值与年径流量呈现显著正相关,具有很好的相关性,见表 2.3。

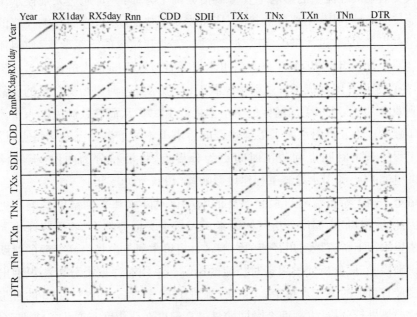

图 2.11 塔里木河上游气候指标计算结果

表 2.3　塔里木河上游气候指标的变化趋势及相关关系

气候指标	气候指标含义	MK 检验值	Kendall 相关系数
RX1day	年最大 1 天降雨量	0.55(+)	−0.063
RX5day	年最大连续 5 天降雨量	0.63(+)	0.038
Rnn	年天数(日降雨量>1.73 mm)	1.86(+)	0.036
CDD	年最大连续干旱天数	0.67(−)	0.128
SDII	年降雨量/年湿润天数	0.77(−)	0.077
TXx	日最高温度年最大值	1.07(−)	0.214*
TNx	日最低温度年最大值	0.45(+)	0.167
TXn	日最高温度年最小值	2.39(+)*	0.002
TNn	日最低温度年最小值	3.70(+)**	−0.089
DTR	年平均日温差	5.50(−)**	0.067

注:(+)表示上升趋势;(−)表示下降趋势;* 代表趋势达到 95% 的置信水平;** 代表趋势达到 99% 的
　　置信水平;Rnn 指标的阈值采用 1.73 mm。

　　人类活动对径流量的影响主要可概括为两个方面:一是通过大规模水土保持改变流域的土地利用、土地覆被状况,从而改变下垫面状况,进而影响径流的产生与汇集过程;二是通过大量引水以满足灌溉、工业和城镇的需水要求,使河流径流大幅度减少。90 年代初,为了满足塔里木河上游流域不断扩大的耕地对水资源的需求,生产建设兵团建成了大量引水灌溉工程,引水量占河川径流总量的份额逐步上升到 80% 以上,叶尔羌河灌区的引水率接近 100%,从而导致源流汇入干流水量的逐年减少。为分析引水灌溉工程建设前后塔里木河上游径流变化特点,以引水灌溉工程的开工时间点和竣工时间点为分界点,将资料分为两段:天然径流段(1960—1989 年)和引水灌溉工程建设影响段(1994—2005 年)。

　　塔里木河上游径流对日最高温度的响应比对降水和平均温度的响应更加显著。因此通过日最高温度分析气候因素对天然水文情势的影响,最终评价人类活动对塔里木河上游流域河川径流的影响。对塔里木河上游日最高气温的跳跃成分进行识别检验,以分析气候因素对径流的影响。采用有序聚类分析法识别出日最高温度最有可能的突变点是 1985 年,分别对 1960—1985、1986—2005 的日最高温度变化趋势进行分析,发现两个时期的日最高温度变化幅度与变化趋势大致相符。采用游程检验法定量分析两个时期的差异,检验值为 1.09,未通过置信度为 90%

的显著性检验,表明两个时期的日最高温度具有微弱差别,故可直接采用 1960—2005 年的日径流量资料定量评价人类活动对水文变异的影响,见表 2.4。

表 2.4 塔里木河上游日最高温度变化趋势

年 份	Cv 值	MK 检验值	游程检验值
1960—1985	0.030 2	1.12(+)	
1986—2005	0.036 2	1.17(+)	1.09(−)
1960—2005	0.034 5	1.07(−)	

由 IHA 计算结果分析径流变化:天然径流经引水灌溉工程调节后在量上发生了显著的改变,塔里木河上游流域 6 月份月平均流量增加幅度最大,其次为 9 月份。最明显的水文变异发生在 6 月份(汛期)及 1 月、3 月、4 月、5 月、11 月、12 月份(非汛期)。可见,引水灌溉工程对非汛期径流的影响很大。塔里木河上游年最小 1 天、3 天、7 天、30 天、90 天流量水文变异属于高度改变,而年最大值水文变异属于低度改变。塔河上游引水灌溉工程前后年最大、最小径流出现日期比较稳定。通常将流量值的第 25 百分位数和第 75 百分位数作为高、低流量的阈值。高流量维系着河漫滩和主河道的水力联系,为河漫滩的生物种群提供足够的径流和营养供给,低流量持续时间则影响河流的水质、下游水资源的供给。所以高、低流量及其持续时间是很重要的水文学、水力学、生态学指标。引水灌溉工程减小了高流量的出现频率,同时减少了低流量的持续时间,对河流的生态维护及下游水资源的利用造成很大压力。受引水灌溉工程的影响日流量平均升率减小。这主要是由于当防洪风险处于可控状态时,引水灌溉工程便会蓄存洪水以备枯水期使用,延缓了天然洪水的涨落速度。同时引水灌溉工程经常一段时期内按同一流量泄水,导致年内流量的反转次数呈中度改变,如图 2.12 所示。

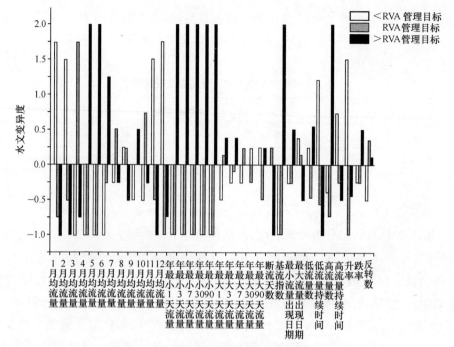

图 2.12 塔里木河上游水文变异度示意图

2.5 河流水系

主要河流特征见表 2.5,塔河流域水系分布见图 2.13。

表 2.5 塔河流域"四源一干"特征表

河流名称	河流长度（km）	流域面积(万 km²)			附 注
		全流域	山区	平原	
塔河干流区	1 321	1.76		1.76	
开一孔河流域	560	4.96	3.30	1.66	包括黄水沟等河区
阿克苏河流域	588	6.23 (1.95)	4.32 (1.95)	1.91	包括台兰河等小河区
叶尔羌河流域	1 165	7.98 (0.28)	5.69 (0.28)	2.29	包括提兹那甫等河区
和田河流域	1 127	4.93	3.80	1.13	
合 计		25.86 (2.23)	17.11 (2.23)	8.75	

注:( )号内为境外面积。

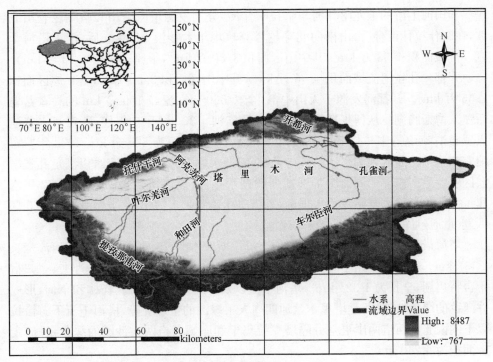

图 2.13 塔河流域水系分布图

塔里木河干流位于盆地腹地,流域面积 1.76 万 km²,属平原型河流。从肖夹克至英巴扎为上游,河道长 495 km,河道纵坡 1/4 600 到 1/6 300,河床下切深度 2~4 m,河道比较顺直,河道水面宽一般在 500~1 000 m,河漫滩发育,阶地不明显。英巴扎至恰拉为中游,河道长 398 km,河道纵坡 1/5 700 至 1/7 000,水面宽一般在 200~500 m,河道弯曲,水流缓慢,土质松散,泥沙沉积严重,河床不断抬升,加之人为扒口,致使中游河段形成众多汊道。恰拉以下至台特玛湖为下游,河道长 428 km。河道纵坡较中游段大,为 1/4 500 至 1/7 900,河床下切一般为 3~5 m,河床宽约 100 m 左右,比较稳定。

阿克苏河由源自吉尔吉斯斯坦的库玛拉克河和托什干河两大支流组成,河流全长 588 km,两大支流在西大桥水文站汇合后,始称阿克苏河,流经山前平原区,在肖夹克汇入塔河干流。流域面积 6.23 万 km²(国境外流域面积 1.95 万 km²),其中山区面积 4.32 万 km²,平原区面积 1.91 万 km²。叶尔羌河发源于喀喇昆仑山北坡,由主流克勒青河和支流塔什库尔干河组成,进入平原区后,还有提兹那甫河、柯克亚河和乌鲁克河等支流独立水系。叶尔羌河全长 1 165 km,流域面积 7.98 万 km²(境外面积 0.28 万 km²),其中山区面积 5.69 万 km²,平原区面积 2.29 万 km²。叶尔羌河在出平原灌区后,流经 200 km 的沙漠段到达塔河。

　　和田河上游的玉龙喀什河与喀拉喀什河,分别发源于昆仑山和喀喇昆仑山北坡,在阔什拉什汇合后,由南向北穿越塔克拉玛干大沙漠 319 km 后,汇入塔河干流。流域面积 4.93 万 km²,其中山区面积 3.80 万 km²,平原区面积 1.13 万 km²。

　　开都－孔雀河流域面积 4.96 万 km²,其中山区面积 3.30 万 km²,平原区面积 1.66 万 km²。开都河发源于天山中部,全长 560 km,流经 100 多 km 的焉耆盆地后注入博斯腾湖。从博斯腾湖流出后为孔雀河。20 世纪 20 年代,孔雀河水曾注入罗布泊,河道全长 942 km,进入 70 年代后,流程缩短为 520 余 km,1972 年罗布泊完全干枯。随着入湖水量的减少,博斯腾湖水位下降,湖水出流难以满足孔雀河灌区农业生产需要。同时为加强博斯腾湖水循环,改善博斯腾湖水质,1982 年修建了博斯腾湖抽水泵站及输水干渠,每年向孔雀河供水约 10 亿 m³,其中约 2.5 亿 m³ 水量通过库塔干渠输入恰拉水库灌区。

　　塔河最长河源为叶尔羌河上游的支流拉斯开木河,尾闾为台特玛湖,河流全长 2 437 km。塔河干流始于阿克苏河、叶尔羌河、和田河的汇合口——肖夹克,归宿于台特玛湖,全长 1 321 km。塔河干流以及源流两岸的胡杨、柽柳和草甸,形成乔灌草的绿色植被带,是塔里木盆地四周人工绿洲的生态屏障,塔河干流下游恰拉以下的南北向河道两岸更是分隔塔克拉玛干和库姆塔格两大沙漠的绿色走廊,走廊面积为 4 240 km²。

表 2.6　塔河流域八大水系主要河流统计表

水　系	河　名	站　名	集水面积（km²）	多年平均年径流量（亿 m³）	径流组成（%）		
					冰川融水	雨雪混合	地下水
和田河	玉龙喀什河	同古孜洛克	14 575	22.30	64.9	17.0	18.1
	喀拉喀什河	乌鲁瓦提	19 983	21.64	54.1	22.1	23.8
	皮山河	皮山	2 227	3.404	19.7	74.3	6.0
叶尔羌河	叶尔羌河	卡群	50 248（47 378）	65.66	64.0	13.4	22.6
	提孜那甫河	玉孜门勒克	5 389	8.471	29.9	55.3	14.8
阿克苏河	托什干河	沙里桂兰克	19 166	28.28	24.7	45.1	30.2
	库玛拉克河	协合拉	（10 206）	48.98	52.4	30.4	17.2
	台兰河	台兰	1 324	7.536	69.7	7.9	22.4
渭干河	木扎提河	破城子	2 845	14.46	80.00	20.0	
	黑孜河	黑孜	3 342	3.155	9.7	50.3	40.0
	卡木斯浪河	卡木鲁克	1 834	6.691	57.6	6.3	36.1
	库车河	兰干	3 118	3.780	6.8	66.7	26.5

水 系	河 名	站 名	集水面积 (km²)	多年平均年径流量(亿 m³)	径流组成(%)		
					冰川融水	雨雪混合	地下水
开—孔河	开都河	大山口	19 022	34.94	15.2	44.0	40.8
	孔雀河	迪那	1 615	3.663	16.9	76.9	6.2
喀什噶尔河	克孜河	卡拉贝利	13 700 (12 430)	21.29	24.7	45.1	30.2
	盖孜河	克勒克	9 753	9.469	65.2	10.7	24.1
克里雅河	克里雅河	努努买 买提兰干	7 358	7.301	47.1	14.8	38.1
车尔臣河	车尔臣河	且末	26 822	5.262	45.9	19.1	35.0

注:括号内为国外集水面积。

(1) 塔河干流

塔河是典型的干旱区内陆河流,自身不产流,干流的水量主要由阿克苏河、叶尔羌河、和田河三源流补给。干流肖夹克至台特玛湖全长 1 321 km,流域面积 1.76 万 km²。干流阿拉尔断面多年平均径流量 45.9 亿 m³(1956 年 7 月~2005 年 6 月),输沙量 2 228 万 t。

(2) 阿克苏河

阿克苏河是现在塔河干流供水最多的一条源流。阿克苏河由库玛拉克河和托什干河两大支流汇合而成。两大支流分别发源于吉尔吉斯斯坦的阔科沙岭和哈拉铁热克山脉,入境后在阿克苏市西大桥上游汇合,称阿克苏河,流至肖夹克汇入塔河干流,流域面积 6.83 万 km²。

(3) 叶尔羌河

叶尔羌河是塔河的主要源流之一,发源于昆仑山南麓南达坂。叶尔羌河由主流克勒青河和支流塔什库尔干河组成,还有提孜那甫河、柯柯亚河和乌鲁克河等 3 条支流。叶尔羌河全长 1 165 km,流域面积 7.91 万 km²。在出平原灌区后,流经 200 km 的沙漠段后汇入塔河干流。

(4) 和田河

和田河的两大支流玉龙喀什河与喀拉喀什河,分别发源于昆仑山和喀喇昆仑山北坡,在阔什拉什汇合后,由南向北穿越塔克拉玛干大沙漠 319 km 后,汇入塔河干流。流域面积 6.11 万 km²。

(5) 开都—孔雀河

开都河发源于天山南麓中部依连哈比尔尕山,全长 560 km,流经焉耆盆地后注入博斯腾湖,从博斯腾湖流出后称为孔雀河。开都—孔雀河流域面积为 5.00 万 km²。博斯腾湖是我国最大的内陆淡水湖,湖面面积为 1 228 km²。1982 年修建了博斯腾湖西泵站及输水干渠,2007 年修建了博斯腾湖东泵站及输水干渠工程,将湖水扬入孔雀河。

(6) 喀什噶尔河

喀什噶尔河流域包括克孜河、盖孜河、库山河、依格孜牙河、恰克玛克河、布谷孜河 6 条河流。喀什噶尔河自西流向东,全长 445.5 km,我国境内长 371.8 km。流域面积为 8.14 万 km²。

(7) 渭干河

渭干河上游干流称木扎提河,源于西天山山脉汗腾格里峰东坡。渭干河干流长 284 km,其中木扎提河长 252 km,克孜尔水库以下渭干河长 32 km。渭干河流域面积为 4.25 万 km²。

(8) 车尔臣河

车尔臣河发源于昆仑山北坡的木孜塔格峰,是流向塔里木盆地的内陆河,河道全长 813 km,流域面积为 14.05 万 km²。

(9) 主要湖泊

塔河流域主要湖泊有博斯腾湖和台特玛湖。博斯腾湖面积为 1 228 km²,是我国最大的内陆淡水湖之一,它既是开都河的归宿,又是孔雀河的源头。博斯腾湖距博湖县城 14 km,湖面海拔 1 048 m,东西长 55 km,南北宽 25 km,略呈三角形。湖水最深 16 m,最浅 0.8~2 m,平均深度 10 m 左右。

台特玛湖位于塔河下游尾闾,是塔河及车尔臣河的中间湖。塔河断流前,下游河水曾一度流到罗布泊,后来河水改道,流入东南方向的台特玛湖。塔河下游断流后,尾闾台特玛湖变成了一片沙漠。近年来通过向下游生态输水,结束了塔河下游河道持续断流和台特玛湖干涸近 30 年的历史,台特玛湖的生态得到一定程度的恢复。

2.6 水资源开发利用状况

现状与塔河关系密切的上游三源流(和田河、叶尔羌河、阿克苏河)多年平均河川径流量为 215.98 亿 m³(其中国外入境 57.3 亿 m³);计入塔河下游开都—孔雀河流域即"四源一干"的河川径流量为 256.73 亿 m³,占塔河全流域的 64.4%。

阿克苏河、叶尔羌河、和田河和开都—孔雀河地表水资源量分别为 95.33 亿 m³、

75.61 亿 m³、45.04 亿 m³ 和 40.75 亿 m³。地下水资源与河川径流不重复量约为 18.15 亿 m³,其中阿克苏河、叶尔羌河、和田河和开都—孔雀河分别为 11.36 亿 m³、2.64 亿 m³、2.34 亿 m³ 和 1.81 亿 m³。水资源总量为 274.88 亿 m³,其中阿克苏河、叶尔羌河、和田河和开都—孔雀河分别为 106.69 亿 m³、78.25 亿 m³、47.38 亿 m³ 和 42.56 亿 m³。各源流水资源量见表 2.7,不同频率地表水资源量见表 2.8,各源流浅层地下水补给量见表 2.9。

表 2.7　各源流水资源总量

流　域	地表水资源量 (亿 m³)	地下水资源量(亿 m³)		水资源总量 (亿 m³)
		资源量	其中不重复量	
开都—孔雀河流域	40.75	19.97	1.81	42.56
阿克苏河流域	95.33	38.12	11.36	106.69
叶尔羌河流域	75.61	45.98	2.64	78.25
和田河流域	45.04	16.11	2.34	47.38
四源流合计	256.73	120.18	18.15	274.88

表 2.8　各源流地表水资源量

分　项	叶尔羌河 流域(亿 m³)	和田河流域 (亿 m³)	阿克苏河流域 (亿 m³)	开都—孔雀河 流域(亿 m³)	合　计 (亿 m³)
区内地表水资源	68.41	45.04	45.19	40.75	199.39
含入境水量	75.61	45.04	95.33	40.75	256.73
$P=20\%$	85.69	53.80	100.24	45.94	285.67
$P=50\%$	74.87	44.18	94.46	40.06	253.57
$P=75\%$	66.95	37.36	90.73	36.03	231.07
$P=95\%$	60.38	31.86	88.00	32.97	213.21

注:表中不同保证率下的数据均含入境的河川径流总量。

表 2.9　各源流浅层地下水补给量

分　项	和田河流域	叶尔羌流域	阿克苏河流域	开都—孔河流域	合　计
地下水水资源(亿 m³)	16.11	45.98	38.12	19.97	120.18
天然补给量(亿 m³)	2.34	2.64	11.36	1.81	18.15

　　塔河上游三源流和开都-孔雀河流域平原区地下水天然补给量为 18.15 亿 m³，平原区现状地下水补给量为 120.18 亿 m³，地表与地下水的重复量为 102.03 亿 m³，其中叶尔羌流域平原区地下水的总补给量最多，为 45.98 亿 m³，占四条源流的 38.3%，见表 2.9。塔河干流区的地下水资源比较复杂，但主要为河道渗漏等补给，总补给量为 27.48 亿 m³，其中上、中游的地下水补给量占塔河干流地下水总补给量的 81.3%，见表 2.10。

表 2.10　干流浅层地下水补给量

分　项	上　游	中　游	下　游	合　计
河道渗漏(亿 m³)	6.00	3.21	2.74	11.95
水库渗漏(亿 m³)	1.19	0.74	1.22	3.15
洪水漫溢(亿 m³)	2.82	2.51	0	5.33
渠道渗漏(亿 m³)	1.92	0.58	0.59	3.09
田间渗漏(亿 m³)	0.40	0.08	0.59	1.07
罗呼洛克湖(亿 m³)	0	2.89	0	2.89
合　计(亿 m³)	12.33	10.01	5.14	27.48

　　总体来看，塔河流域源流水资源具有以下特点：

　　(1) 地表水资源形成于山区，消耗于平原区，消失于荒漠区；

　　(2) 地表径流的年际变化较小，四源流的最大和最小模比系数分别为 1.36 和 0.79，径流年际变化不大，变差系数 C_V 值一般为 0.096~0.244；

　　(3) 河川径流年内分配不均。6~9 月来水量占全年径流量的 70%~80%，大多为洪水，且洪峰高，起涨快，容易形成大洪灾；3~5 月灌溉季节来水量仅占全年径流量的 10% 左右，极易造成春旱；

　　(4) 平原区地下水资源主要来自地表水转化补给，不重复地下水补给量仅占总水量的 6.6%。

　　在进入塔里木河干流的水量逐年递减的情况下，干流缺乏工程控制手段，上中游耗水量占阿拉尔断面来水面的比例不断增加，到达下游河道的水量递减更为显著，造成下游大亚海子拦河水库以下的河道断流，大地沙化，相杨林面积锐减，尾闾台特玛湖干涸。

　　(5) 下游河道长期断流，地下水位持续下降。

塔里木河下游断流近 30 年,多数河道已被风沙掩埋,地下水位持续下降,地下水埋深大亚海子～英苏为 5.0～8.0 m 左右,英苏～阿拉干地下水埋深大于 10 m,在阿拉干以下的河道,地下水埋深达到 6.0～10.0 m。这一埋深水位就是对抗旱能力极强的胡杨、柽柳也难以生存,胡杨顶部已经完全封死,长在红柳沙包上的柽柳也多以树枝为主,成带的柽柳灌丛仅生长在河床两边数百米的范围内,且断断续续,多数地区为仅残存个别植株的荒漠,地表也基本为流沙或盐壳覆盖。

2.7 社会经济

塔河流域是一个以维吾尔族为主体的多民族聚居区,有维吾尔、汉、回、柯尔克孜、塔吉克、哈萨克、乌兹别克等 18 个民族;行政范围包括巴音郭楞蒙古自治州、阿克苏地区、喀什地区、和田地区、克孜勒苏柯尔克孜自治州以及新疆生产建设兵团的农一师、农二师、农三师及农十四师 56 个团场的所在区域。

2010 年末,全流域总人口为 1 069 万人,占全疆总人口的 49.01%,其中维吾尔族人口为 779 万人,占流域总人口的 72.87%;农业人口为 708 万人,占流域总人口的 66.23%。全流域耕地面积 2 540.15 万亩,农田有效灌溉面积 2306 万亩,林草灌溉面积 1 219 万亩。粮食播种面积 1 078.84 万亩,占全疆粮食播种面积的 43.60%;粮食总产量达 478.25 万吨,占全疆粮食总产的 52.61%;棉花播种面积 1 039.43万亩,占全疆棉花播种面积的 47.44%;棉花总产量达 113.73 万吨,占全疆棉花总产的 45.88%;年末牲畜总头数 2 138 万头,占全疆年末牲畜总头数的 57.07%。全流域国内生产总值为 1 210 亿元,占全疆国内生产总值的34.31%;工业总产值为 727.73 亿元,仅占全疆工业总产值的 17.02%。目前流域城市化水平不高,工业发展落后,属于新疆维吾尔自治区的贫困地区。

2.8 生态环境

塔河流域的植被由山地和平原植被组成。山地植被具有强烈的旱化和荒漠化特征,中、低山带多寒生灌木,寒生灌木是最具代表性的旱化植被;高山带有呈片分布的森林和灌丛植被及占优势的大面积旱生、寒旱生草甸植被。

干流区天然林以胡杨为主,灌木以红柳、盐穗木为主,另有梭梭、黑刺、铃铛刺等,草本以芦苇、罗布麻、甘草、花花柴、骆驼刺等为主。它们生长的盛衰、覆盖度的大小,随水分条件的优劣而异。林灌草分布,其生长较好的主要分布在阿拉尔到铁干里克河段的沿岸,远离现代河道和铁干里克以下都有不同程度的抑制或衰败。塔河流域研究区(平原区)天然植被面积统计见表 2.11。

表 2.11　塔河流域研究区天然植被面积统计表

水资源分区		林草合计 (万亩)	林地(万亩)				天然草地 (万亩)
			有林地	灌木林地	疏林地	小计	
研究区(平原区)		5 296.8	423.6	427.7	514.4	1 365.7	3 931.1
塔河 干流区	小计	2 130.7	334.8	211.3	335.7	881.8	1 248.9
	上游	949.9	214.4	136.1	187.6	538.1	411.8
	中游	936.3	101.5	70.4	110.0	281.9	654.4
	下游	244.5	18.9	4.8	38.1	61.8	182.7
阿克苏河流域		1 540.2	6.8	67.1	3.6	77.5	1 462.7
和田河流域		461.6	72.2	134.1	75.6	281.9	179.7
开都—孔雀河流域		1 164.3	9.8	15.2	99.5	124.5	1 039.8

塔河流域土地沙漠化十分严重,根据 1959 年和 1983 年航片资料统计分析,24 年间塔河干流区域沙漠化土地面积从 66.23% 上升到 81.83%,上升了 15.6%。其中表现为流动沙丘、沙地景观的严重沙漠化土地上升了 39%。塔河干流上中游沙漠化土地集中分布于远离现代河流的塔河故道区域。下游土地沙漠化发展最为强烈,24 年间沙漠化土地上升了 22.05%,特别是 1972 年以来,大西海子以下长期处于断流状态,土地沙漠化以惊人的速度发展。在阿拉干地区严重沙漠化土地,已由 1958—1978 年年均增长率 0.475% 上升到 1978—1983 年年均增长率 2.126%;中度沙漠化土地年均增长率亦由 0.051% 增加到 0.108%。土地沙漠化导致气温上升,旱情加重,大风、沙尘暴日数增加,植被衰败,交通道路、农田及村庄埋没,严重威胁绿洲生存和发展。

塔河流域高山环绕盆地,荒漠包围绿洲,植被种群数量少,覆盖度低,土地沙漠化与盐碱化严重,生态环境脆弱。按照水资源的形成、转化和消耗规律,结合植被和地貌景观,塔河流域生态系统主要为径流形成区的山地生态系统,径流消耗和强烈转化区的人工绿洲生态系统,径流排泄、积累及蒸散发区的自然绿洲、水域及低湿地生态系统,严重缺水区或无水区的荒漠生态系统。由于自然环境演变和人类活动的加剧,塔河流域的生态系统发生了较大的变化,主要表现为"四个增加、四个减少",即:人工水库、人工植被、人工渠道、人工绿洲生态增加,自然河流、天然湖泊、天然植被、天然绿洲生态减少。生态系统演变的趋势,可以概括为"两扩大"和"四缩小",即人工绿洲与沙漠同时扩大,而处于两者之间的自然林地、草地、野生动物栖息地和水域缩小。

用生态脆弱性指数作为评价标准,阿克苏河流域的生态脆弱性属轻微脆弱,叶尔羌河流域为一般脆弱,和田河流域属中等脆弱;塔河干流区上游的生态脆弱性属一般脆弱,中游属中等脆弱,下游属严重脆弱。

2.9　干旱影响要素

灌溉农业是塔河流域绿洲农业最显著的特点,而塔河流域大部分河流年内水量分配极不均匀,在目前水利工程建设尚不能完全满足农业灌溉对水资源供给适时适量要求的情况下,旱情在各地每年都有发生,特别是春季灌溉用水供水矛盾突出,农业灌溉长期受春旱的困扰。

(1) 气温与降雨造成季节性旱情变化

由于春季时间短促,一般平原区春季升温快、风多、降雨量相对偏少,而此时山区气温上升缓慢、融雪水量小,因此在春季容易发生干旱。

入秋季节在遇到气温仍较常年偏高、干旱少雨的情况,高温少雨的天气则会加剧农田失墒和农作物水分的蒸散,出现秋旱。特别是天然草场受旱严重。

(2) 供水能力不足加大了季节性旱情

水库工程是塔河流域农业灌溉最主要的抗旱工程措施,目前新疆绝大部分灌区大多以平原水库蓄水,平原水库大多建于 70～80 年代,受地形和工程投资的限制,平原水库一般调节库容较小,淤积严重,加之汛期蓄存的水量蒸发量大,若遇秋季河道来水偏少年份,水库蓄水量将少于一般年份,则来年春季供水量就会不足,从而导致春季旱情更加严重。近几年各地普遍在进行平原水库除险加固,致使水库蓄水受到一定影响。

(3) 季节性旱情随农作物种植结构变化

春季是冬小麦浇二水及棉花播前灌溉用水高峰期,塔河流域棉花作物的种植范围广,在春季河道来水不足和水利工程供水不能满足正常年份供水的情况下,致使灌溉用水集中期的春季矛盾突出。棉花作物在春季易受气候灾害的危害,春季正值升温早,风沙、干热风频繁,土壤失墒、跑墒严重的季节,导致棉花作物复灌率增加,加大了春季灌溉用水量。春季缺水在当前新疆水资源利用中的问题十分突出,已占全年缺水总量的 46%。

（4）社会经济快速发展加重了旱情程度

水资源承载能力与区域经济社会发展格局极不协调,由于经济社会发展速度过快,面临严重的资源性缺水问题。干旱缺水程度已超出正常旱情,采取跨流域调水解决区域水资源分布不均的矛盾是缓解水资源短缺地区干旱的根本途径。

2.10　本章小结

本章详细介绍了塔河流域的地理位置、地形地貌、河流水系及水文气象特征;分析了自然状态和受人类活动影响下主要水文站点的来水过程和变化趋势;剖析区域内的社会经济发展和水资源开发利用现状,植被及生态系统组成,干旱影响因素与旱情变化特征。

3 塔河流域干旱灾害特征及成因

3.1 历史干旱灾害考证

新疆是典型的干旱半干旱地区,"荒漠绿洲,灌溉农业"是其显著特点。受气候和地理环境的影响,生态环境脆弱,各种自然灾害频繁发生,在时空上具有洪旱灾害交替发生的特点。特别是部分地区及小型灌区等易旱区域连年发生持续干旱,严重影响了农牧业生产,给新疆社会经济持续发展造成了严重危害。通过历史干旱资料的分析,了解新疆干旱灾害变化特征及形成的主要原因,为干旱灾害防治及研究提供参考。

3.1.1 历史干旱

通过对《新疆通志(水利志)》、《中国气象灾害大典(新疆卷)》、《新疆 50 年(1955—2005)》、《新疆维吾尔自治区抗旱规划报告》、《 中国历史干旱(1949—2000)》、《新疆灾荒史》、《新疆减灾 40 年》等大量文献的查阅,以及对新疆防汛抗旱办公室提供的数据资料进行系统地整理、分析,总结出塔河流域历史上发生的干旱灾害记录,见表 3.1。

表 3.1　塔河流域干旱灾害简表

塔河流域历年干旱灾害简表	塔河流域历年干旱灾害简表
清光绪二年(1876 年)焉耆、喀什	1979 年巴州(且末县)、阿克苏地区(阿克苏市、阿瓦提县)、喀什地区(麦盖提县、巴楚县、叶城县)、克州(阿合奇县)、和田地区(策勒县、民丰县)
民国六年(1917 年)英吉沙、皮山等县	1980 年巴州、阿克苏地区(库车、新和、沙雅、柯坪等县)、克州(阿克陶县)、喀什地区(巴楚县、岳普湖县)、和田地区(皮山县)
民国七年(1918 年)巴楚、伽师、叶城等县	1981 年库尔勒市郊(兵团农二师 30 团)、阿克苏地区(柯坪县)、喀什地区(泽普县)
民国八年(1919 年)焉耆县	1982 年喀什地区(疏附县)

塔河流域历年干旱灾害简表	塔河流域历年干旱灾害简表
民国九年(1920 年)英吉沙县	1983 年巴州(焉耆县)、克州(阿合奇县)、和田地区(民丰县)
民国十四至十六年(1925—1927 年)今兵团农二师 32 和 33 团场附近	1984 年巴州(兵团农二师 30 团、和硕县)、喀什地区(疏附县、泽普县)、和田地区
民国十九年(1930 年)疏勒县	1985 年巴州(且末县)、阿克苏市、克州、喀什地区(岳普湖县、英吉沙县)
民国二十九年(1940 年)铁力木华(属岳普湖县)	1986 年巴州(和静县)、和田地区(民丰县)
民国三十年(1941 年)库尔勒县、和田地区	1987 年巴州、和田地区(皮山县)
民国三十六年(1947 年)巴州(和硕县)和喀什地区	1989 年巴州(轮台和和硕两县)、喀什地区
民国三十七年(1948 年)巴州(和硕县)	1990 年巴州(兵团农二师 30 团、轮台县)
民国三十八年(1949 年)轮台、若羌、岳普湖县	1991 年巴州(和静、尉犁、轮台、且末、若羌等县)、阿克苏地区、克州(阿克陶、乌恰、阿图什)
1950 年岳普湖县	1992 年喀什地区(巴楚县)、和田地区
1952 年喀什部分地区(岳普 湖县)	1993 年巴州(若羌县)、阿克苏地区(库车、拜城、乌恰等县)、克州、喀什地区(英吉沙县)、和田地区
1954 年南疆部分地区干旱	1994 年巴州(兵团农二师 30 团)、喀什地区(巴楚县)、和田地区
1955 年巴州(库尔勒县)、阿克苏地区(库车县)	1995 年巴州(轮台县)
1956 年克孜勒苏自治州(阿克陶县)	1997 年巴州(若羌县)、克州、喀什地区(塔什库尔干县)、和田地区(民丰县)
1957 年阿克苏地区(阿瓦提县)	1998 年巴州(轮台县)、阿克苏地区、喀什地区、克州、和田地区
1959 年巴州(若羌县)、阿克苏地区(阿瓦提县)、克孜勒苏自治州(阿克陶县)	1999 年和田地区(民丰县)
1960 年巴州(库尔勒县)	2000 年南疆 5 地州(巴州、阿克苏、克州、喀什、和田)部分县
1961 年巴州、阿克苏地区(库车县)、克州(阿图什市、喀什市)、和田地区(皮山县)	2001 年巴州、阿克苏地区(库车,沙雅,新和)、喀什地区、克州、和田地区
1962 年阿克苏地区(库车县)、克孜勒苏自治州、喀什(疏勒县)、和田地区	2002 年全塔河流域五地(州)(巴州、阿克苏地区、喀什地区、克州、和田地区)

塔河流域历年干旱灾害简表	塔河流域历年干旱灾害简表
1964 年喀什地区(岳普湖县)	2003 年全塔河流域五地(州)(巴州、阿克苏地区、喀什地区、克州、和田地区)
1965 年巴州(和硕县)、阿克苏地区(库车县)	2004 年巴州、阿克苏地区、喀什地区(麦盖提县、巴楚县、英吉沙县、岳普湖县)、克州、和田地区(策勒县)
1967 年巴州(和硕县)	2005 年巴州、阿克苏地区(库车)、喀什地区(麦盖提县、巴楚县、英吉沙县、岳普湖县)、和田地区(策勒县、皮山县)
1968 年阿克苏地区(阿瓦提县)	2006 年阿克苏地区、喀什地区、克州、和田地区
1974 年库尔勒市郊(兵团农二师 30 团)、和硕县、阿克苏地区(乌什县)	2007 年全塔河流域五地(州)(巴州、阿克苏地区、喀什地区、克州、和田地区)
1975 年克州(阿合奇县)	2008 年巴州(尉犁县、库尔勒市)、阿克苏地区(库车县、阿瓦提县)、喀什地区(麦盖提县、巴楚县、叶城县)、克州(阿合奇县)、和田地区(策勒县、民丰县)
1976 年喀什地区(泽普县)	2009 年阿克苏地区、喀什地区、和田地区
1977 年克州(阿图什市、乌恰县)、喀什地区(疏附县)	2010 年巴州(若羌县、焉耆县、和静县)、阿克苏地区(温宿县、沙雅县)、喀什地区(莎车县、巴楚县、叶城县)、克州(阿克陶县)、和田地区
1978 年和田地区(墨玉县、民丰县)	

3.1.2 典型干旱灾害

历史上,新疆曾发生过许多典型的干旱灾害,主要有:

清光绪二年(公元 1876 年),新疆南路(吐鲁番、托克逊、焉耆、喀什等县)旱蝗为灾,收成歉薄。

民国三十六年(公元 1947 年)六月,现巴音郭楞自治州和喀什地区干旱。和硕县曲惠村因缺水,八成的小麦枯死。铁里木华"满目疮痍,豁免半数额粮"。

1974 年新疆大旱,巴音郭楞自治州兵团农二师 30 团(库尔勒市郊)受灾面积为 8 300 亩。和硕县受灾农田面积达 17.6 万亩,包括小麦 5 920 亩、水稻 1 692 亩、油菜 2 990 亩。阿克苏地区乌什县托什干河河水径流量仅有历年同期的 20%。5 万亩小麦受不同程度的旱灾;水稻推迟播种,少种 1~5 万亩;牲畜缺少粮草,加上疫病流行,死亡大畜和幼羔 4 万余头。

1998 年,南疆的和田、喀什、克州、阿克苏一带春季旱情严重。昆仑山以北地区河道来水明显减少,同比减少量最多达 77%,该区域春季有 14 个县市发生旱情,作物受旱面积 190 万亩(126.7 千 hm²),其中轻旱 111 万亩(74 千 hm²),重旱 71.85 万亩(47.9 千 hm²),干枯 7.15 万亩(4.77 千 hm²)。草场受旱 0.81 万 km²,有 17.9 万人、3.7 万头(只)牲畜饮水困难。受旱地区中,喀什地区旱情尤为严重。全地区大部分县市均发生旱情,其中有 8 个县市的大部分乡镇受旱严重,受旱面积达 135 万亩(90 千 hm²)。

2009 年南疆地区气候异常,平原区气温偏高 0.2~1 ℃,而高空气温远低于历年同期值,零度层高度最高 5 003 m,未出现长时间有利于积雪融化的高温天气过程。叶尔羌河、盖孜河、提孜那甫河、库山河四条河流 5~7 月来水量比历年同期减少 44.1%,是有水文记载以来同期来水量最少的年份。塔河三源流(阿克苏河、叶尔羌河、和田河)五月份径流量仅为 8.91 亿 m³,比历年同期减少 2.15 亿 m³,为特枯月份。受源流来水减少及上游源流区抗旱灌溉引水的影响,塔河干流控制断面阿拉尔 6 月上旬来水只有 0.06 亿 m³,比历年同期少 89%,6 月中旬少 92%。受此影响,塔河近年来发生的断流点向上游发展,断流河长较往年有所延长,断流河长达 1 100 km,对下游农业生产和生态用水造成严重影响。喀什地区受旱 410 万亩,阿克苏地区 133 万亩,和田地区 56 万亩,塔城地区 18.6 万亩。全区严重干旱草场面积达 0.895 亿亩,16.5 万农牧民和 37.8 万头(只)牲畜受到严重干旱影响。

3.2　干旱灾害特征分析

3.2.1　干旱灾害特点

(1) 区域性强

根据 1981—1991 年 10 年中塔河地区发生大面积持续性严重干旱的 1983 年、1986 年、1989 年和 1991 年的旱情分析,干旱的主要区域特征是:"影响范围广,牧区重于农区"。如 1989 年农业区 15 个县(市)发生干旱。1990 年塔河有 17 个县(市)发生干旱。

(2) 春旱严重

塔河流域农牧区 3~5 月的春旱比较严重,特别是 5 月"卡脖子"旱是全年四季干旱中最主要的干旱灾害。

（3）干旱发生频繁

干旱是塔河流域的主要常发性自然灾害，干旱年年有，频次高是其主要特点。新中国成立 60 年来塔河流域各地、州、市共发生干旱灾害 122 年次。其中：巴音郭楞蒙古自治州 11 年次，和田 10 年次，喀什 8 年次，阿克苏 10 年次，克孜勒苏柯尔克孜自治州 4 年次。塔河中部及昆仑山北坡灌区是发生干旱灾害频次较高（大于25％）的地区。

（4）干旱持续时间长

持续性干旱是塔河流域干旱的一个显著特点。如季节性局地农业干旱，在一次干旱灾害过程中可以连续 30～90 天不降水，每年 3～5 月会发生持续性干旱；对发生冬春连旱的年份受旱地区的严重持续性干旱可达 7～10 个月，塔河西部地区的牧区天然草场及人工打草场，受大尺度灾害性干旱气候影响，可发生持续 3 天以上的大面积干旱。

3.2.2 干旱灾害时间演变特征

1）干旱灾害历史演变规律及特征

（1）数据来源及处理

资料主要采用文献查阅方法，根据《新疆通志（水利志）》、《中国气象灾害大典（新疆卷）》、《新疆 50 年（1955—2005）》、《新疆维吾尔自治区抗旱规划报告》、《中国历史干旱（1949—2000）》，以及新疆防汛抗旱办公室提供的数据资料进行系统整理。数据按新疆塔河流域行政区划县市为单位录入，建立数据库，并用 Excel 进行处理分析。

为方便定量研究干旱灾害发生的规律和强度，根据文献中记载的灾害持续时间、影响范围、灾害强度等将塔河流域干旱灾害划分为 4 个等级序列，见表 3.2。

1 级为轻度旱灾。历史文献中只记载了塔河流域局部地区或个别县（区）发生旱灾或少雨或不降雨，但未记载对人们生产、生活产生较大影响，农田受灾面积小于 10 万亩或者受灾草场面积小于 100 万亩的旱灾。

2 级为中度旱灾。文献中记载有较大范围或较长时间或对人们生产、生活产生较大影响的，农田受灾面积 10 万～100 万之间或者草场受灾面积 100 万亩以上的旱灾。

3 级为重大旱灾。历史文献中记载有较大的区域大旱，粮食严重歉收，农田受灾面积超过 100 万亩或者草场受灾面积超过 1 000 万亩的旱灾。

4 级为特大旱灾。为持续一年或数年，大区域范围的跨季度、跨年度的严重干旱，农田受灾面积超过 300 万亩或者草场受灾面积超过 1 亿亩的大旱灾。

　　干旱是塔河流域的主要经常性自然灾害,以县为单位统计,可以说干旱年年有。对塔河流域历史干旱资料进行统计分析,如表 3.2 所示,1949—2010 年 61 年间,塔河流域有记载的干旱灾害共 59 次,平均每 1.04 年发生 1 次。在发生干旱灾害的 59 次中,特大旱灾、重大旱灾、中度旱灾、轻度旱灾分别为 10 次、25 次、11 次和 13 次,其分别占干旱灾害发生年总数的 16.96%、42.37%、18.64%和 22.04%,3 级以上大旱灾共发生 35 次,平均每 1.75 年发生 1 次,占干旱灾害发生年总数的 59.33%。从灾害等级的年代间变化看,以年份为横坐标,旱灾等级为纵坐标,绘出塔河流域旱灾等级逐年变化过程图(见图 3.1),在 1949—1980 年间轻度、中度旱灾发生比较多,重大旱灾与特大旱灾发生较少;在 1980—2010 年间轻度、中度旱灾发生频次越来越少,重大旱灾与特大旱灾发生频次越来越高,尤其 80 年代后特大旱灾发生次数显著增多。从以上分析可看出,塔河流域内干旱灾害较为频繁,而且整体上呈增加的趋势,旱情呈发生严重的趋势。

表 3.2　塔河流域不同等级历史干旱发生统计表

等　级	年　份	次　数	频　率(%)
1	1949、1950、1952、1953、1954、1956、1959、1964、1970、1972、1973、1978、1979	13	22.04%
2	1951、1955、1957、1960、1963、1967、1968、1971、1975、1976、1977	11	18.64%
3	1961、1962、1965、1974、1980、1981、1982、1983、1984、1985、1986、1987、1988、1989、1990、1991、1993、1994、1995、1996、1997、1998、1999、2008、2010	25	42.37%
4	1992、2000、2001、2002、2003、2004、2005、2006、2007、2009	10	16.96%

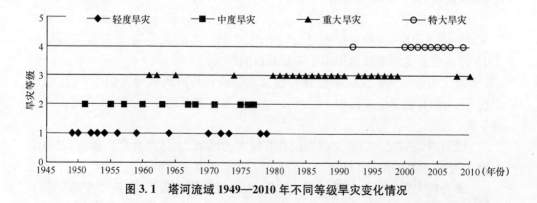

图 3.1　塔河流域 1949—2010 年不同等级旱灾变化情况

　　根据 1990—2010 年以来,塔河流域受灾面积和成灾面积统计资料分析(见表 3.3),21 年间全流域受旱面积 9 247.5 万亩(6 165 千 hm²),超过 450 万亩(300 千 hm²)的有 10 年,2000 年以后有 9 年,分别占 58.06% 和 51.63%;成灾面积超过 225 万亩(150 千 hm²)的重旱年有 11 年,2000 年以后有 10 年,分别占 67.88% 和 62.51%;成灾面积超过 300 万亩(200 千 hm²)的大旱年有 3 年,按成灾面积大小,依次为:2009 年、2010 年和 2002 年,占 24.50%。21 年来塔河流域的发展具有面积增大、频率加快、灾情加重的趋势。每 5 年时间段平均受旱面积依次为 397.11 万亩、332.88 万亩、484.98 万亩、528.78 万亩(264.74 千 hm²、221.92 千 hm²、323.32 千 hm²、352.52 千 hm²);平均成灾面积分别为 182.55 万亩、157.77 万亩、267.09 万亩、346.16 万亩(121.70 千 hm²、105.18 千 hm²、178.06 千 hm²、230.77 千 hm²);平均粮食减产量分别为 45.61 万 t、37.79 万 t、72.48 万 t、65.60 万 t。1990—2007 年全流域平均受旱率为 23.1%,平均成灾率为 11.6%。流域降水和径流的周期波动,引起干旱发生阶段性变化。在 1990—2007 年的 18 年中,受旱率超过 20% 的有 14 年,最高的 1993 年达 37.5%,成灾率最高的也是 1993 年为 17.3%。受旱率超过 25%,同时成灾率超过 15% 的有 3 年,分别是 1993 年、2001 年和 2002 年,平均 6 年一遇。

表 3.3　1990—2010 年塔河流域灾情统计表

年　份	受旱面积 (千 hm²)	成灾面积 (千 hm²)	受旱率 (%)	成灾率 (%)	年　份	受旱面积 (千 hm²)	成灾面积 (千 hm²)	受旱率 (%)	成灾率 (%)
1990	215.3	95.7	21.3	9.4	2001	332.9	194.1	25.8	15.1
1991	222.3	101.7	20.5	9.4	2002	349.5	205.0	26.5	15.5
1992	253.8	114.2	23.6	10.6	2003	325.7	174.8	24.3	13.1
1993	397.0	183.0	37.5	17.3	2004	313.0	172.8	23.1	12.7
1994	235.3	113.9	21.6	10.4	2005	444.4	193.9	30.7	13.4
1995	205.8	97.6	18.5	8.7	2006	354.1	199.7	24.7	14.0
1996	183.6	85.7	15.9	7.4	2007	318.3	190.0	20.8	12.4
1997	241.0	119.8	19.8	9.8	2008	314.3	170.8	21.3	11.5
1998	248.3	112.1	20.0	9.0	2009	430.1	397.5	24.0	22.1
1999	230.9	110.7	18.1	8.7	2010	253.3	232.7	17.9	16.5
2000	295.5	143.6	23.3	11.3					

　　1980—2010 年成灾面积和每 5 年的成灾面积均值见图 3.2、图 3.3,从图可见,干旱逐年之间的变化较大,31 年来干旱灾情有上升趋势:20 世纪 80 年代前 5 年成灾面积最小,90 年代比 80 年代有了明显的增加,90 年代的后 5 年增减幅度不大,

基本上保持平稳,2000—2004 和 2005—2010 年这两个时间段平均成灾面积分别为 267.15 万亩(178.1 千 hm²)和 153.87 万亩(230.8 千 hm²),是最高值。由此可以看出,干旱造成的危害有逐步加剧的趋势。

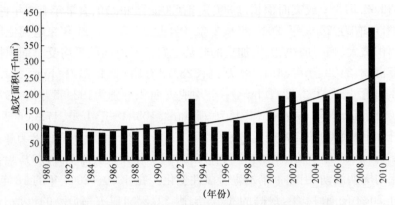

图 3.2　1980—2010 年塔河流域历年干旱成灾面积

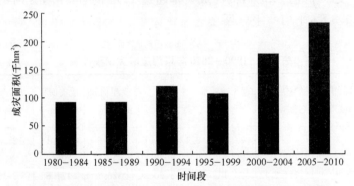

图 3.3　塔河流域 1980—2010 年不同时间段平均成灾面积

2) 干旱季节变化规律

塔河流域季节性干旱是相对于在农业灌溉期河道来水不足以满足农业灌溉需求的缺水或相对河道来水而言农业灌溉期需水量大的枯水期。塔河流域大多数河流河道来水最小月发生在 2 月或 1 月,春季来水(3～5 月)约占全年来水量的 10%～25%,秋季来水(9～11 月)约占全年来水量的 10%～20%,相对于灌溉期(3～11 月)而言,干旱季节大多发生在 3～5 月和 9～11 月,但对于河道来水四季较为平稳且夏季农作物正值需水高峰期而河道来水相对不足的地区,夏季也是干旱季节。因此全流域在整个农业灌溉阶段均有可能发生干旱。

（1）径流补给来源分类

①高山冰雪融水和雨水混合地区

以高山冰雪融水和雨水混合来补给河流的地区如开都河流域,春季冰雪融水量相对较少,但降雨量相对较多,夏季高山冰雪融水量增大且降雨量大,春末夏初季节正值农作物需水较高时期,春转夏季河道来水量相对于灌溉需水量不足,春夏两季短期之间出现俗称"卡脖子旱"的情况比较明显。

②高山冰雪融水地区

主要以高山冰雪融水补给河流的地区包括帕米尔、喀喇昆仑山山区河流和分布于昆仑山、阿尔金山山区的河流。此类河流主要分布在南疆地区,此类河流的特点是洪水过分集中于夏季的 7 月或 8 月份,而且峰高量大,因此农作物在春季苗期和初夏生长期河道来水量明显不足,春旱发生的频次最高。以高山冰雪融水补给河流的地区春旱严重,而冬季蒸发量较低可缓解土壤春季墒情,因此普遍提前在秋季和初冬季进行播前灌,由此造成秋水不足,秋旱时有发生。

③降水地区以降水补给为主的河流包括天山东部和中、西部河源不在冰川分布区的河流,径流汇集区分布在高程较低的低山丘陵且以中小河流为主。此类河流的特点是春、夏河道来水随天气降雨过程变化而变化,规律性差,作物灌溉期受降雨与土壤墒情和一次降雨的强度、持续时间的影响较大,年际之间同样的河道年来水量,因降水时间的不同而干旱情况不同,因此在 3～8 月作物灌溉期受旱的次数较多,但连旱的情况不多。

④山区泉水补给地区

以泉水形式补给的河流其径流补给源也是以冰雪水和降雨混合型,但由于河道特殊的地质构造,山区形成的径流却以地下水的形式,并经地下水贮水构造调蓄作用滞后一段时间补给河道。因此,以泉水形式补给为主的河流其年内变化相对比较平稳,春秋冬三个季节河道来水量变化不大,只有在夏季因暴雨形成的洪水量较大。夏季是农作物需水的高峰期,因此属此类河流的博尔塔拉河、布谷孜河、柯坪河及其他山区泉水补给为主的小河流夏旱出现的频次较高,春夏连旱也比较常见。

塔河流域大多数地区均有春旱发生,农作物生长需水高峰期的夏旱也较多,只有南疆的阿克苏地区有秋旱现象。以河道来水的补给源出现的季节变化规律分析,塔河流域普遍发生春旱的规律性比较明显,季节性积雪融水地区的额敏河流域、山区泉水补给地区的博乐市是真正意义上因水源不足造成的夏旱;阿勒泰山南麓地区并非来水量相对农业灌溉需水量不足,而是因为缺乏灌溉水利工程造成的夏旱;其他部分地区如乌苏市的夏旱并非缺乏灌溉水利工程而是因为农业灌溉面积规模发展过大。

⑤农业灌溉期旱情划分

分别将 3～5 月、6～8 月和 9～11 月发生的干旱定义为春旱、夏旱和秋旱。根据 1990—2007 年统计的各县农业干旱季节发生时间，计算统计不同类型干旱（包括单季旱和连季旱）的发生频次，选择干旱发生频次最高的季节作为该县的易旱季节。对出现两个不相连的季节的频次相同且为最高时，选择作物需水量大或缺水对作物影响程度大的季节作为该县的易旱季节。

（2）易旱季节分析

塔河流域 46 个县市 1990—2007 年的 18 年间，每年的旱情发生时间不全一致。首先根据干旱易发季节划分标准，将各个县市每年农业旱情发生时间划分为相应的干旱易发季节，然后按照旱型、发生次数、发生频率、连季旱发生次数、连季旱发生频率对 18 年数据进行统计。根据易旱季节统计结果，塔河流域易发生春旱的县市共有 19 个，易发生春夏连旱的县市共有 23 个，易发生夏旱的县市共有 7 个。因此，塔河流域大多数地区均有春旱发生，春季也是塔河流域最普遍的干旱季节，农作物生长需水高峰期的夏旱也较多。以河道来水的补给源出现的季节变化规律分析，塔河流域普遍发生春旱的规律性比较明显。不同径流补给特性分区县级单元干旱季节统计见表 3.4，易旱季节分布见图 3.4。

表 3.4　不同径流补给特性分区县级单元干旱季节统计表

径流补给来源	县（市）	旱季（月）	类　型
高山冰雪融水和雨水混合	博湖	5～6	春夏旱
	库尔勒市	6～8	夏旱
	和静	3～5,7～8	春旱,夏旱
	焉耆县	4～5,10	春旱,夏旱
	和硕、尉犁县	3～7	春夏旱
	轮台县	3～5	春旱
高山冰雪融水	阿克苏市	4	春旱
	温宿、乌什、拜城、新和、沙雅、喀什市、疏附、疏勒、麦盖提、岳普湖、伽师县、墨玉、皮山	3～5	春旱
	库车县	3～5,9～10	春旱,秋旱
	阿瓦提县、英吉沙、泽普、莎车、巴楚、塔什库尔干县、和田市、洛浦、策勒、民丰	3～6	春夏旱
	叶城、若羌	3～7	春夏旱
	阿克陶、乌恰县、且末县	5～7	春夏旱
	阿合奇	4～7	春夏旱
	于田	4～5	春旱
	和田县	4～6	春夏旱

表 3.4

径流补给来源	县(市)	旱季(月)	类 型
山区泉水补给	柯坪县	7~8	夏旱
	阿图什市	5~7	春夏旱

根据县级单元干旱季节统计表 3.4 绘制的易旱季节分布见图 3.4。易旱季节分布图是根据塔河县城行政区划中的绿洲范围绘制。由图 3.4 可以看出,南疆地区的东、西部易发生春夏旱,中部易发生春旱。

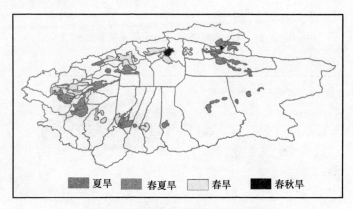

夏旱　春夏旱　春旱　春秋旱

图 3.4　塔河流域易旱季节分布图

3.2.3　干旱灾害空间分布特征

根据塔河流域历史干旱灾害资料统计,对流域内各县市发生较大干旱灾害的频次进行分析,各县(市)干旱灾害发生频次见图 3.5,空间分布见图 3.6。从图中可见,发生干旱频次较高的县(市)多在流域内的巴州地区,其中库尔勒市最高 9 次,其次为和硕县 8 次;发生 5~6 次的县(市)有巴州地区的轮台县、若羌县,阿克苏地区的库车县,喀什地区的岳普湖县与和田地区的民丰县。从流域内各县(市)发生干旱频次分布分析,可以看出发生干旱频次较高的县市多为小河灌区或位于塔河流域四大源流区的下游地区,说明小河流域由于水资源易受气候环境的影响,河川径流不稳定,灌区灌溉保证率不高,易受干旱灾害的影响;其次位于塔河流域主要干流下游地区的县(市),干旱年份由于上游地区用水量增大,下游地区来水量受到影响,造成下游地区易受干旱影响。

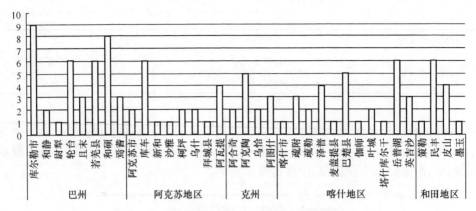

图 3.5　塔河流域各县(市)干旱灾害发生频次

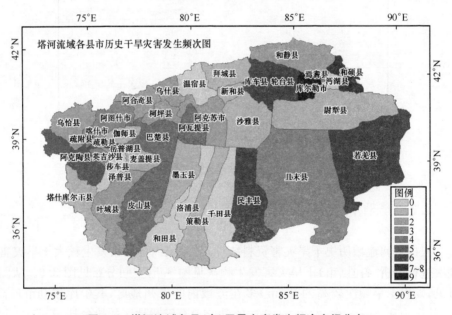

图 3.6　塔河流域各县(市)干旱灾害发生频次空间分布

　　根据不同地区的播种面积、受灾面积与成灾面积统计,计算出不同地区的受旱率与成灾率进行分析,结果表明:和田地区平均受旱率、成灾率均高于其他地区,阿克苏地区、巴州次之,喀什地区、克州相对较低。干旱的成灾面积与受旱面积之比(即成灾率与受旱率之比),巴州最高,一般在 0.9 以上,和田、克州、阿克苏次之,一般在 0.8 以下,喀什为最低。流域各地区这种差异,除降水、水资源等自然条件外,是由不同灌溉设施所具有的不同抗旱能力造成的。

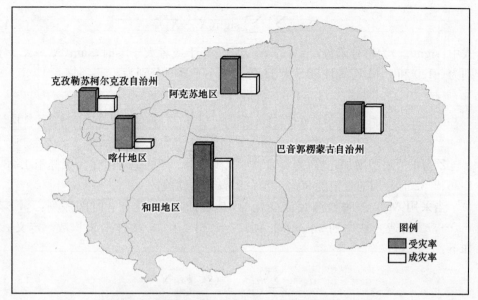

图 3.7 塔河流域各县(市)干旱灾害发生频次平均分布

3.3 枯水径流演变特征分析

3.3.1 枯水径流演变特征

1) 数据及分析方法

分析数据为塔河流域 8 个主要水文站 1962—2008 年最小连续 7 日平均流量(定义为枯水流量)。主要采用非参数 Mann-Kendall(以下简称 M-K 法)趋势突变检验法、线性趋势以及双累积曲线等分析方法。国内外许多文献研究了时间序列的自相关性对 M-K 检验结果的影响。Storch and Navarra 建议在进行 M-K 检验之前对时间序列进行"预白化"(Prewhiten)处理。所有序列在进行 M-K 分析之前均需要预白化处理。Sen's 斜率能确定序列趋势变化的程度,Sen's 斜率是一种非参数的计算趋势斜率方法,该方法计算出的线性趋势的斜率不受序列奇异值的影响,能很好地反应序列的变化程度。

M-K 法是用来评估水文气候要素时间序列趋势的检验方法,以适用范围广、人为因素少、定量化程度高而著称,其检验统计量公式为:

$$S=\sum_{i=2}^{n}\sum_{j=1}^{i-1}\text{sign}(X_i-X_j) \tag{3.1}$$

式中：sign( )为符号函数，当 X_i-X_j 小于、等于或者大于零时，$\text{sign}(X_i-X_j)$ 分别为 -1、0 和 1；M-K 统计量 S 大于、等于或小于零时分别为：

$$Z=\begin{cases}(S-1)/\sqrt{n(n-1)(2n+5)/18}, & S>0\\0, & S=0\\(S+1)/\sqrt{n(n-1)(2n+5)/18}, & S<0\end{cases} \tag{3.2}$$

Z 为正值表示增加趋势，为负值表示减少趋势。Z 的绝对值在大于等于 1.28、1.96、2.32 时分别通过信度 90%、95%、99% 显著检验。

当采用 M-K 法来检测径流变化时，其统计量为：设有一时间序列：x_1，x_2，x_3，$\cdots$，x_n，构造一秩序列 m_i，m_i 表示 $x_i>x_j(1\leqslant j\leqslant i)$ 的样本累积数。定义 d_k 如下：

$$d_k=\sum_{i}^{k}m_i \qquad (2\leqslant k\leqslant N) \tag{3.3}$$

d_k 均值以及方差定义如下：

$$E[d_k]=\frac{k(k-1)}{4} \tag{3.4}$$

$$Var[d_k]=\frac{k(k-1)(2k+5)}{72} \qquad (2\leqslant k\leqslant N) \tag{3.5}$$

在时间序列随机独立假定下，定义统计量：

$$UF_k=\frac{d_k-E[d_k]}{\sqrt{Var[d_k]}} \qquad (k=1,2,3,\cdots,n) \tag{3.6}$$

这里 UF_k 为标准正态分布，给定显著性水平 a_0，由正态分布表可得临界值 t_0，当 $UF_k>t_0$ 时，表明序列存在一个显著的增长或减少趋势，所有 UF_k 将组成一条曲线 C_1，通过信度检验可知其是否具有趋势。将时间序列 x 按逆序排列，此方法引用到逆序排列中，再重复上述的计算过程，并使计算值乘以 -1，得出 UB_k，UB_k 表示为 C_2，当曲线 C_1 超过信度线，即表示存在明显的变化趋势，若 C_1 和 C_2 的交点位于信度线之间，则此点可能是突变点的开始。

国内外的许多文献研究了时间序列的相关性对 M-K 检验结果的影响。在对五个水文站的水沙资料进行 M-K 检验之前，首先检验水沙资料的相关性，计算公式为：

$$\rho_m=\frac{Cov(X_t,X_{t+m})}{Var(X_t)}=\frac{\dfrac{1}{n-m}\sum_{t=1}^{n-m}(X_t-\overline{X})(X_{t+m}-\overline{X})}{\dfrac{1}{n-1}\sum_{t=1}^{n}(X_t-\overline{X})^2} \tag{3.7}$$

式中：X_t——待检验时间序列；

$\overline{X}$——检验序列的均值;

X_{t+m}——滞后 m 的检验时间序列;$-1<\rho_m<1$。若 $m=0$,则 $\rho_m=1$,对于独立的随机变量,若 $m\neq0$,$\rho_m\approx0$。

检验序列是否为独立的置信区间的计算公式为:

$$\frac{U}{L}=\frac{-1\pm Z_{1-\alpha/2}\sqrt{n-2}}{n-1} \tag{3.8}$$

式中:U、L——序列最大值、最小值;

　　　α——置信度,通常采用 5% 的置信度;

　　　Z——在 α 置信水平下的正态分布的临界值;

　　　n——被检验的时间序列的长度。

若 ρ_m 值落在 95% 的置信区间内,则说明序列相关性不显著,M-K 对序列的检验影响不明显。

序列在进行 M-K 分析之前均需要预白化处理。"预白化"的方法是:设有时间序列:$y_1,y_2,\cdots,y_n$,n 为样本量,首先计算滞后 1 的序列自相关系数 c,若 $c<0.1$,则此时间序列可以直接应用于 M-K 分析;若 $c>0.1$,则序列须经"预白化"处理得到新的时间序列,即:$y_2-cy_1,y_3-cy_2,\cdots,y_n-cy_{n-1}$,然后将 M-K 用于处理以后的时间序列趋势分析。8 个水文站的极值流量滞后 1 的自相关系数均大于 0.1。

2) 分析与结果

(1) 同古孜洛克和阿拉尔

用上述方法对同古孜洛克和阿拉尔枯水径流量进行分析计算,见图 3.8。由图 3.8(a)可见,1965—1975 年枯水径流量呈下降趋势,Sen's 斜率表明枯水径流量年均减少 1 4721.6 m^3;1976—2008 年枯水径流量呈增加趋势,枯水径流量的增加和减小均超过 95% 置信度检验,但增加和减小不显著,枯水径流量年均增加 11 393.0 m^3,枯水径流量在 1996 年发生变异。阿拉尔站在 1962—1976 年枯水径流量呈减小趋势,年均减小量达 40 378.8 m^3;1976—2008 年枯水径流量呈增加趋势,其中 1997—2008 年增加显著(超过 95% 的置信度检验),1976—2008 年枯水径流量年均增加 29 190.9 m^3,阿拉尔站的枯水径流量在 1998 年发生变异,如图 3.8(c)。从图 3.8(b)、(d)中可以看出两站点变异后枯水径流量增长率大于变异前。同古孜洛克枯水径流量出现时间主要集中在 1~88 天和 327~365 天(即 12 月至次年的 3 月份),阿拉尔枯水流量分布在 105~177 天、331~365 天。因为气温低,冰川积雪不能融化,主要靠冰川积雪融水补给的塔河流域来水达到最低,阿拉尔站 80 年代初至 90 年代的最小枯水流量出现时间在 150 天左右(即 5 月底),此季节正是农作物生长关键时期,其对农业生产的影响显著。据资料统计,该时期塔河流域发生干旱的次数明显高于其他时期,例如 1983 年、1989 年、1991 年等干旱年份。

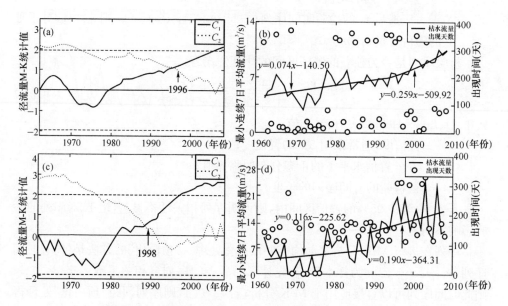

**图 3.8　同古孜洛克和阿拉尔连续最小 7 日平均流量 M-K 检验的统计值(a)、(c)
和趋势、出现天数图(b)、(d)**

（2）玉孜门勒克和卡群

用同样方法对玉孜门勒克和卡群枯水径流量进行分析计算，见图 3.9。玉孜门勒克枯水径流量在 1962—1980 年呈下降趋势（下降趋势不显著），年均减小枯水径流量 1 135.5 m^3；枯水径流量在 1981—2008 年呈增加趋势（2005 年以后超过 95％的置信度检验，增加显著），年均增加枯水径流量达 5 019.2 m^3，枯水径流量在 1995 年发生变异，见图 3.9(a)。从图 3.9(c)知：卡群站枯水径流量在 1962—1999 年径流量呈增加趋势，其中 1991—1999 年径流量增加显著（超过 95％的置信度检验）。该时段年均增加流量 25 426.3 m^3；2000—2008 年枯水径流量呈减小趋势，枯水年均减少 103 063 m^3，枯水流量在 1971 年发生突变。从图 3.9(b)、(d)知，两站点变异后的枯水径流量增加的趋势明显大于变异前的，玉孜门勒克站枯水径流量出现时间主要分布在 1～112 天和 325～364 天；卡群站枯水径流量出现时间分布在 1～128 天，枯水径流量出现的时间逐渐集中到 100 天左右，特别是从 80 年代中期以后，枯水发生时间有滞后的趋势。

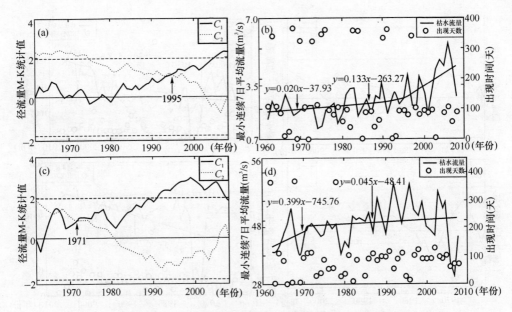

**图 3.9　玉孜门勒克和卡群连续最小 7 日平均流量 M-K 检验的统计值(a)、(c)
和趋势及出现天数图(b)、(d)**

(3) 沙里桂兰克和协合拉

由图 3.10(a)、(c)知:沙里桂兰克站的枯水径流量在 1962—1971 年和 1987—
2007 年呈增加趋势,1971—1987 年的枯水径流量呈减小趋势,增加和减小的趋势
并不显著。枯水径流量在 2000 年左右发生变异,年均增加 3 154.3 m³ 和 5 142.9 m³;协
合拉站枯水径流量在 1962—1967 年和 1977—2007 年呈增加趋势,1967—1977 年
枯水径流量呈减小趋势,变化趋势不显著。枯水径流量在 1992 年发生变异,变异
前后枯水径流量年均分别增加 5 245.7 m³ 和 27 771.4 m³。两站变异前和变异后
枯水径流量均呈增加趋势,变异后枯水径流量增加趋势大于变异前。由图 3.10(b)、
(d)知:沙里桂兰克枯水径流量的出现时间大部分分布在 30～40 天之间,流量最低
值出现时间与农业需水高峰并不一致;协合拉站枯水出现时间主要分布在 1～
126 天和 354～366 天,从 1980 年开始逐渐趋向 60～70 天左右,比沙里桂兰克站滞
后一个月左右。

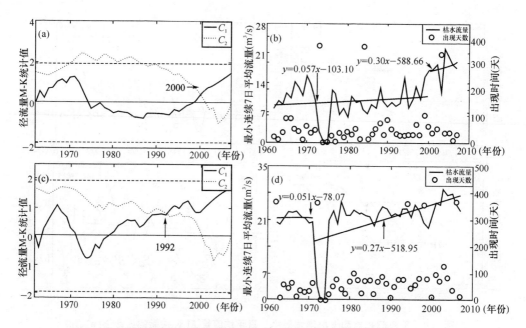

**图 3.10　沙里桂兰克和协合拉连续最小 7 日平均流量 M-K 的统计值(a)、(c)
和趋势及出现天数图(b)、(d)**

　　(4) 黄水沟和大山口

　　由图 3.11 (a)、(c)知：黄水沟在 1966—1988 年枯水径流量呈减小趋势,年均
减小枯水径流量达 2 581.3m³;1962—1966 年和 1988—2008 年呈增加趋势,其中
1988—2008 年枯水径流量年均增加 5 019.2 m³,枯水径流量在 1995 年左右发生变
异;大山口站的枯水径流量变化在 1976—1983 年和 1995—2008 年呈增加趋势,
1972—1976 年和 1983—1987 年呈减小趋势。枯水径流量在 1997 年发生变异,变
异前的枯水径流量年均减小 3 506.0 m³,变异后的枯水径流量年均增加 4 937.1 m³。
从图 3.11(b)、(d)中可以看到枯水趋势变化在 90 年代增加明显,枯水径流量出现
时间主要分布在 1～144 天和 331～365 天,大山口枯水径流量的出现时间在各时
间段分布均匀,主要分布于 50 天左右。根据统计资料分析,开—孔河流域巴音郭
楞蒙古自治州旱灾发生的年份最多,而且从 1979—1987 年都有干旱发生,与
图 3.11(b)的枯水径流量出现时间吻合。

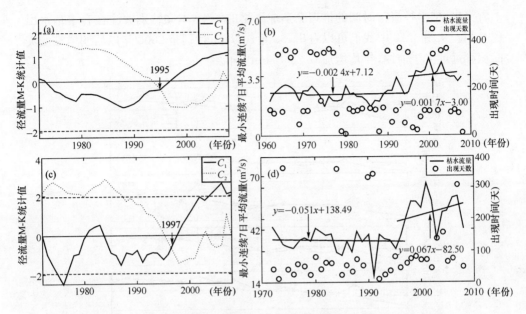

**图 3.11 黄水沟和大山口连续最小 7 日平均流量 M-K 的统计值(a)、(c)
和趋势及出现天数图(b)、(d)**

　　塔河流域的气候有转向暖湿的强劲信号,塔河流域气温在 1987 年有跳跃性的升高,温度增高趋势显著,加速了山区冰雪资源的消融,加大了冰雪融水对径流量的补给。枯水径流量的趋势变化主要受气候因素的影响,气候变化引起了各站的枯水径流量在 70 年代中期到 2000 年呈增加趋势,卡群站的 1991—2000 年和阿拉尔站1997—2008 年的枯水径流量增加非常显著。与此同时,气候的变化引起各站枯水径流量在 1987 年以后发生变异(卡群站除外),变异后的枯水径流量增加趋势明显大于变异前,这也与新疆在 1987 年左右由暖干向暖湿转型的趋势相吻合。阿克苏河流域变异后枯水径流量增加大于其他流域,大山口站和黄水沟站在变异前的枯水径流量呈减小趋势,大山口和黄水沟是河流的出山口,其上游的人类活动对枯水径流量的影响可以不计,开都河流域降雨量没有明显趋势变化,但是最高气温呈升高趋势,平均气温在 80 年代达到最低,随后气温呈升高趋势。冬夏以冰雪融水和地下水补给为主的开都河的径流量在 80 年代最低,因此变异前枯水径流量呈减小趋势。其余各站变异前后枯水径流量呈增加趋势,但和田河、叶尔羌河、阿克苏河的协合拉以及开都河的最小枯水径流量发生的时间从 80 年代以后开始趋向 3～6 月份,而塔河流域地区 3～6 月份是最缺水的时期,也是农作物生长需水量最大的时期。据调查统计,塔河流域主要以春旱为主,春灌用水量占到整个农作物灌溉用水量的 40%,而且 3～6 月份是水资源年内所占比例很低的月份,水资源供需矛盾突出,枯水径流量时间的推迟会造成干旱的发生,本文特别关注在春季枯水出现时间。从图 3.12 中我们可以看出,80 年代以来,特别是 2000 年以后的旱灾成灾面积都远远大于前期,年均增加 0.23 万 hm³/年。

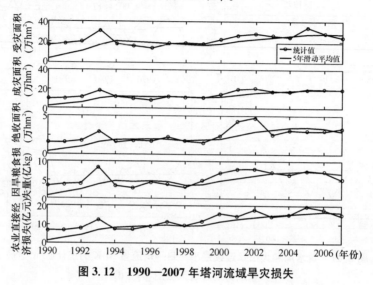

图 3.12　1990—2007 年塔河流域旱灾损失

　　阿拉尔站和卡群站的枯水径流量增加显著,最小枯水径流量出现的时间与其他几个站点不同,主要集中在 105～177 天,时间更加推迟。由图 3.8 和表 3.5、表 3.6 可知,阿拉尔上游地区分布着大面积的灌区、水库以及引水拦河枢纽,这些引水工程的建成,拦截了上游的来水量,加剧了春季阿拉尔地区的缺水状况。叶尔羌河流域的水库数量和水库有效灌溉面积是各个支流中最大的,阿克苏河水库数量小于和田河流域,但是水库库容和有效灌溉面积大于和田河流域;渠首现状供水能力与设计供水能力的比值能很好地反映工程的使用效率,叶尔羌河与和田河的使用率最低,其中叶尔羌河的渠首有效灌溉面积远小于设计灌溉面积,各流域中和田河与开—孔河的渠道防渗率最高,其他流域的灌区渠首工程老化,水量损失严重,灌区的水资源利用率很低。

表 3.5　塔河流域"四源一干"水库工程统计表

分　区	座数	总库容 (亿 m³)	兴利库容 (亿 m³)	设计灌溉 面积(万亩)	有效灌溉 面积(万亩)	设计洪水量 (亿 m³)
和田河流域	20	2.35	2.05	54.40	49.90	2.20
叶尔羌河流域	37	14.20	11.57	455.77	301.91	19.97
阿克苏河流域	6	4.90	4.20	157.69	121.30	4.14

分　区	座数	总库容 （亿 m³）	兴利库容 （亿 m³）	设计灌溉 面积（万亩）	有效灌溉 面积（万亩）	设计洪水量 （亿 m³）
开—孔河流域	5	0.77	0.52	—	—	0.48
塔河干流	8	5.86	4.76	99.50	74.95	9.20
合计	76	28.08	23.10	767.36	548.06	35.99

注：本数据来自于调查统计结果，"—"为缺测资料。

表 3.6　控制站流域渠首工程基本情况统计

分　区	数量 （座）	设计灌溉面积 （万亩）	有效灌溉面积 （万亩）	设计供水能力 （m³/s）	现状供水能力 （m³/s）	现状供水率 （%）	渠道防渗率 （%）
和田河流域	27	94.35	72.6	81.40	62.60	76.90	50.44
叶尔羌河流域	26	1 733.00	494.0	220.30	169.50	76.94	28.11
阿克苏河流域	63	1 053.00	855.0	198.60	165.50	83.33	37.41
开—孔河流域	32	367.40	302.0	89.12	74.26	83.33	83.32
塔河干流区	138[a]	128.05	119.9	293.00	293.00	100.00	38.42
合　计	286	3 375.8	1 843.5	882.42	764.86	86.68	43.49

注：a 大部分为临时性引水口。

各站的枯水径流量在 70 年代中期到 2000 年呈增加趋势，但是最小枯水径流量出现的时间变化却不相同，这主要是因为塔河上游地区的灌溉面积和人口由 1950 年的 34.8 万 hm² 和 156 万人增加到 2000 年的 125.7 万 hm² 和 395 万人，耕地增加将近 4 倍。在以水资源开发利用为核心的人类社会经济活动影响下，用水量翻了一番。例如卡群站上游地区建有叶尔羌河排水枢纽，枯水季节拦截河流用以灌溉，现状供水能力达不到设计供水能力，渠道的防渗率较低也在一定程度上影响抗旱的效果。今后塔河流域日益增加的人类社会经济活动势必加剧春季水资源供需矛盾。

3）结论

（1）塔河流域支流的径流量主要集中在 6～8 月份，三个月的径流量占到全年径流总量的 70% 左右，2000—2008 年径流量是各年代的最大值；塔河干流径流量的变化大于源流，径流量主要集中在 7～9 月份，在 80 年代达到最大。

（2）卡群站枯水径流量在 1999 年前呈增加趋势，2000 年开始呈减小趋势，并在 1971 年发生变异；其余各站枯水径流量从 1962 年到 70 年代中期或 80 年代呈减小趋势,以后转为增加趋势,枯季径流变异点出现在 1987 年以后。变异后对应的枯水径流量均大于变异前,其中大山口和黄水沟变异前枯水径流量减少原因主要是由气温变化所引起。

(3) 枯季径流出现的时间与干旱发生的年份较吻合,能很好地反映流域的干旱情况。80 年代以后枯水径流量的增加并没有改变,并且各水文站最小枯水流量出现的时间趋向 3～6 月,特别是阿拉尔站、卡群站集中度更高。灌区的扩大,水库和引水拦河枢纽的建设是造成枯水径流量推迟的原因之一。水库库容、现状供水率和渠道防渗率的提高有利于缓解旱情,而人口的增加和耕地面积的扩大将进一步加剧春季水资源的供需矛盾。

3.3.2　枯水流量频率分析

1) 数据及方法

选用 11 种概率分布函数和单参数的二维阿基米得族 Copula 函数,系统分析了塔河流域 8 个水文站最小连续 7 日平均流量(下文通称枯水流量)。概率分布函数的参数以及拟合优度分别由线性矩与 Kolmogorov-Smirnov 方法(K-S 法)检验,选出最适合该区枯水流量的分布函数,同时,对引起该流域枯水流量变化的原因及其影响作了有益地探讨。本节分析的数据为塔河流域 8 个主要水文站(同前)1962—2008 年最小连续 7 日平均流量,其中沙里桂兰克和协合拉枯水流量起讫时间是 1962—2007 年,大山口枯水流量起讫时间是 1972—2008 年。

K-S 检验与参数估计。本文选用韦克比分布、威布尔分布、伽玛分布、对数正态分布、对数逻辑分布、广义帕累托分布、广义极值分布、极值分布、B 分布、耿贝尔(极大值)分布、耿贝尔(极小值)分布等 11 种分布,各分布函数表达式及参数意义见表 3.7。用上述分布分别拟合 8 个水文站的极值流量序列,并用 K-S D 值检验分布拟合优度。利用拟合最好的概率分布函数分析 8 个水文站水文极值重现期及其对应的流量。由 Ana Justel 提出的,检验总体的分布函数是否服从某一函数 $F_n(x)$ 的假设条件为 $H_0:F(x)=F_n(x)$,$H_1:F(x)\neq F_n(x)$。若原假设成立,那么 $F(x)$ 和 $F_n(x)$ 的差距就较小。当 n 足够大时,对于所有的 x 值,$F(x)$ 和 $F_n(x)$ 之差很小这一事件发生的概率为 1,计算公式为:

$$D_n = \max_{-\infty < x < \infty} |F(x) - F_n(x)|\ ;\ P\{\lim_{n \to \infty} D_n = 0\} = 1 \qquad (3.9)$$

式中:$F(x)$ 与 $F_n(x)$ 分别为理论与经验分布函数。若 $D_n < D_{n,\alpha}$(显著水平为 α,容量为 n 的 K-S 检验临界值),则认为理论分布与样本序列的经验分布拟合较好,无显著差异。11 种分布函数的参数统一用线性矩来估计。线性矩是目前水文极值频率分析中概率分布函数参数估计最为稳健的方法之一,其最大特点是对水文极

值序列中的极大值和极小值反映不是特别敏感。

表3.7 分布函数表达式及参数意义

分布函数	表达式	参数意义
韦克比分布	$x(F)=\xi+\dfrac{\alpha}{\beta}(1-(1-F)^{\beta})-\dfrac{\gamma}{\delta}(1-(1-F)^{-\delta})$	β、γ、δ 为形状参数;ξ 为位置参数;α 为尺度参数
威布尔分布	$F(x)=1-\exp\left(-\left(\dfrac{x-\gamma}{\beta}\right)^{\alpha}\right)$	α、β、γ 分别是形状参数、尺度参数和位置参数
伽玛分布	$F(x)=\dfrac{\beta^{t}}{\Gamma(\alpha)}\displaystyle\int_{x}^{\infty}(x-\gamma)^{\alpha-1}\mathrm{e}^{-\beta(x-\gamma)}\mathrm{d}x$	α、β、γ 分别是形状参数、尺度参数和位置参数
对数正态分布	$F(x)=\Phi\left(\dfrac{\ln(x-\gamma)-\mu}{\sigma}\right)$	μ、σ、γ 分别是形状参数、尺度参数和位置参数
对数逻辑分布	$F(x)=\left(1+\left(\dfrac{\beta}{x-\gamma}\right)^{\alpha}\right)^{-1}$	α、β、γ 分别是形状参数、尺度参数和位置参数
广义帕累托分布	$F(x)=\begin{cases}1-\left(1+k\,\dfrac{(x-\mu)}{\sigma}\right)^{-1/k} & k\neq0\\ 1-\exp\left(-\dfrac{(x-\mu)}{\sigma}\right) & k=0\end{cases}$	k、σ、μ 分别是形状参数、尺度参数和位置参数
广义极值分布	$F(x)=\begin{cases}\exp\left(-\left(1+k\,\dfrac{x-\mu}{\sigma}\right)^{-1/k}\right) & k\neq0\\ \exp\left(-\exp\left(-\dfrac{x-\mu}{\sigma}\right)\right) & k=0\end{cases}$	k、σ、μ 分别是形状参数、尺度参数和位置参数
极值分布	$F(x)=\exp\left(-\left(\dfrac{\beta}{x-\gamma}\right)^{\alpha}\right)$	α、β、γ 分别是形状参数、尺度参数和位置参数
B分布	$F(x)=\dfrac{\displaystyle\int_{0}^{x}t^{\alpha_1-1}(1-t)^{\alpha_2-1}\mathrm{d}t}{\displaystyle\int_{0}^{1}t^{\alpha_1-1}(1-t)^{\alpha_2-1}\mathrm{d}t}$ $(\alpha_1>0,\alpha_2>0,0\leqslant x\leqslant1)$	α_1、α_2 为形状参数,a、b 为边界参数($a<b$)
耿贝尔(极大值)分布	$F(x)=\exp\left(-\exp\left(-\dfrac{x-\mu}{\sigma}\right)\right)$	σ、μ 为尺度参数和位置参数
耿贝尔(极小值)分布	$F(x)=1-\exp\left(-\exp\left(\dfrac{x-\mu}{\sigma}\right)\right)$	σ、μ 为尺度参数和位置参数

（1）Copula 函数的定义

Copula 函数是在[0,1]区间内均匀分布的联合分布函数,Sklar's 定理给出了 Copula 函数和两变量联合分布的关系。设 X,Y 为连续的随机变量,其边缘分布函数分别为 F_X 和 F_Y,$F(x,y)$ 为变量 X 和 Y 的联合分布函数,那么存在唯一的

Copula函数 C,使得：

$$F(x,y)=C_\theta(F_X(x),F_Y(y)),\forall x,y \tag{3.10}$$

式中：$C_\theta(F_X(x),F_Y(y))$ 为 Copula 函数；θ 为待定参数。

从 Sklar's 定理可以看出,Copula 函数能独立于随机变量的边缘分布,反映随机变量的相关性结构,从而可将二元联合分布分为两个独立的部分,即变量间的相关性结构和变量的边缘分布来分别进行处理,其中变量间的相关性结构用 Copula 函数来描述。Copula 函数的优点在于不必要求具有相同的边缘分布,任意形式的边缘分布经过 Copula 函数连接都可构造成联合分布,由于变量的所有信息都包含在边缘分布里,因此在转换过程中不会产生信息失真。本次采用在水文上常用的 Kendall 秩相关系数 τ 度量 X、Y 相应的连接函数 Copula 变量的相关性,Kendall 相关系数 τ 与 Copula 函数 $C(x,y)$ 存在以下关系：

$$\tau=4\iint_{I^2}C(x,y)\mathrm{d}C(x,y)-1 \tag{3.11}$$

（2）Copula 函数的选择及参数估计

分布线型选择和参数估计是水文频率计算中的两个基本问题。联合分布 $F_{X,Y}$ 的参数估计分为两步：第一步,边缘分布 F_X 和 F_Y 的参数估计；第二步,Copula 函数 $C_\theta(u,v)$ 的参数 θ 的估计。边缘分布 F_X 和 F_Y 的参数估计通常采用线性矩法,Copula 函数的参数估计采用相关性指标法。

Copula 函数总体上可以分为椭圆型、阿基米得型和二次型 3 类,其中生成元为 1 个参数的阿基米得型 Copula 函数的应用最为广泛,本次仅列出了在水文及相关领域文献里经常出现的 3 种阿基米得型 Copula,并且利用变量间的 Kendall 秩相关系数 τ 与 Copula 函数参数 θ 存在确定的解析关系,计算出单参数的二维阿基米得型 Copula 函数的参数 θ,见表 3.8。

表 3.8　二维阿基米得型 Copula 函数的 3 种形式

连接函数	表达式	参数 θ 与 τ 的关系	适用范围
GH Copula	$C(u,v)=\exp\{-[(-\ln u)^\theta+(\ln v)^\theta]^{1/\theta}\}$, $\theta\in[1,\infty)$	$\tau=1-\dfrac{1}{\theta}$,$\theta\in[1,\infty)$	变量正相关
Clayton Copula	$C(u,v)=(u^{-\theta}+v^{-\theta}-1)^{-1/\theta}$,$\theta\in(0,\infty)$	$\tau=\dfrac{\theta}{2+\theta}$,$\theta\in(0,\infty)$	变量正相关
Frank Copula	$C(u,v)=-\dfrac{1}{\theta}\ln\left[1+\dfrac{(e^{-\theta u}-1)(e^{\theta v}-1)}{(e^{-\theta}-1)}\right]$, $\theta\in\mathbf{R}$	$\tau=1+\dfrac{4}{\theta}$ $\left[\dfrac{1}{\theta}\displaystyle\int_0^\theta\dfrac{t}{e^t-1}\mathrm{d}t-1\right]$, $\theta\in\mathbf{R}$	变量正/负相关

根据 Genest 和 Rivest 提出的一种选择 Copula 函数的方法,分别计算理论估计值 $K_c(t)$ 和经验估计值 $K_e(t)$（或称参数估计值和非参数估计值）,然后点绘 $K_c(t)-K_e(t)$ 关系图,若图上的点都落在 $45°$ 对角线上,那么表明 $K_c(t)$ 和 $K_e(t)$ 完全相等,即 Copula 函数拟合得很好。因此,$K_c(t)-K_e(t)$ 关系图可以用来评价和选择 Copula。

在水文事件中对于两变量的 Copula 联合分布,对于枯水主要关注水文变量 X 或 Y 不超过某一特定值,即联合重现期 T_0;水文事件中 X 和 Y 都不超过某一特定值,即同现重现期 T_a。上述重现期可以通过以下公式计算:

$$T_0(x,y)=\frac{1}{P[X<x \text{ or } Y<y]}=\frac{1}{C(F_X(x),F_Y(y))} \tag{3.12}$$

$$T_a(x,y)=\frac{1}{P(X<x,Y<y)}=\frac{1}{F_X(x)+F_Y(y)-C(F_X(x),F_Y(y))} \tag{3.13}$$

变量 X 和 Y 的单变量重现期（或称边缘重现期）计算公式为:

$$T(x)=\frac{1}{1-F_X(x)} \quad T(y)=\frac{1}{1-F_Y(y)} \tag{3.14}$$

根据各自边缘分布,变量 X 和 Y 分别取 T 年一遇设计值时,根据两变量联合分布的 T_0 和 T_a 的定义,该组合 (x_T, y_T) 的联合重现期 T_0 对应的事件为 x_T 或 y_T 中有一个被超过,同现重现期 T_a 对应的事件为 x_T 和 y_T 均被超过。由此可见,联合重现期 T_0 小于或等于边缘重现期,同现重现期 T_a 大于或等于边缘重现期,即:

$$T_0(x,y)\leqslant \text{Min}(T(x),T(y))\leqslant \text{Max}(T(x),T(y))\leqslant T_a(x,y) \tag{3.15}$$

2）单频率分布函数结果分析

（1）概率分布函数选择

运用线性矩法估计 11 个分布函数的参数,并用 K-S 法进行拟合优度检验,结果见表 3.9;表 3.10 列出了运用线性矩法估计的塔河流域 8 个水文站极值流量的韦克比分布参数。表明 11 种分布函数中除卡群站耿贝尔极大值分布未通过 K-S 检验外,其余分布均通过 K-S 检验。韦克比分布在玉孜门勒克、沙里桂兰克、协合拉和黄水沟水文站拟合最好,在阿拉尔和大山口拟合次之,因此本次选用韦克比分布作为区域研究的概率分布函数。主要原因是韦克比分布有 5 个参数,较其他分布函数相比在描述水文极值分布特征方面灵活性更强。其次是伽玛分布、对数正态分布、对数逻辑分布和广义极值分布,见图 3.13。国内应用最为广泛的是伽玛分布拟合效果比韦克比分布差,显示韦克比分布较伽玛型分布在描述水文极值变化特征方面更为灵活,适应性更强。另外,研究中比较了几个概率分布函数理论分布曲线与经验分布曲线,见图 3.13。从图中可以看出,与其他分布函数相比,韦克比分布在描述水文极值统计特征方面,没有表现出显著的差异性,故采用韦克比分布函数研究塔河流域极值流量变化特征。

表 3.9 极值流量 11 种概率分布的 K-S D 统计量

项目	同古孜洛克	玉孜门勒克	卡群	沙里桂兰克	协合拉	大山口	黄水沟	阿拉尔
韦克比分布（Wakeby（5P））	0.043	0.058	0.059	0.046	0.057	0.089	0.060	0.071
威布尔分布（Weibull（3P））	0.042	0.096	0.055	0.063	0.094	0.144	0.076	0.162
伽马分布（Gamma（3P））	0.041	0.083	0.054	0.058	0.085	0.130	0.070	0.128
对数正态分布（Lognormal（3P））	0.041	0.075	0.049	0.057	0.081	0.106	0.075	0.182
对数逻辑分布（Log-logistic（3P））	0.046	0.067	0.055	0.054	0.070	0.102	0.075	0.193
广义帕累托分布（General Pareto（3P））	0.081	0.088	0.097	0.056	0.119	0.119	0.064	0.111
广义极值分布（Gen. Extreme Value（3P））	0.045	0.062	0.055	0.057	0.083	0.094	0.077	0.074
极值分布（Maximum Extreme Value（3P））	0.062	0.070	0.105	0.048	0.098	0.107	0.079	0.153
β分布（Beta（4P））	0.072	0.084	0.052	0.063	0.086	0.132	0.081	0.401
耿贝尔分布（Gumbel Max Distribution（2P））	0.072	0.078	0.082	0.073	0.092	0.085	0.081	0.099
耿贝尔分布（Gumbel Min Distribution（2P））	0.123	0.194	0.111	0.181	0.158	0.224	0.204	0.122

注：1. 水文站的 K-S D 的临界值是 $0.198（n=47, 1-\alpha=95\%）$、$0.200（n=46, 1-\alpha=95\%）$、$0.224（n=37, 1-\alpha=95\%）$，K-S 统计的 D 值越小表示概率分布函数拟合最小 7 日平均流量越好。

表 3.10 枯水流量韦克比分布线性矩参数值

水文站	α	β	γ	δ	ξ
同古孜洛克	18.90	9.08	3.02	−0.41	2.63
玉孜门勒克	41.28	31.35	1.02	−0.05	0.53
卡群	70.26	9.52	6.20	−0.35	29.67
沙里桂兰克	935.35	131.39	5.82	−0.24	0
协合拉	16.82	5.44	1.48	0.09	18.55

水文站	α	β	γ	δ	ξ
大山口	1836.5	61.10	14.15	−0.22	0
黄水沟	47.92	58.27	1.20	10.37	1.06
阿拉尔	21.78	1.99	2.57	0.19	−1.35

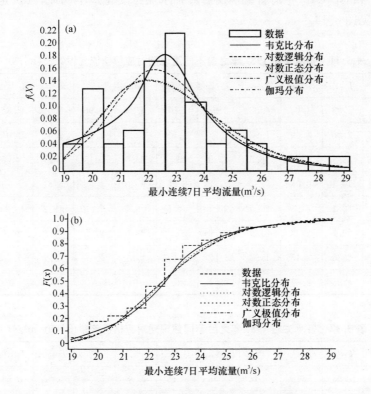

图 3.13　协合拉站极值流量理论与分布函数曲线

（2）不同重现期对应枯水流量变化

新疆气候在 1987 年左右发生突变，随着温度上升，降水量、冰川消融量和径流量连续多年增加，植被有所改善，沙尘暴日数锐减，同时 1990 年以后，塔河流域在 18 年间净增耕地面积 1 031.25 万亩（687.5 千 hm²），年均递增 3.80%。1987 年后气候变化和人类活动开始加剧，故将 1987 年作为枯水流量的分界点，分析研究分界点前后不同重现期对应枯水流量的变化。从表 3.11 和表 3.12 知，同古孜洛克、玉孜门勒克、沙里桂兰克、黄水沟和阿拉尔站 1987 年后对应的枯水流量大于 1987 年前的枯水流量；协合拉和大山口 1987 年前重现期小于 20 年的枯水流量大于

1987 年后，重现期大于 20 年的 1987 年前枯水流量大于 1987 年后的；卡群站 1987 年前重现期小于 10 年的枯水流量大于 1987 年后，重现期大于 10 年的 1987 年前枯水流量大于 1987 年后；其中阿拉尔站 1987 年前后枯水流量比最低，1987 年后枯水流量的增加大于其他站。同古孜洛克站 1987 年后 70 年重现期对应枯水流量与 1987 年之前 2 年重现期对应枯水流量相等，同古孜洛克站的变化幅度仅次于阿拉尔站。协合拉站 1987 年前后重现期对应枯水流量变化最不明显，其次是卡群站，各站变化见图 3.14。

表 3.11 各水文站 1987 年之前不同重现期对应极值流量设计值（m³/s）

水文站	$T=2a$	$T=3a$	$T=5a$	$T=7a$	$T=10a$	$T=20a$	$T=30a$	$T=50a$	$T=70a$	$T=100a$
同古孜洛克	5.53	4.94	4.33	3.98	3.67	3.23	3.06	2.91	2.85	2.80
玉孜门勒克	2.26	2.09	1.92	1.78	1.63	1.33	1.20	1.07	1.01	0.97
卡群	39.5	37.8	36.5	35.9	35.5	35.0	34.8	34.7	34.5	33.8
沙里桂兰克	10.3	9.05	7.87	7.28	6.80	6.20	5.98	5.81	5.73	5.67
协合拉	22.1	21.3	20.5	20.1	19.8	19.4	19.3	19.2	19.14	19.11
大山口	36.7	34.3	31.9	30.6	29.5	28.0	27.5	27.0	26.8	26.6
黄水沟	2.36	2.15	1.99	1.92	1.87	1.81	1.79	1.77	1.73	1.66
阿拉尔	4.95	2.83	1.20	0.51	0	0	0	0	0	0

表 3.12 各水文站 1987 年之后不同重现期对应极值流量设计值（m³/s）

水文站	$T=2a$	$T=3a$	$T=5a$	$T=7a$	$T=10a$	$T=20a$	$T=30a$	$T=50a$	$T=70a$	$T=100a$
同古孜洛克	7.93	7.18	6.62	6.38	6.12	5.93	5.78	5.62	5.53	5.46
玉孜门勒克	3.14	2.71	2.42	2.30	2.22	2.12	2.09	2.06	2.03	1.94
卡群	43.6	41.8	39.4	37.5	35.3	31.4	29.7	28.1	27.4	26.8
沙里桂兰克	13.0	10.8	9.16	8.50	8.02	7.47	7.29	7.14	7.08	7.04
协合拉	23.6	22.9	22.3	21.9	21.2	19.7	18.8	17.9	17.5	16.2
大山口	44.9	39.1	34.7	32.8	31.4	28.1	24.8	19.4	15.7	12.2
黄水沟	3.34	2.95	2.57	2.39	2.24	2.07	2.01	1.96	1.94	1.92
阿拉尔	13.0	11.2	10.0	9.31	8.41	6.10	4.69	3.18	2.39	1.75

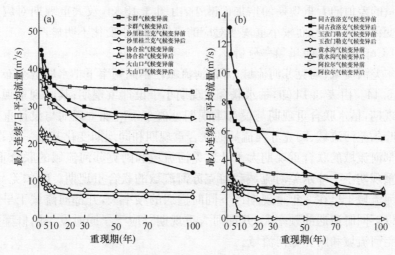

图 3.14 各水文站 1987 年前后重现期(年)对应枯水流量

3) 二维联合 Copula 函数计算结果分析

采用二维阿基米得型 Copula 函数分别分析塔河流域的枯水流量联合分布,其中分别选取玉孜门勒克与卡群站(1962—2008 年资料)、沙里桂兰克与协合拉站(1962—2007 年资料)、大山口与黄水沟站(1972—2008 年资料)的枯水径流量的概率分布作为边缘分布函数。

(1) Copula 函数的确定

由 Genest-Rivest 检验法,分别对构建各所选 Copula 函数的理论估计值 $K_t(t)$ 和经验估计值 $K_c(t)$,并点绘 K_t-K_c 关系图,见图 3.15 所示。由图可见,G-H Copula 函数图上的点较之 Frank Copula、Clayton Copula 更接近于 45°对角线,即表示 G-H Copula 其拟合效果最好,因此选取 G-H Copula 函数来拟合塔河流域枯水径流的联合分布。

(2) 边缘分布和联合分布的确定

玉孜门勒克与卡群站(叶尔羌河流域)、沙里桂兰克与协合拉站(阿克苏河流域)、大山口与黄水沟站(开都河流域)两边缘分布均采用韦克比分布比较稳健的线性矩法,在目估适线法辅助下确定各边缘分布的参数,参数估计结果见表 3.13。

Copula 函数参数估计采用非参数估计法,即利用变量间的 Kendall 秩相关系数 τ 与参数 θ 间的解析关系确定,参数估计结果见表 3.13。将表 3.13 中的 θ 值代入 G-H Copula 即可建立流量的联合分布函数。由四个站联合分布函数和式(3.14)、式(3.15)计算出枯水联合重现期、同现重现期,其分布图见图 3.15～图 3.21。由图3.15～图 3.18 可以看出,叶尔羌河枯水的联合重现期、同现重现期对应流量的差值随着重现期的增加而减小,由图 3.18 知,较大重现期对应的枯水流量的变化比较明显,而较小重现期对应的流量的大小变化不明显。

(3) Copula 枯水流量频率分析

叶尔羌河流域、阿克苏河流域、开都河流域在不同频率下枯水联合分布计算结果见表 3.14。由表 3.14 知,枯水联合重现期小于设计重现期;其同现重现期大于设计重现期;枯水联合重现期与设计重现期差值小于同现重现期与设计重现期的差值。叶尔羌河流域、阿克苏河流域的联合重现期和同现期变化基本一致;相同频率下开都河流域的联合重现期大于叶尔羌河流域和阿克苏河流域的联合重现期,而同现重现期小于叶尔羌河流域和阿克苏河流域的联合重现期。叶尔羌河流域、阿克苏河流域干旱在 3 年重现期以下同时遭遇的频率大,开都河流域干旱在 5 年重现期以下同时遭遇的频率大,开都河大重现期对应干旱同时发生的概率要远大于叶尔羌河流域和阿克苏河流域。

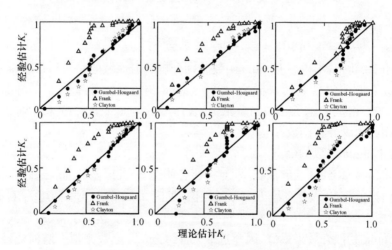

图 3.15　Genest-Rivest 方法检验结果

表 3.13　G-H Copula 函数参数估计结果表

参　数	τ	θ
玉孜门勒克和卡群枯水联合分布	0.26	1.35
沙里桂兰克和协合拉枯水联合分布	0.27	1.37
大山口和黄水沟联合分布	0.50	2.01

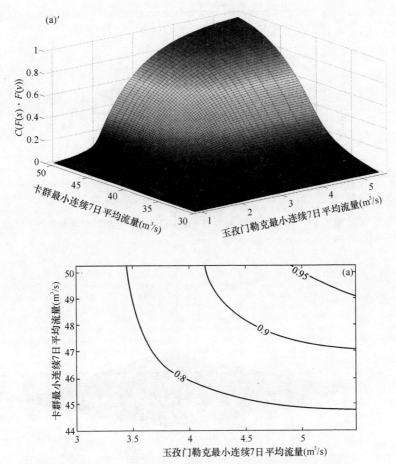

图 3.16 叶尔羌河枯水 G-H Copula 联合分布与等值线

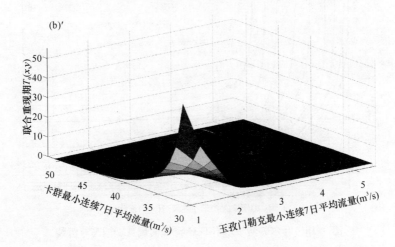

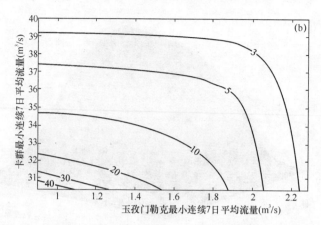

图 3.17　叶尔羌河枯水 G-H Copula 联合重现期与等值线

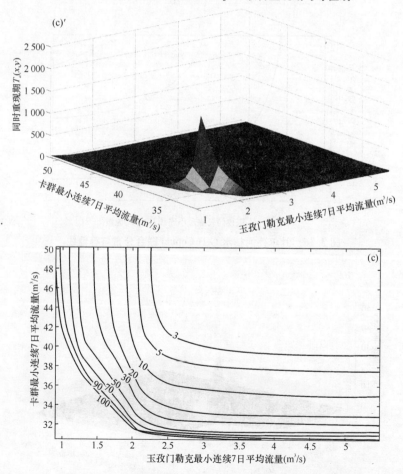

图 3.18　叶尔羌河枯水 G-H Copula 同现重现期与等值线

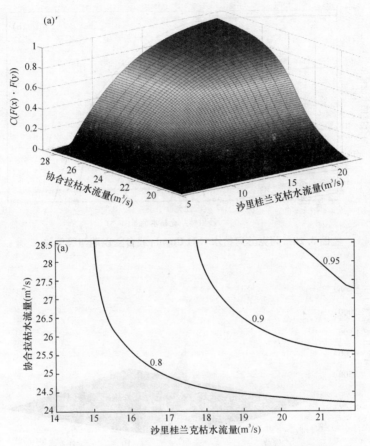

图 3.19 阿克苏河枯水 G-H Copula 联合分布与等值线

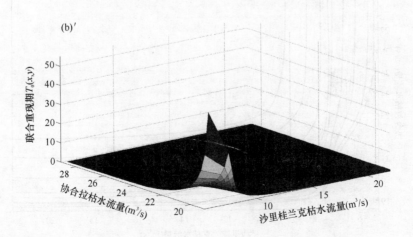

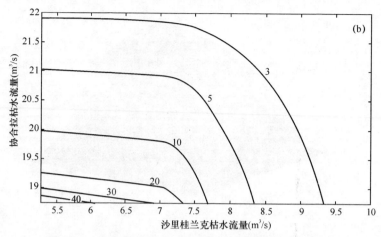

图 3.20　阿克苏河枯水 G-H Copula 联合重现期与等值线

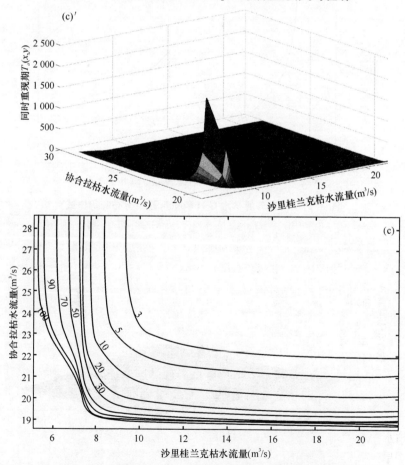

图 3.21　阿克苏河枯水 G-H Copula 同现重现期与等值线

表 3.14 不同频率组合、不同水文站点组合下枯水流量联合重现期和同现重现期

项 目	玉孜门勒克和卡群		沙里桂兰克和协合拉		大山口和黄水沟	
设计重现期 T/a	联合重现期 T_0/a	同现重现期 T_a/a	联合重现期 T_0/a	同现重现期 T_a/a	联合重现期 T_0/a	同现重现期 T_a/a
2	1.5	3.2	1.5	3.2	1.6	2.7
3	2.0	6.3	2.0	6.2	2.2	4.7
5	3.0	14.7	3.0	14.4	3.4	9.7
7	4.1	25.7	4.1	25.2	4.5	15.6
10	5.6	46.7	5.6	45.6	6.2	25.8
20	10.7	148.4	10.7	144.1	11.7	68.7
30	15.8	292.0	15.8	282.3	17.1	121.8
50	25.9	684.9	26.0	658.9	27.8	250.6
70	36.1	1200.9	36.1	1151.5	38.3	403.0
90	46.1	1826.8	46.2	1747.3	48.8	574.6
100	51.2	2178.0	51.2	2081.0	54.1	666.8

4) 分析与结论

同古孜洛克、玉孜门勒克、沙里桂兰克、黄水沟和阿拉尔站 1987 年后重现期对应的枯水流量大于 1987 年前重现期对应的枯水流量;卡群站 1987 年后大于 10 年重现期对应枯水流量小于 1987 年前,协合拉、大山口 1987 年后大于 30 年重现期对应枯水流量小于 1987 年前。虽然西北地区由暖干向暖湿转变的争议仍在继续,但是大量研究业已证明从 1987 年以来塔河流域的气温和降雨呈显著增加趋势;大部分水文站点 1987 年后重现期对应枯水流量大于 1987 年前也很好地证明了这一结论,特别是阿拉尔站枯水变化比较明显。但叶尔羌河的卡群站、阿克苏河的协合拉站以及开都河的大山口站枯水流量在 1987 年前后变化与前面不尽一致。叶尔羌河是典型的雪冰补给河流,流域多年平均冰川消融量约占出山口的卡群站多年平均径流量的 64.0%,雨雪混合补给量占 13.4%,地下水补给量占 22.6%;提兹那甫河冰川融水量占玉孜门勒克站多年平均径流量的 29.9%,雨雪补给量占 55.3%,地下水补给量占 14.8%;卡群站径流量补给主要依靠冰雪融水,玉孜门勒克站径流量主要是雨雪补给。塔河地区气温和降雨整体呈增加趋势,但叶尔羌河流域的帕米尔高原区的秋季升温最明显,春季次之,而冬季最不显著;帕米尔高原区夏季降水的线性增湿最为显著。主要依靠冰雪融水补给的叶尔羌河流域春、冬季的枯水流量增加并不是很明显,只能缓解小于 7 年一遇的干旱,对于重现期比较大的干旱的缓解作用还不明显。叶尔羌河流域的农业灌溉面积是全疆最大的,农

林与人畜的年耗水量达到 21.73 亿 m³,占总地表水来水量的 28.4%,耕地面积也呈增加趋势,因此降雨量的增加并不能从根本上解决叶尔羌河的干旱问题。

托什干河的沙里桂兰克站和库玛拉克河的协合拉站同属于阿克苏河流域,但两站 1987 年前后重现期对应枯水流量变化并不一致。主要原因是托什干河的积水面积,河流长度 457 km,平均高程比较低,高山冰雪面积较少,冬季积雪多;库玛拉克河水源多冰川永久积雪,两支流的主要补给来源是冰川融水和降雨。1987 年后阿克苏河流域春季、冬季的降雨量和冬季的气温呈增加趋势,春季的气温呈减小趋势,库玛拉克河水源补给因为春季气温减小而受影响。阿克苏河流域年际变化较小,水量稳定,大的旱涝灾害一般不会发生。两站重现期对应枯水流量仅次于卡群、大山口站。阿克苏河流域农林与人畜的年耗水量达到 14.86 亿 m³,占总地表水来水量的 17.6%,阿克苏河流域耗水量仅次于叶尔羌河。开都河流域主要依靠降雨,冰雪融水补给,春季由于季节性积雪融水的补给,径流量占全年的 23.2%,远远地大于其他流域。重现期对应的枯水流量仅次于卡群站,但其流域面积仅为叶尔羌河流域的 1/5。开都河流域在 12 月—次年 3 月平均气温为 −20.4 ℃,蒸发微弱,降雪不能即时融化补给径流,径流完全靠地下水补给,其夏、秋季节的降雨量变化将直接影响冬季径流量的变化。据统计,巴音郭楞蒙古自治州在 1979—1987 年连续发生干旱,开都河流域春水干旱连枯期一般是 3—4 年,开都河流域的干旱年与塔河地区的干旱年比较同步,开都—孔雀河的农林与人畜的年耗水量达到 8.73 亿 m³,占总地表水来水量的 20.7%,这与该区域分布大量灌区有密切关系,因此塔河流域气候变化引起开都河径流量的增加能缓解小干旱发生的频率,但是不能缓解大重现期干旱发生频率。

叶尔羌河流域、阿克苏河流域的联合重现期和同现期变化基本一致;相同频率下开都河流域的联合重现期大于叶尔羌河流域和阿克苏河流域的联合重现期,而同现重现期小于叶尔羌河流域和阿克苏河流域的联合重现期。两个流域同属塔河流域,联合重现期和同现重现期表现却不相同,叶尔羌河流域和阿克苏河流域的重现期基本同步,但却与开都河不同,主要原因是流域面积不同,开都河流域面积小于阿克苏河和叶尔羌河流域面积,而且大山口和黄水沟站的集水面积和径流量相差很大,大流域且两支流流域面积相差不大,其遭遇干旱的频率相对较小。三个流域同时重现期较小的遭遇干旱的几率大,这也与塔河地区"十年九旱"有关系。

虽然塔河流域大部分地区在 1987 年后重现期对应的枯水流量大于 1987 年以前的枯水流量,1987 年前后塔河流域的和田地区、喀什地区、阿克苏地区、巴音郭楞蒙古自治州在 1950—2008 年发生灾害的年数分别是 8 年、13 年、12 年、17 年和 8 年、7 年、4 年、10 年,1987 年后发生干旱的年份小于 1987 年前。但是 3—1—5 显示 19 世纪 80 年代以来,特别是 2000 年后旱灾成灾面积都远远大于前期,年均增加 0.23 万 hm²/年。经过近 60 年水利事业的发展,塔河流域目前大中型水库数量、渠首数量及防渗率等有了长足进步。塔河流域土地增加经历三个时期,1949—1960 年、1963—1978 年和 1990—2008 年分别增加 44.88 万 hm²、26.46 万 hm² 和 68.75 万 hm²;塔河上游地区的灌溉面积由 1950 年的 34.8 万 hm² 增加到 2007 年的 164.53 万 hm²,耕地面积增加将近 5 倍。在以水资源开发利用为核心的人类社会生产活动影响下,各支流耗水量呈增加趋势,大型水利枢纽并不能满足耕地和人口增长所需水量,这样导致进入塔河干流水量并没有随着支流径流量的增加而增加。尽管塔河流域气候趋向于暖湿,但是由于人类活动的影响,其干旱受灾面积连年增加的趋势并没有从根本上扭转。

5) 结论

(1) 1987 年后气温和降雨量的增加致使重现期对应的枯水流量大于 1987 年前的枯水流量,降雨量的增加能减小小干旱发生的频率,但大干旱发生的频率仍然很大,并没有从根本上缓解旱情。

(2) 叶尔羌河流域、阿克苏河流域的联合重现期和同现期变化基本一致;开都河流域发生干旱的频率小于叶尔羌河流域和阿克苏河流域;而开都河流域同时发生干旱的频率大于叶尔羌河流域和阿克苏河流域;三个流域遭遇较小干旱的频率很大。由于耕地面积、人口的增长,水资源供需矛盾非常尖锐。

3.4 塔河流域干旱成因分析

3.4.1 自然因素

1) 水资源短缺,用水水平较低

塔河流域地处内陆干旱区,气候干旱、降雨稀少,多年平均降雨量为 116.8 mm,而蒸发量高达 1 800～2 900 mm 以上,区域水资源极度短缺。而流域又地处边远地区,经济较为落后,水利工程虽然经过几十年的建设,取得了较大的成绩,但区域用水效率还远远落后于发达地区。水资源短缺而用水水平不高,导致区域干旱灾害频发,严重制约了当地社会经济发展。

(1) 塔河流域水资源

从表 3.15 可以看出,2010 年,塔河流域降水总量 1 905 亿 m³,水资源总量 437.2 亿 m³,地表水资源量 437.2 亿 m³,地下水资源量 311.6 亿 m³,流域水资源总量仅占全国水资源总量的 1.41%,占西北地区水资源总量的 26.55%,占全新疆水资源总量的 39.28%。

人均水资源量是指一定区域内人均所占有的水资源数量。2010 年塔河流域人均占用水资源量 4 089.8 m³/人,占全国人均占有量的 1.8 倍,占西北地区人均占有量的 76.00%,为世界人均占用水资源量的 46.74%,为全疆人均占有量的 79.80%。

表 3.15　塔河流域与不同区域水资源量对照表

区　域	降水量 (亿 m³)	地表水资源 (亿 m³)	地下水资源 (亿 m³)	水资源总量 (亿 m³)	产水 系数	产水模数 (万 m³/km²)	人均水资源量 (m³/人)	亩均水资源量 (m³/亩)
全　国	65 849.6	29 797.6	8 417	30 906.4	0.47	32.6	2 340	1 428
西北地区	6 915.2	1 521	966.1	1 646.7	0.24	4.9	5 381.37	1 754.8
全　疆	3 728.9	1 051.2	624.3	1 113.1	0.27	5.89	5 125.2	1 642.6
塔　河	1 905	437.2	311.6	437.2	0.23	4.23	4 089.8	1 631.77
占全国(%)	2.89	1.47	3.70	1.41	48.94	12.98	174.78	114.27
占西北地区(%)	27.55	28.74	32.25	26.55	95.83	86.33	76.00	92.99
占新疆(%)	51.09	41.59	49.91	39.28	85.19	71.82	79.80	99.34

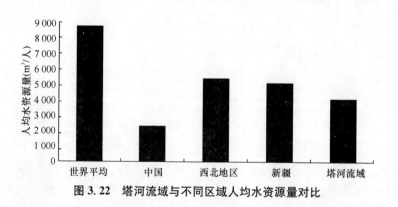

图 3.22　塔河流域与不同区域人均水资源量对比

亩均水资源量是指一定区域内亩均耕地所拥有的水资源量。2010 年,塔河流域亩均水资源量 1 631.77 m³/亩,为全国亩均占有量的 1.14 倍,为西北地区亩均占有量的 92.99%,为全新疆亩均占有量的 99.34%,见图 3.23。

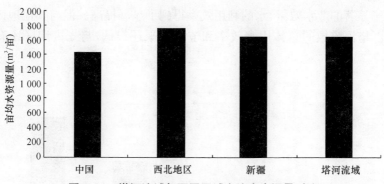

图 3.23　塔河流域与不同区域亩均水资源量对比

产水系数是指一定区域内水资源总量与当地降水量的比值。2010 年,塔河流域平均产水系数为 0.23,全国为 0.47,西北地区为 0.24,全疆为 0.23;产水模数是指一定区域内水资源总量与计算区域面积的比值(平均单位面积产水量)。塔河流域平均产水模数 4.23 万 m³/km²,全国为 32.6 万 m³/km²,西北地区为 4.9 万 m³/km²,全疆为 5.89 万 m³/km²。由此可见产水系数和产水模数远远小于全国水平,为资源性严重缺水地区。

(2) 用水水平

①用水总体效率分析

2010 年,全国、西北地区、新疆的人均用水量分别为 427 m³、487 m³、2 318 m³,塔河流域人均用水量 3 085 m³,占全国人均用水量的 7.2 倍,西北地区的 6.3 倍,全新疆的 1.3 倍,见图 3.24。

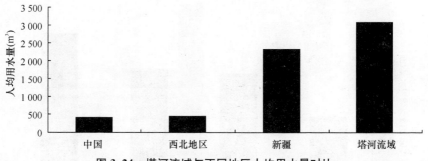

图 3.24　塔河流域与不同地区人均用水量对比

由图 3.25 可知,全国、西北地区、新疆的万元 GDP 用水量分别为 399 m³、645 m³、3 186 m³,塔河流域人均用水量 5 020 m³,占全国万元 GDP 用水量的 12.6 倍,西北地区的 7.8 倍,全新疆的 1.6 倍。近些年来,塔河流域各行业通过各种节水措施,取得了显著的节水效果,水的利用效率得到了显著提高。但与其他地区及全国水平相比,塔河流域的总体用水效率和节水水平还很低,与先进地区还有很大差距,见图 3.25。

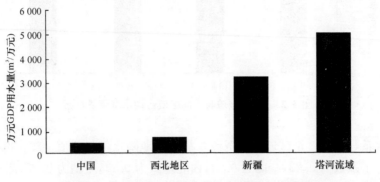

图 3.25　塔河流域与不同地区万元 GDP 用水量对比

②农业用水水平

2010 年,全疆、西北地区、全国的农田实际灌溉亩均用水量分别为 673 m³、651 m³、421 m³,塔河流域为 857 m³,占全国农田实际灌溉亩均用水量的 2.04 倍,西北地区的 1.32 倍,全新疆的 1.27 倍,塔河流域农业用水量高于全疆,西北地区,全国的平均水平。通过分析,认为对于干旱缺水的塔河流域,农田实际灌溉亩均用水量,灌溉定额普遍偏高,若加大节水改造力度,节水潜力很大。不同地区灌溉水平的差异,说明了农业节水水平和用水效率与地区的经济发展有着紧密的关系,经济较发达地区,其节水水平和用水效率远远高于塔河流域,见图 3.26。

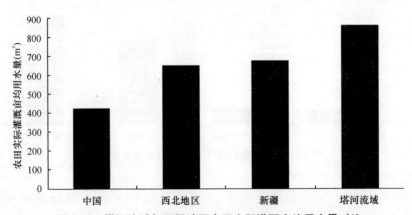

图 3.26　塔河流域与不同地区农田实际灌溉亩均用水量对比

③工业用水水平

2010 年,全疆、西北地区、全国的万元工业增加值用水量分别为 52 m³、50 m³、90 m³,塔河流域为 124 m³,占全国万元工业增加值用水量的 1.4 倍,西北地区的 2.5 倍,全疆的 2.4 倍,塔河流域万元工业增加值用水量高于全疆,西北地区,全国的平均水平。塔河流域的工业用水重复利用率为 55%,管网综合漏失率为 18%,见图 3.27。

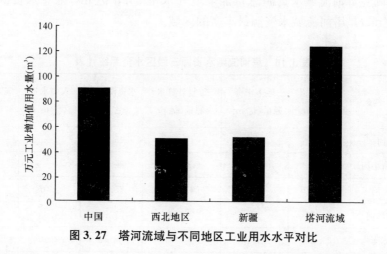

图 3.27　塔河流域与不同地区工业用水水平对比

(3) 结论

通过以上分析可知,塔河流域是干旱区,气候干旱、降雨稀少,蒸发量很大,总的水资源量短缺,人均水资源量与世界,我国,新疆的平均人均水资源量比起来比较大,亩均水资源量很少,产水系数,产水模数不大,而农业、工业、生活等各方面的用水水平低,水资源浪费比较严重更加剧了干旱灾害的发生程度和频率,这是干旱灾害的主要成因之一。

2) 水资源时空分布不均

塔河为典型的干旱区内陆河,水资源形成于山区,消耗于平原区,为纯耗散型的内陆河。塔里木盆地四周有天山山脉、帕米尔高原、喀喇昆仑山和昆仑山等高大山体,截获大量空中水汽,在山区形成了丰富的降水,山区是干旱区中的湿岛,低温条件下形成了众多冰川,塔河流域四源流均发源于高山区,因而塔河流域水资源形成于山区。形成于山区的水资源,以地表径流的形式进入平原区,主要消耗于社会经济发展各部门用水、生活用水、生态用水和无效蒸发损失。

(1) 水资源空间分布

塔河流域的水资源总量为塔河流域降水形成的地表水和地下产水量,即地表径流量和降水渗漏补给量之和。根据已有的成果,流域水资源总量为 370.22 亿 m³,若加上境外流入量 62.23 亿 m³,流域总水量为 432.5 亿 m³。按流域分区统计塔河流域三级分区各区水资源量,见表 3.16。从表可以看出,塔河流域水资源三级分区中与干流有地表水力联系的四个源流区比其他三级区水资源总量还大,四源为塔河流域的主要产水区,水资源量为 197.43 亿 m³,占塔河流域水资源总量的 53.3%;叶尔羌河水资源量最大,为 75.01 亿 m³,占塔河流域水资源总量的 20.3%;阿克苏河流域水资源总量加上境外水量 54.8 亿 m³,则总水资源量可达 87.58 亿 m³,是塔河流域水资源最丰富的区域。

表 3.16　塔河流域水资源三级区水资源统计表

水资源三级区	地表水资源量(亿 m³)	地下水资源量(亿 m³)	重复计算水资源量(亿 m³)	水资源总量(亿 m³)	入境水量(亿 m³)	流域总水量(亿 m³)
和田河	44.43	18.65	17.09	45.99	—	45.99
皮山河诸小河	7.39	4.28	3.49	8.18	—	8.18
叶尔羌河	73.44	49.42	47.85	75.01	3.07	78.08
喀什噶尔河	49.77	41	36.86	53.91	4.36	58.27
阿克苏河	29.63	34.15	31	32.78	54.8	87.58
台兰河诸小河	11.76	10.73	10.19	12.3	—	12.3
渭干河	36.77	29.7	26.45	40.02	—	40.02
开一孔河	42.19	27.35	25.89	43.65	—	43.65
迪纳河	6.67	4.78	4.29	7.16	—	7.16
克里雅诸小河	25.12	15.97	14.13	26.96	—	26.96
车尔臣河诸小河	22.15	13.29	11.64	23.8	—	23.8
塔河干流	—	18.71	18.31	0.4	—	0.4
库姆塔格荒漠区	0.06	—	—	0.06	—	0.06
流域合计	349.38	268.03	247.19	370.22	62.23	432.45
"四源一干"小计	189.69	129.57	121.83	197.43	57.87	255.3

塔河流域产水系数只有 0.32,产水模数为 3.69 万 m³/km²,均比新疆产水系数 0.327、产水模数 5.056 万 m³/km² 小,表明塔河流域从整体上是一个十分干旱的流域,四源中阿克苏河流域的产水模数最大,可达 10.07 万 m³/km²,表明阿克苏

流域是四源中水资源最为丰富的地区(见表3.17)。

表 3.17 塔河流域四源产水模数及产水系数统计

水资源三级区	面 积 (km²)	年降水总量 (亿 m³)	水资源总量 (亿 m³)	产 水系数	产水模数 (万 m³/km²)
和田河流域	49 330	131.2	45.99	0.35	9.32
叶尔羌河流域	76 950	210.7	75.1	0.36	9.76
阿克苏河流域	32 550	90.68	32.78	0.36	10.07
开孔河流域	49 584	115.7	43.65	0.38	8.80
"四源一干"小计	225 994	548.28	197.52	0.36	8.74
流域合计	1 002 565	1 167.23	370.22	0.32	3.69

四源水资源量在空间分配上也呈现出不均衡性,从而影响了各流域水资源开发利用的程度,通过对比分析塔河流域四源亩均水资源量与四源各流域亩均水资源量见图3.28。从图中可以看出,四源中开—孔河流域亩均水资源量最高,为1 436 m³/亩,表明该流域水资源开发利用程度相对较低;叶尔羌河流域亩均水资源量最低,为887m³/亩,说明该流域水资源开发利用程度相对较高,开发潜力最小;阿克苏河和和田河流域分别为1 097 m³/亩和1 057 m³/亩,处于该塔河流域内的中等水平。

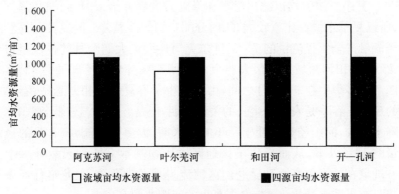

图 3.28 各流域与四源亩均水资源量对比

(2) 水资源时间分布

选取典型水文站的水文资料对塔河四源流径流年际变化特征进行分析,分析结果见表3.18。从表中可见,由于塔河流域四源流冰雪融水比重较大,开都河虽属雨雪混合补给河流,但有大、小尤尔都斯盆地的调节作用,所以四条河流的年径流年纪变化较小,C_v 值大多在 0.15～0.27 之间,最大与最小水年倍比在 1.8～3 之间,最大模数介于 1.4～1.7 之间,最小模比系数介于 0.5～0.8 之间。表明各源流径流量较为稳定,并且河流干旱和多水年并不同步,因而很少出现全流域的干旱缺水年,有利于农业灌溉。

表 3.18　塔河四源主要河流水文特征统计表

流　域	代表站名	年径流量(亿 m³)			最丰水年			最枯水年			极值比
		径流均值	Cv	Cv/Cs	径流量	年份	模比系数	径流量	年份	模比系数	
和田河	同古孜洛克	22.3	0.27	3	37.13	1961	1.67	12.24	1965	0.55	3.0
	乌鲁瓦提	21.64	0.21	2	31.79	1961	1.47	12.25	1965	0.57	2.6
叶尔羌河	卡群	65.66	0.19	2	95.53	1994	1.45	44.68	1965	0.68	2.1
阿克苏河	西大桥	63.57	0.18	5	91.9	1956	1.45	49.17	1957	0.77	1.8
开—孔河	大山口	34.94	0.21	6	57.1	2002	1.63	24.6	1986	0.70	2.3

通过对四源年内径流变化过程分析能够看出,四源除开都河以外的河流径流量年内分配十分不均匀,各源流年径流与连续最大四个月的径流量比较见图3.29。从图中可以看出,塔河流域大多数河流连续最大四个月水量占全年径流量的 70%～80%。开—孔河流域内雨、雪、冰川对径流的补给都占一定的比重,流域内有大、小尤尔都斯盆地,有一定的调蓄能力,连续最大四个月的径流量占全年径流量的 56%。其余三源流均以冰川融雪和降雨为主要补给来源,高温和降雨多集中在夏季,所以夏季水量占比重较大,年内分配不均匀性显著。阿克苏河连续最大四个月的径流量占全年径流量的 77%,叶尔羌河连续最大四个月的径流量占全年径流量的 75%,和田河流域连续最大四个月的径流量占全年径流量的 85%,并且连续最大四个月多集中在 5～9 月之间,由此产生了春夏水量相差悬殊,春旱灾害频繁发生的现象。春季是农作物生长的关键时期,但是春季气温较低,高山冰雪不能消融且降水量少,河川径流量处于一年的枯水期,大多数河流 3～5 月的径流量占年径流量的 10% 以下,从而导致了该地区农作物基本上依靠天然降水维持的状态。这一现象在帕米尔高原和昆仑山区河流表现尤为严重,玉龙喀什河多年平均春季水量只有夏季水量的 1/14,春多夏少的问题非常突出。

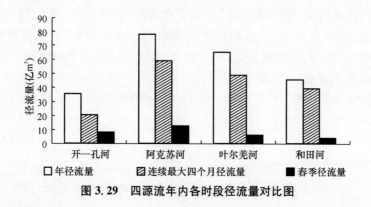

图 3.29　四源流年内各时段径流量对比图

3) 水毁受旱

新疆春夏季洪水常常冲毁(坏)引水灌溉设施,导致有水无法引入灌区,造成农作物受旱即"水毁受旱",这是新疆灌溉农业特有的干旱类型。

例如 2010 年和田地区发生洪水,洪水灾害造成灌区蓄水、引水工程受损严重,共有 7 座水库、7 座渠首、113 座闸口、513 km 引水渠不同程度的损坏,灾害损失 7 569.52 万元。由于缺乏资金,未能得到及时修复,灌区引水困难,致使 56 万亩农作物遭受不同程度的干旱。2011 年和硕曲惠乡发生山洪,曲惠引水龙口严重损毁,曲惠干渠中断供水达 20 天,农田无法正常灌溉,造成曲惠灌区 4 500 余亩棉花因干旱绝收,经济损失达 1 035 万元以上。

3.4.2　社会经济及人类活动对干旱的影响

塔河流域在相当长的历史时期里,人口和经济增长缓慢,水资源开发利用处于相对稳定的阶段。塔河流域较大规模的水资源开发与利用,始于 20 世纪 50 年代。

随着社会生产的发展,人类对农产品的需求逐年增加,区域内复种指数的提高和耕地面积增加,尤其是水田增加,导致农业用水量大幅度增加,水资源供需矛盾更趋紧张,直接加剧了旱灾发生的频率和强度。另外,人们不愿用农家有机肥料,大量施用化肥,使土壤有机质减少,蓄水保墒能力降低,土地对灌溉的依赖性增强,这也加重了旱灾的发生。随着工农业生产的进一步发展,城市化进程的加快,城乡居民生活水平的提高,塔河流域资源性缺水问题将更加突出,水的总量短缺对社会经济各方面尤其对农业生产发展的影响将越来越大,经济社会的快速发展加剧了旱情,塔河流域各地区水资源承载能力与区域经济社会发展格局极不协调,由于经济社会发展速度过快,加剧了当地的资源性缺水问题。据《新疆 50 年(1955—

2005)》提供的从 1949—2004 年新疆人口和耕地面积资料和工农业经济指标数据绘制出塔河流域内 50 年间耕地和人口的变化情况,见图 3.30、图 3.31。

由图 3.30 可以看出,人口增长带来需水量的大幅增长,塔河流域内人口由 1949 年的 308.55 万人,发展到 2004 年的 923.18 万人,50 年间增加了 614.63 万人,在 1949 年的基础上增加了 65.58%;同时耕地面积由 1949 年的 671.61 万 hm²,发展到 2004 年的 1 172.15 万 hm²,50 年间增加了 500.54 万 hm²,在 1949 年的基础上增加了 42.70%。

图 3.30 塔河流域人口和耕地面积变化情况

由图 3.31 可以看出,社会经济发展带来工业需水量的大幅增长,塔河流域内地区生产总产值,农林牧渔业总产值,工业总产值在 1949—2004 年的 50 年间分别增加为 606.15 万元,274.34 万元,250.21 万元,在 1949 年的基础上分别增加了 99.75%,98.78%,99.97%。因此,社会经济需水量不断增长,农业用水逐年增大,水资源供需矛盾越来越突出,人为加大旱情、旱灾,增大了抗旱任务。由于缺乏经验,许多地区在确定经济布局、产业结构和发展规模时没有考虑水资源承载能力,

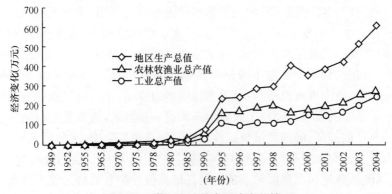

图 3.31 塔河流域社会经济变化情况

不停地大规模开荒,未做到因水制宜、量水而行,即使在水资源极度贫乏,开发难度大或不利于环境保护的地区,也兴建高耗水农业,发展高耗水农业,形成人口集中的城市,客观上加剧了水资源的供需紧张,加剧了干旱的程度。

塔河流域经过 50 年大规模的水土开发和人为活动的影响,水环境发生巨大变化。自 20 世纪 50 年代初开始,塔河干流上游的三源流(阿克苏河、叶尔羌河、和田河),由于人工绿洲规模扩大,引水量增加,特别是农田高定额灌溉,导致进入塔河干流的水量呈逐年递减的趋势,见表 3.19。50~60 年代汇入塔河的水量约为 61 亿 m³,而到 90 年代则减少到 44 亿 m³,40 年减少了 17 亿 m³,平均每年以 4 250 万 m³ 的速度减少。

表 3.19 20 世纪 50~90 年代塔河干流径流量变化

年　代	进入塔河径流量 (亿 m³)	占三源多年平均径流量 (%)
50	59.38	26.4
60	62.03	27.6
70	51.91	23.1
80	46.88	20.8
90	43.65	19.4
平均	52.77	23.46

进入塔河干流的水量在沿程的分布也是不一致的。塔河龙头站——阿拉尔站,20 世纪 50~60 年代径流量为 50 亿 m³,到 90 年代为 42.5 亿 m³,40 年减少了 7.5 亿 m³,平均以每年近 2 000 万 m³ 的速率减少;中游来水与上游具有相同的变化趋势,但水量更加减少,只占上游来水量的 55%~72%,由于干流长期以来疏于管理,无工程控制手段,擅自开口引水现象严重,加之中游河道弯曲,地势平缓,耗水十分严重,致使到达下游的水量显著减少,来水量仅分别占到上游和中游水量的 5%~23%和 9%~32%,水资源量由于人为原因在空间上发生新的布局。

3.4.3 气候变化对干旱的影响

1) 气候变化特征分析

(1) 近 50 年来塔河流域气候及河流径流总体变化特征

①流域内气候变化特征

本文以塔河流域的 26 个气象站和 8 个水文站 1961—2005 年观测资料为基

础。通过大量的文献查阅对塔河流域的温度、降水、径流变化及它们之间的相关关系进行了分析。

　　a. 气温变化特征

　　以流域内 26 个气象站气温进行年代季间的分析,塔河流域年平均气温 1961—2005 年呈逐年代递增趋势,其中 2000 年以后较 45 年平均气温增加 0.75 ℃,增幅 7.69%,较 60 年代增加 1.27 ℃,增幅 13.75%,见表 3.20 和图 3.32。

　　将平原区 22 个气象站和山区阿合奇、塔什库尔干、巴音布鲁克、吐尔尕特等 4 个气象站气温进行平均,分析山区和平原区气候变化特征,结果见表 3.20 和图 3.32。从图表中可看出,气温逐年增加,2000 年以后较 45 年平均,平原区增加 0.74 ℃,增幅达 6.69%;山区增加 0.56 ℃,增幅达 17.83%;较 60 年代,平原区增加 1.20 ℃,增幅达 11.32%;山区增加 1.10 ℃,增幅达 42.31%,平原区增幅大于山区。

　　对整个流域按照空间分为塔北、塔南、塔西 3 个区域,分析不同区域气温变化特征,结果见表 3.20 和图 3.32。由图表可知,塔河流域的年平均气温逐年代呈递增趋势,其中,塔河流域北部增长最为明显,其次为南部、西部的增加幅度相对比较小。60 年代温度最低,2000 年后温度最高。2000 年以后较 45 年平均,流域北部增加 1.22 ℃,增幅达 13.15%;南部增加 1.00 ℃,增幅达 10.53%;西部增加 0.8 ℃,增幅达 6.67 ℃。较 60 年代,流域北部增加 1.8 ℃,增幅达 20.60%;南部增加 1.7℃,增幅达 19.32%;西部增加 1.3 ℃,增幅达 11.33 ℃。塔北区域增幅大于塔南和塔西区域。

表 3.20　1961—2005 年塔河流域各区气温年代变化

分　区	不同年代平均气温(℃)					2000 年以后气温增减幅度(℃)	
	60 年代	70 年代	80 年代	90 年代	2000 年以后	与 60 年代相比	与 45 年平均值相比
山　区	2.60	3.10	3.00	3.30	3.70	1.10	0.56
平原区	10.6	10.7	10.9	11.3	11.8	1.20	0.74
北　部	8.70	8.80	8.90	9.50	10.5	1.80	1.22
南　部	8.80	9.20	9.30	9.70	10.5	1.70	1.00
西　部	11.5	11.7	11.8	12.2	12.8	1.30	0.80
全流域	9.27	9.51	9.61	10.01	10.54	1.27	0.75

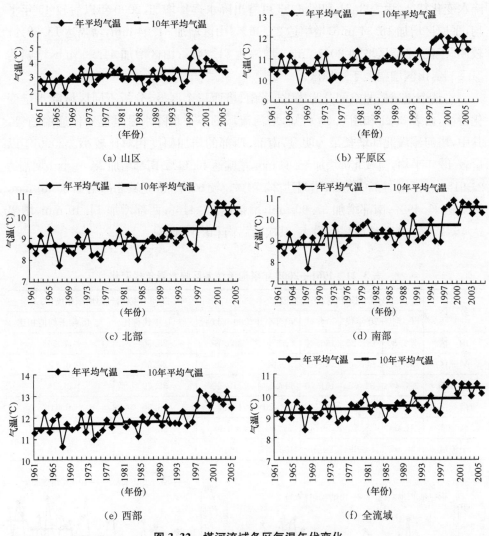

图 3.32 塔河流域各区气温年代变化

b. 降水变化特征

由表 3.21 和图 3.33 可知,塔河流域各区的年平均降水量,1961—2005 年整体上呈逐年代递增趋势,其中 2000 年以后较 45 年平均,各年代平均降水量增加16.65 mm,各年代平均增幅 17.89%,较 60 年代增加 29.68 mm,增幅达 37.08%,60 年代偏枯,90 年代和 2000 年后偏丰。

将平原区 22 个气象站和山区 4 个气象站降水量进行平均,分析山区和平原区降水变化特征,由表 3.21 和图 3.33 可看出降水逐年增加,2000 年以后较 45 年平均,平原区增加 16.34 mm,增幅达 23.06%;山区增加 31.04 mm,增幅达 15.32%;较 60 年代,平原区增加 30.70 mm,增幅达 51.34%;山区增加 41.90 mm,增幅达 21.85%,山区增幅大于平原区。

对整个流域按照空间分为塔北、塔南、塔西三个区域,分析不同区域降水量变化特征,由表 3.21 和图 3.33 可知,塔河流域的年平均降水量呈逐年代递增趋势,其中,塔河流域北部增长最为明显,南部、西部的增加幅度相对比较小。2000 年以后较 45 年平均,流域北部增加 16.64 mm,增幅达 16.18%;南部增加 28.94 mm,增幅达 26.91%;西部增加 9.02 mm,增幅达 24.79%。较 60 年代,流域北部增加 35.10 mm,增幅达 41.49%;南部增加 37.90 mm,增幅达 38.44%;西部增加 14.49 mm,增幅达 46.45%。塔北地区增幅最大,其次为塔南和塔西地区。

表 3.21　1961—2005 年塔河流域各区降水量年代变化

分　区	不同年代平均气温(℃)					2000 年以后气温增减幅度(℃)	
	60 年代	70 年代	80 年代	90 年代	2000 年以后	与 60 年代相比	与 45 年平均值相比
山　区	191.80	181.20	186.30	220.30	233.70	28.50	17.64
平原区	56.50	60.90	70.70	79.00	87.20	22.50	8.14
北　部	84.40	91.60	101.70	117.10	119.50	32.70	14.24
南　部	98.60	91.20	97.30	114.20	136.50	15.60	6.64
西　部	31.00	28.50	39.50	37.50	45.40	6.50	1.12
全流域	80.05	81.69	90.66	103.27	109.73	23.22	10.18

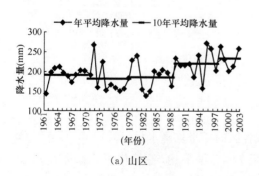

(a) 山区

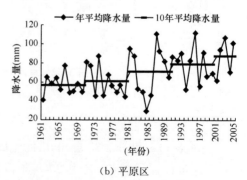

(b) 平原区

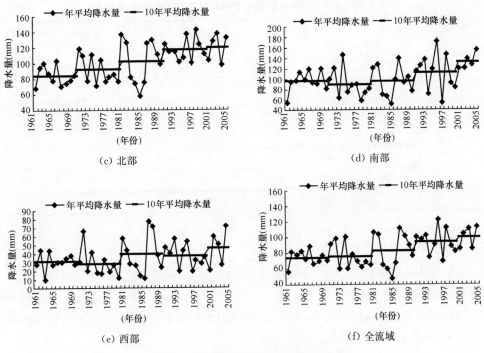

图 3.33　塔河流域各区降水量年代变化

②径流变化特征

根据 1961—2008 年塔河阿拉尔干流区水文站和黄水沟,塔什店,大山口,卡群、玉孜门勒克,同古孜洛克,乌鲁瓦提等 1 个干流区水文站,7 个源流区水文站的资料统计(见表 3.22),塔河流域干流径流量逐年减少,各源流的产流区均在山区,出山口径流量变化 3 个河流均增加,增加幅度不大,2000 年以后径流量与 60 年代相比:和田河同古孜洛克站径流量增加 1.43 亿 m^3,增幅达 6.29%;乌鲁瓦提站增加 2.03 亿 m^3,增幅达 9.48%;干流阿拉尔站年经流量减少 6.93 m^3,减幅达 13.70%;叶尔羌河卡群站增加 8.57 亿 m^3,增幅为 13.65%;玉孜门勒克站增加 2.73 亿 m^3,增幅为 34.42%;开孔河黄水沟站增加 0.92 亿 m^3,增幅达 34.95%。 2000 年后平均径流量与多年平均相比:干流阿拉尔站减少 1.35 亿 m^3,减幅为 3.00%;叶尔羌河玉孜门勒克站增加 1.91 亿 m^3,增幅为 21.80%;和田河同古孜洛克站径流量增加 1.76 亿 m^3,增幅达 7.88%;乌鲁瓦提站增加 1.75 亿 m^3,增幅达 8.06%;开孔河黄水沟站增加 0.58 亿 m^3,增幅达 19.48%;大山口站增加 5.43 亿 m^3,增幅达 14.33%。

表 3.22　1961—2005 年塔河流域各站不同年代径流量变化

塔河流域	河　名	站　名	60 年代	70 年代	80 年代	90 年代	2000 年后
干　流	塔　河	阿拉尔	50.56	43.80	45.15	41.76	43.64
源　流	开孔河	黄水沟	2.63	2.48	2.35	3.85	3.55
		塔什店	—	9.58	11.63	16.47	—
		大山口	—	31.64	30.28	38.92	40.86
	叶尔羌河	卡　群	62.80	66.02	65.26	68.00	71.37
		玉孜门勒克	7.93	7.82	9.09	8.25	10.66
	和田河	同古孜洛克	22.65	22.53	21.20	21.12	24.07
		乌鲁瓦提	21.45	22.20	21.49	20.04	23.49

③气候变化对塔河径流量的影响

新疆山区降水多于平原,年降水量 400 mm 以上的区域大都在山区,山区总面积约占全疆的 40%,达 66 万 km² 左右,而山区年均总降水量为 2 048 亿 t,占全疆年均总降水量 2 429 亿 t 的 84.3%。因此,山区的自然降水是新疆河川径流的最主要来源,对此许多学者做过大量研究。

用塔河流域巴音布鲁克(开—孔河)和塔什库尔干(叶尔羌河)源流区 1961—2005 年出山口径流量和气温、降水资料进行了相关分析,图 3.34、图 3.35 为塔河流域巴音布鲁克地区,图 3.36、图 3.37 为塔什库尔干源流地区近 45 年(1961—2005)来气温、降水和径流变化趋势。巴音布鲁克和塔什库尔干各年平均径流量与相应各年的平均气温作对比,见图 3.34～图 3.36,图中 60～80 年代和 80～00(2001—2005)年代趋势线为年平均径流与年平均气温的线性回归,其倾向率都为正,巴音布鲁克 80 年代以前与 80 年代以后倾向率分别为 0.183 4 亿 m³/℃,0.347 8 亿 m³/℃,塔什库尔干分别为 2.510 3 亿 m³/℃,6.017 5 亿 m³/℃,说明塔河流域气候变化下温度升高对径流增加有较大贡献,而对形成于昆仑山水系的河流与天山水系的河流相比较,其对前者的影响要远大于后者。各年平均径流量与相应各年的平均降水量作对比,见图 3.35～图 3.37,巴音布鲁克 80 年代前与 80年代后倾向率都为正,分别为 0.000 6 亿 m³/mm,0.001 7 亿 m³/mm;塔什库尔干分别为 −0.017 9 亿 m³/mm,−0.005 4 亿 m³/mm,说明塔河流域气候变化下降水增加对年径流的影响较小,尤其对于形成于昆仑山水系的河流。

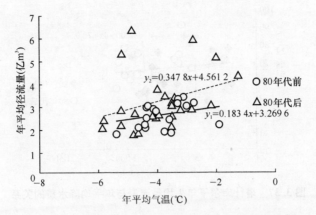

图 3.34 巴音布鲁克年平均径流量与年平均气温的关系

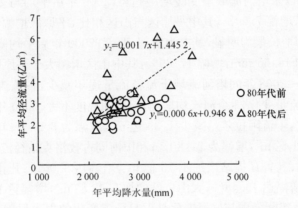

图 3.35 巴音布鲁克年平均径流量与年平均降水量的关系

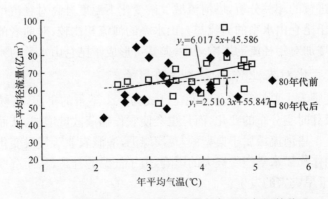

图 3.36 塔什库尔干年平均径流量与年平均气温的关系

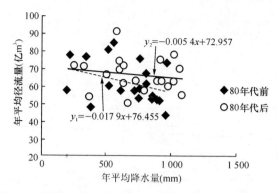

图 3.37　塔什库尔干年平均径流量与年平均降水量的关系

④讨论和结论

a. 近 45 年以来塔河流域呈变暖增湿趋势,2000 年后平均与多年平均相比气温增加 0.75 ℃,增幅 7.69%,其中平原区与山区相比,平原区增幅大于山区,空间上塔河流域北部增长最为明显,其次为南部、西部;2000 年后平均降水与多年平均相比降水量增加 16.65 mm,增幅 17.89%,其中山区增幅大于平原区。

b. 在 1961—2008 年间塔河流域干流径流量逐年减少,各源流的产流区均在山区,出山口径流量变化,3 个河流均增加,但增加幅度不大,2000 年后平均径流量与多年平均相比,干流阿拉尔站减少 1.35 亿 m³,减幅为 3.00%;叶尔羌河玉孜门勒克站增加 1.91 亿 m³,增幅为 21.80%;和田河同古孜洛克站径流量增加 1.76 亿 m³,增幅 7.88%;乌鲁瓦提站增加 1.75 亿 m³,增幅达 8.06%;开孔河黄水沟站增加 0.58 亿 m³,增幅达 19.48%;大山口站增加 5.43 亿 m³,增幅达 14.33%。

c. 塔河流域年际降雨与气温变化是引起径流变化的根本原因,根据巴音布鲁克(开—孔河)和塔什库尔干(叶尔羌河)源流区 1961—2005 年出山口径流量和气温、降水资料进行的相关分析,塔河流域气候变化下温度升高对径流增加有较大贡献,而对形成于昆仑山水系的河流与天山水系的河流相比较,对前者的影响要远大于后者;降水增加对年径流的影响较小,尤其对形成于昆仑山水系的河流。

2) 气候变化对农业作物需水量的影响

以气候变暖为主要特征的全球变化已成为一个不争的事实,气候变暖不仅影响水资源量及其时空分布的变化,而且也会使农作物蒸散量增加,从而加剧农业水资源供需矛盾。塔河流域属于典型的"荒漠绿洲,灌溉农业",气候变化将对塔河流域绿洲灌区内作物需水量产生极大的影响,由于气温的升高,从而造成作物需水量的增加,加剧干旱灾害的发生。

(1) 资料与方法

利用流域内 5 个地州的 26 个气象站 1961—2005 年的地面气象常规观测资

料,流域灌区内作物种植结构及面积采用塔河流域管理局统计数据,不同作物生育阶段及生长特征以流域内的典型灌溉试验站观测记录为依据。

①参考作物 ET_0 计算法

采用 FAO—布莱尼—克雷多方法(以下简称温度法),在美国的若干地方以及国际上其他一些地方仅利用气温资料估计作物耗水量的方法得到广泛的使用,詹森等人(1990 年)发现,在所有评估的根据温度估算作物 ET_0 的方法中,FAO—布莱尼—克雷多方法是最为精确的一种,可用下式描述:

$$ET_0 = C_e(a_t + b_t pT) \tag{3.16}$$

式中:ET_0——参考作物蒸散速率(mm/天);

C_e——根据海拔确定的调整因子;

T——计算时期内的平均气温(℃);

a_t、b_t——分别为根据当地气候状况确定的调整因子;

p——日平均白昼小时数占全年白昼小时数的百分比(%)。

②作物需水量计算方法

采用 FAO 推荐的 Penman-Monteith 公式(FAO-PM)和作物系数 K_c,其计算公式为:

$$(ET_c)_j = \sum (K_{ci})(ET_{0i}) \tag{3.17}$$

式中:$(ET_c)_j$——第 j 种作物全生育期的需水量(mm);

(K_{ci})——第 j 种作物第 i 月份的作物系数;

ET_0——参考作物蒸散量(mm/天)。

FAO 确定了不同作物不同生长阶段的 K_c 值,其取值见表 3.23。在考虑取值时将作物的生长发育期划分为 4 个阶段相应取值,即生长初期(K_{cini}),发育期(K_{cmid}),生长中期(K_{cend}),生长后期。对于不同作物可以根据其需水规律划分为相应的 4 个发育阶段。如小麦分为播种—出苗、出苗—开花期、开花—乳熟期、乳熟—成熟期;玉米分为播种—出苗、出苗—抽雄、抽雄—乳熟、乳熟—成熟期。

表 3.23　作物不同生育阶段取值

作物 Crop	作物最大高度			
	K_{cini}	K_{cmid}	K_{cend}	Maximum Height(m)
小麦 Winter Wheat	0.4	1.15	0.25	1
棉花 Cotton		1.15	0.7	1.2
瓜菜 Vegetables	0.5	1	0.8	
果园 orchard	0.5	1	0.65	4
草地 grassland	0.9	0.95	0.96	1

③K_c值的修正

由于自然环境特点的不同,作物系数 K_c 值会因环境而不同。因此,根据 FAO 提供的方法及塔河流域灌区的气象和土壤条件对 K_c 值进行了修正,修正结果见表 3.24。

表 3.24　作物不同生育阶段 K_c 修正值

作物 Crop	作物最大高度			
	K_{cini}	K_{cmid}	K_{cend}	Maximum Height(m)
小麦 Winter Wheat	0.44	1.11	0.31	1
棉花 Cotton		1.14	0.75	1.2
瓜菜 Vegetables	0.53	1.2	0.79	
果园 orchard	0.51	0.99	0.67	4
草地 grassland	0.89	0.98	0.92	1

④农田净灌溉需水量计算方法

灌区农田净灌溉需水量是指各种作物净灌溉需水量之和。作物净灌溉需水量是由作物全生育期净灌溉需水量和作物种植面积相乘而确定的,其计算公式为:

$$W = \sum_{j=1}^{N} W_j = \frac{1}{1\ 000} \sum_{j=1}^{N} A_j (I_N)_j \tag{3.18}$$

式中:W——流域灌区农田净灌溉需水量,亿 m^3;

W_j——流域灌区第 j 种作物农田净灌溉需水量;

A_j——灌区第 j 种作物的种植面积(万 hm^2);

$(I_N)_j$——第 j 种作物全生育期的净灌溉需水量(mm);

N——作物种类数。

作物耗水量可以根据农田土壤水分平衡方程计算,计算公式为:

$$I_N = \Delta W + ET_c - P_e - G \tag{3.19}$$

式中:ΔW——土体贮水量的变化(增加为正,减少为负)(mm)。

由于塔河流域灌区大多数地区地下水位埋深大于 3 m,在计算作物净灌溉需水量时,不考虑地下水补给量,即 $G \approx 0$。另外,灌区土壤水分变化量不明显,可忽略,即 $\Delta W \approx 0$,流域灌区作物全生育期几乎没有降水,也可忽略,即 $P_e \approx 0$。因此灌区作物生育期内获得高产稳产时净灌溉需水量公式简化为:

$$I_N \approx ET_c \tag{3.20}$$

(2) 结果与分析

①塔河流域气候变化特征

通过对气候的研究表明,全球气候在过去 100 年中变暖了 0.3～0.4 ℃,近 40 年中变暖了 0.2～0.3 ℃,在 1951—1990 年间年平均气温升高了 0.3 ℃。50 年来, 新疆气温呈上升趋势,塔河流域是一个相对独立的生态环境系统,与全球和新疆气 候变化同步,流域内的气温、气象要素近 40 年来也有变化。

以塔河流域 26 个气象站气温年代季进行平均,分析整个流域气候变化,见 图 3.38。可以看出,塔河流域的年平均气温,1961—2005 年呈逐年代递增趋势,从 90 年代开始增加幅度很大,其中 2000 年以后较 45 年平均气温增加 0.75 ℃,各年 代平均增幅 7.69%,较 60 年代增加 1.27 ℃,平均每 10 年上升 0.28 ℃度,增幅达 13.75%。

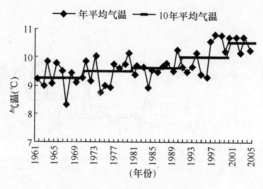

图 3.38　塔河流域气温变化

②流域内作物需水量变化

塔河流域灌区 1961—2005 年小麦、果园、棉花、瓜菜和草地生育期需水量年际 变化规律见图 3.39 所示。分析图 3.39 可知,近 45 年来,流域灌区作物生育期需水 量呈明显上升趋势,气温保持不变的条件下(平均气温 9.79 ℃),塔河流域灌区小麦、 果园、棉花、瓜菜和草地的需水量分别为 2 425.10 mm、5 231.73 mm、2 620.10 mm、 2 136.78 mm、3 213.65 mm;2000 年以后较 45 年平均气温上升 0.75 ℃时,5 种作 物的需水量将平均增加到 2 495.70 mm、5 384.10 mm、2 696.40 mm、2 199.00 mm、 3 307.24 mm。

气温变化条件下作物需水量在不同种植条件下的变化率和变化量不同。5 种 种植条件下由于作物生长周期长短差异大,因此作物需水量在气温变化条件下的 变率和变化量有一定差异。当温度上升 0.75 ℃时,作物需水量随着气温呈上升趋 势,其中塔河流域灌区果园需水量递增速率最快,上升速率为 7.30%(152.35 mm/ 年),小麦、棉花和草地需水量递增速率低于果园,上升速率分别为 3.39%(70.62 mm/ 年),3.66%(76.30 mm/年),4.49%(93.58 mm/年),瓜菜的需水量递增速率相对较小,递增速率为 2.98%(62.22 mm/年)。

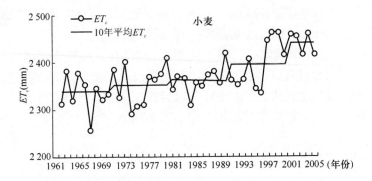

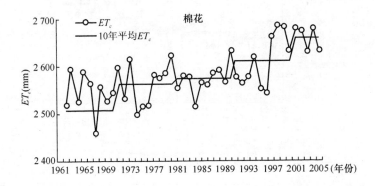

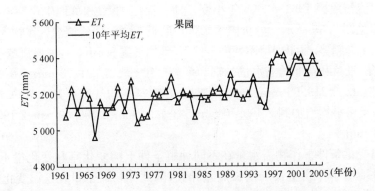

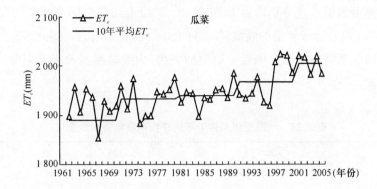

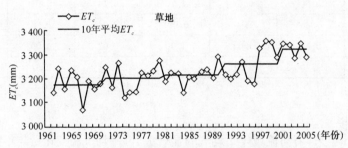

图 3.39　1961—2005 年塔河流域灌区主要作物需水量变化趋势

（3）气温变化条件下灌溉需水量的变化

根据塔河流域气象资料和作物种植面积资料，可计算出各站点在气温变化条件下的净灌溉需水量，在给定温度情景下，灌溉需水量将有不同程度的增加，增加幅度与气温变化条件下作物需水量的增加是一致的。从流域灌区范围上讲，气温平均每升高 0.75 ℃，作物需水量将增加 455.08mm。气候变暖将使流域作物缺水形式进一步加剧。根据塔河流域目前种植结构，当气温上升 0.75 ℃时，开—孔河灌区小麦、果园、棉花、瓜菜和草地灌溉需水量分别增加 0.16 亿 m³、0.19 亿 m³、0.40 亿 m³、0.01 亿 m³、0.02 亿 m³，5 项合计每年增加灌溉需水量 0.78 亿 m³；叶尔羌河灌区分别增加 0.86 亿 m³、0.44 亿 m³、1.70 亿 m³、0.14 亿 m³、0.01 亿 m³，全叶尔羌河灌区每年增加灌溉量 3.15 亿 m³；和田河灌区分别增加 0.38 亿 m³、1.44亿 m³、0.001 亿 m³、0.04 亿 m³、0.28 亿 m³，全和田河灌区每年增加灌溉量 2.15亿 m³；阿克苏河灌区分别增加 0.35 亿 m³、0.04 亿 m³、1.90 亿 m³、0.02 亿 m³、0.06 亿 m³，全阿克苏河灌区每年增加灌溉量 2.36 亿 m³；将使整个塔河流域灌区（即开—孔河流域，叶尔羌河流域，和田河流域、阿克苏河流域）小麦、果园、棉花、瓜菜和草地灌溉需水量分别增加 1.76 亿 m^3、2.11 亿 m^3、4.00 亿 m^3、0.21 亿 m^3、0.37 亿 m^3;5 项合计每年增加灌溉量 8.44 亿 m^3(见表 3.25)。因此未来气候变暖将使塔河流域紧张的水资源供需矛盾更加突出,为流域灌区分水方案的实施增加一定的难度。

表 3.25　气温变化条件下不同作物净灌溉需水量变化

项　目	小　麦 (亿 m^3)	果　园 (亿 m^3)	棉　花 (亿 m^3)	瓜　菜 (亿 m^3)	草　地 (亿 m^3)	合　计 (亿 m^3)
开孔河	0.16	0.19	0.40	0.01	0.02	0.78
叶尔羌河	0.86	0.44	1.70	0.14	0.01	3.15
和田河	0.38	1.44	0.001	0.04	0.28	2.15
阿克苏河	0.35	0.04	1.90	0.02	0.06	2.36
合　计	1.76	2.11	4.00	0.21	0.37	8.44

(4) 结论

①近 45 年来,塔河流域年平均气温显著上升,平均气温变化量与年参考作物蒸散量(ET_0)呈正比关系,ET_0 会随着气温的增高而增加,年平均气温上升 0.75 ℃时,流域灌区作物参考蒸散量(ET_0)增加量为 24.49 mm,增加幅度达到 2.83%。

②气温变化情景下流域灌区主要作物小麦、果园、棉花、草地和瓜菜生育期需水量呈明显上升趋势,其中果园需水量递增速率最快,小麦、草地和棉花需水量递增速率低于果园,瓜菜的需水量递增速率相对较小。

综上所述,整个流域 5 种作物灌溉需水量均随气温的上升而各有不同程度的增加,假如流域灌区作物种植面积多年不变,则农田净灌溉需水量主要受气候因素的影响,随气候的变化而变化。

3.5　本章小结

在对塔河流域历史干旱灾害,典型干旱灾害考证的基础上,分别对干旱灾害特征,枯季径流演变特征,干旱成因进行了分析;在气候变化对塔河流域干旱影响分析的基础上,分析计算了气候变化对农作物需水量的影响和灌溉需水量的变化。

4 塔河流域干旱指标及干旱演变趋势

4.1 水文气象要素变化特征

气温、降水、径流共同决定了流域内的干燥和湿润程度,近年来气候变化与人类活动的加剧导致流域内水循环时空分布发生改变。利用近 50 年的水文气象资料分析塔河流域的孕灾因子的变化特征,为深入了解干旱特征奠定基础。

4.1.1 水文要素变化趋势

前已述,塔河流域四周的高山区,北起天山南抵昆仑山,分布着大量的冰川,据《中国冰川水资源》统计,塔河流域的高山冰川面积(包括境外面积)有 2.322 万 km^2,冰川储量为 24 038 亿 m^3,每年的冰雪融水量可达 171 亿 m^3,占地表水资源量的 41.9%,冰川储量十分丰富。如图 4.1 所示。

图 4.1 塔河流域冰川分布图

塔河三大源流区分布着大量的冰川,冰川作为"高山固体水库",每年夏季气温上升,高山冰雪融化,补给河流水量。干暖年份,虽然降雨减少,但气温升高,冰川消融量增大,以弥补降雨量不足;而在冷湿年份,冰川消融量因低温减少,但降雨量增加,补给河流水量变化不大,这使得这些河流特大水年与特小水年水量不至于过分悬殊。为了研究三大源流区径流变化趋势,采用世界气象组织(WMO)推荐使用的 Mann-Kendall 非参数检验法,该方法适用于任何分布形式的时间序列,也不受少数异常值的干扰,因而被广泛应用在水文气象序列中,其基本原理如下:

首先,对时间序列$(x_1,x_2,x_3,\cdots,x_n)$依次比较,结果记为 sgn(θ):

$$\mathrm{sgn}(\theta)=\begin{cases}1,\theta>0\\0,\theta=0\\-1,\theta<0\end{cases} \tag{4.1}$$

用下式计算 Mann-Kendall 统计值:

$$S=\sum_{i=1}^{n-1}\sum_{k=i+1}^{n}\mathrm{sgn}(x_k-x_i) \tag{4.2}$$

式中:x_k、x_i——要进行检验的随机变量;

n——所选数据序列的长度。

则与此相关的检验统计量为:

$$Z_c=\begin{cases}\dfrac{s-1}{\sqrt{\mathrm{var}(s)}},s>0\\0,s=0\\\dfrac{s+1}{\sqrt{\mathrm{var}(s)}},s<0\end{cases} \tag{4.3}$$

随着 n 的逐渐增加,Z_c 很快收敛于标准化正态分布,当$-Z_{1-\alpha/2}\leqslant Z_c\leqslant Z_{1-\alpha/2}$时,接受原假设,表明样本没有明显变化趋势,其中,$\pm Z_{1-\alpha/2}$是标准正态分布中值为$1-\alpha/2$时对应的显著性水平 α 下的统计值。当统计量 Z_c 为正值,说明序列有上升趋势;Z_c 为负值,则表示有下降趋势。

选取三大源流区主要代表水文站及干流的阿拉尔站 1961—2007 年的径流量资料,采用 Mann-Kendall 法对年、季径流量变化趋势进行检验,结果表明:近 50 年以来,塔河流域高山冰川消融量持续增长,源流区径流量显著增多,其中阿克苏河年、季尺度增湿趋势最为明显,叶尔羌河春、冬两季径流量均有显著增多,和田河冬季径流量明显增多,四季中源流区冬季径流量增幅最为明显;干流河道来水量日益减少,其中冬季来水量下降幅度最大。综合分析,气候变暖导致塔河源流区冰川消融量增多,补给水量增大;径流在源流区形成后,进入到人类活动频繁的平原区,平原区水资源利用规模的不断扩大,导致干流来水量大幅减少。(见表4.1,表中**表示变化趋势显著(下同))。

表 4.1　塔河流域径流变化趋势

河　流	水文站	Mann-Kendall 检验值				
		年	春　季	夏　季	秋　季	冬　季
阿克苏河	沙里桂兰克站	3.25**	2.56**	2.35**	2.93**	2.92**
	协合拉站	3.98**	1.56	3.37**	2.40**	4.02**
叶尔羌河	卡群站	1.63	2.66**	0.97	1.67	4.79**
	玉孜门勒克站	3.65**	2.85**	2.66**	3.58**	5.69**
和田河	同古孜洛克站	0.35	0.97	−0.20	1.68	5.22**
	乌鲁瓦提站	0.11	0.50	−0.48	3.00**	3.30**
塔河干流	阿拉尔站	−1.06	1.82	−0.72	−0.47	−3.84**

塔河属于典型的内陆耗散型河流,径流形成于山区,消耗于平原区、荒漠区,消失于沙漠。自阿克苏河、叶尔羌河、和田河三河汇合口的肖夹克以下河流称塔河干流。塔河干流自身不产流,径流全靠源流补给。历史上,塔河流域的九大水系均有水汇入塔河干流。但由于气候变化与人类活动等的影响,目前仅有阿克苏河、叶尔羌河、和田河补给塔河,称为"上游三源流"。

源流区水资源主要来源于高山冰雪消融,受气候变化的影响,水资源数量发生改变。人类活动的加剧,导致干流的径流量急剧减少。同样采用 Mann-Kendall 检验法对源流区和干流年径流变化特征、不同季节径流变化特征进行分析,结果表明:近40年以来,阿克苏河年径流量明显增多,协合拉站夏、冬两季径流量增幅明显。叶尔羌河夏季和冬季的径流量显著增多,玉孜门勒克站年径流量呈显著增多趋势,和田河及干流年径流量趋于平稳,流域干流冬季径流量明显下降,见表4.2及图4.2。

表 4.2　塔河流域各水文站年径流变化趋势

河　流	水文站	Mann-Kendall 检验值				
		水文年	春季	夏季	秋季	冬季
阿克苏河	沙里桂兰克站	2.11**	1.68	1.43	1.46	1.19
	协合拉站	3.11**	1.37	2.50**	1.32	2.27**
叶尔羌河	卡群站	1.18	2.30**	0.55	1.13	3.64**
	玉孜门勒克站	1.97**	2.10**	1.19	1.42	4.10**
和田河	同古孜洛克站	−0.66	−0.29	−0.97	0.20	3.64**
	乌鲁瓦提站	−0.87	−0.31	−0.97	1.72	1.25
塔河干流	阿拉尔站	−1.55	0.45	−1.20	−1.77	−2.16**

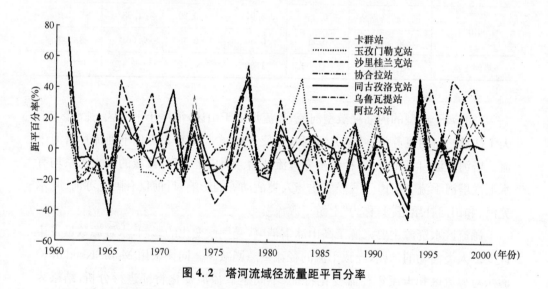

图 4.2　塔河流域径流量距平百分率

4.1.2　气象要素变化趋势

基于塔河流域范围内各气象站点 1961—2009 年的逐月气温、降雨量、蒸发量资料,进行 Mann-Kendall 趋势检验可以得出:在全球变暖的大背景下,流域年平均温度整体表现出明显的上升趋势,四季温度均有不同程度的波动上升,其中冬季上升幅度最大;流域北部的托什干河、喀什噶尔河、渭干河一带年降雨量及夏季降雨量明显增多,其他地区年、季降雨量变化趋于平稳;在过去 50 年里,流域年蒸发量与各季节间蒸发量均具有明显的下降趋势,这与流域内气温显著上升的趋势相悖,存在"蒸发悖论"。见图 4.3~图 4.5。

(a) 年降雨量

(b) 春季降雨量

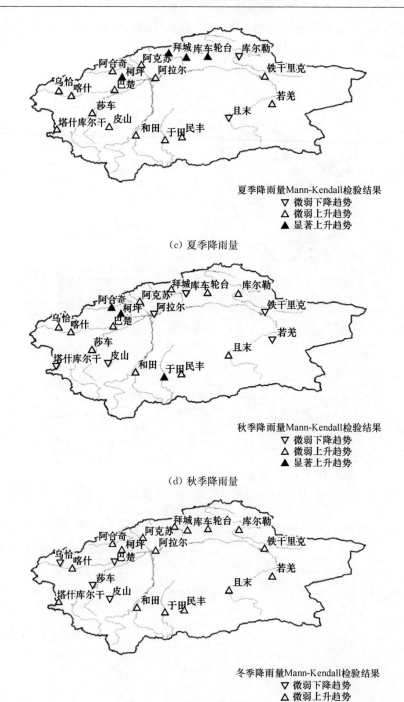

（c）夏季降雨量

（d）秋季降雨量

（e）冬季降雨量

图 4.3　塔河流域降雨量变化趋势

（a）年温度

（b）春季温度

（c）夏季温度

（d）秋季温度

（e）冬季温度

图 4.4　塔河流域温度变化趋势

（a）年蒸发量

春季蒸发量Mann-Kendall检验结果

▼ 显著下降趋势
▽ 微弱下降趋势
△ 微弱上升趋势
▲ 显著上升趋势

(b) 春季蒸发量

夏季蒸发量Mann-Kendall检验结果

▼ 显著下降趋势
▽ 微弱下降趋势
△ 微弱上升趋势
▲ 显著上升趋势

(c) 夏季蒸发量

秋季蒸发量Mann-Kendall检验结果

▼ 显著下降趋势
▽ 微弱下降趋势
△ 微弱上升趋势
▲ 显著上升趋势

(d) 秋季蒸发量

冬季蒸发量Mann-Kendall检验结果
▼ 显著下降趋势
▽ 微弱下降趋势
△ 微弱上升趋势
▲ 显著上升趋势

(e) 冬季蒸发量

图 4.5 塔河流域蒸发量变化趋势

为了进一步探索塔河流域年、季尺度表现出来的"蒸发悖论",以阿合奇站为例,分析该站年内和不同月份间气温与蒸发量的相关关系,取置信度 $a=0.01$ 来检验相关关系的显著性,计算公式为:

$$|r| = \frac{t_a}{\sqrt{t_a^2 + n - 2}} \tag{4.4}$$

式中:t_a——置信度为 a 的分位数;

$n-2$——自由度。

气温与蒸发量在年内高度相关,相关系数达到 0.9 以上,均通过了置信度 $a=0.01$ 的显著性检验;而不同月份间气温与蒸发量相关系数较低,均未通过显著性检验。结合"蒸发悖论"已有研究成果,分别分析了相对湿度、风速、云量、日照时数等要素与蒸发量的相关关系,并从中筛选出与蒸发最为密切的相对湿度,可以发现相对湿度与蒸发量在不同月份间高度相关,而在年内相关性较低。综合分析可以得出,影响蒸发量的主导因素随气温不断变化,当气温变化幅度较小时(月际、年际),湿度是影响蒸发的主导因素,导致年、季尺度下气温与蒸发量的不同步变化,而气温变化幅度较大时(年内),气温则是影响蒸发的主导因素。气温与蒸发量,温度与蒸发量,月蒸发量与月平均温度相关系数见图 4.6~图 4.10。

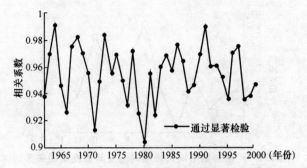

图 4.6　阿合奇站年内气温与蒸发量相关系数

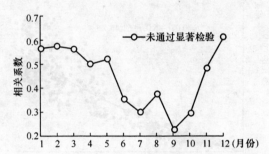

图 4.7　阿合奇站不同月份气温与蒸发量相关系数

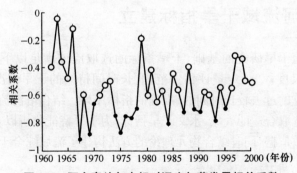

图 4.8　阿合奇站年内相对湿度与蒸发量相关系数

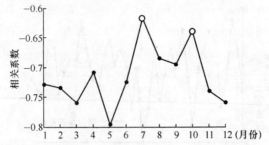

图 4.9　阿合奇站不同月份相对湿度与蒸发量相关系数

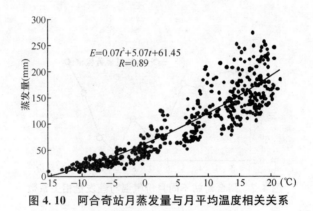

图 4.10　阿合奇站月蒸发量与月平均温度相关关系

4.2　塔河流域干旱指标建立

干旱指标是干旱研究的基础,干旱指标的选取应该满足以下四个基本原则:①合适的时间尺度;②可定量评估大范围、长时间持续的干旱情况;③应用性强;④具有可以计算的过去较长时间的、准确的指标序列。结合塔河流域特殊的气候、地理环境条件选取合适的气象、水文干旱指标,为干旱特征分析以及干旱预警模型的建立提供参数依据,同时结合物元理论的方法构建了流域综合干旱评价模型。

4.2.1　气象干旱指标

气象干旱指某一地区内长期缺乏降水,水分支出大于水分收入而造成的水分短缺现象。塔河流域降雨稀少、蒸发强烈,无雨月数占很大比例。根据流域干旱的成因,春季降雨量直接影响到春季的旱涝情况,因此本次研究选取 SPI-3、SPI-6 作为流域内的气象干旱评价指标。

　　SPI 能够较好地反映干旱强度和干旱历时,时空适用性较强。不同时间尺度的 SPI 值对于降水量的敏感性不同,时间尺度越小,则对于一次降水变化越显著,其值会发生较大变化,甚至是正负波动。相反,时间尺度越大则对于一次降水的反映并不显著,只有持续的多次降水才会使之发生波动。因此 SPI 可以有效地区分土壤水分亏缺和用于补给的水分亏缺这两类干旱原因,且 SPI 的计算仅需要降雨量作为输入项,因而得到广泛应用。其基本原理如下:

$$g(x) = \frac{1}{\beta^\alpha \Gamma(\alpha)} x^{\alpha-1} e^{-x/\beta} \quad (x > 0) \tag{4.5}$$

$$\Gamma(\alpha) = \int_0^\infty x^{\alpha-1} e^{-x} dx \tag{4.6}$$

式中:α——形状参数;β 为尺度参数;

　　　x——降雨量;

　　　$\Gamma(\alpha)$——Gamma 函数。最佳的 α、β 估计值可采用极大似然估计方法求得,即

$$\bar{\alpha} = \frac{1 + \sqrt{1 + 4A/3}}{4A} \tag{4.7}$$

$$\bar{\beta} = \frac{\bar{x}}{\bar{\alpha}} \tag{4.8}$$

$$A = \ln(\bar{x}) - \frac{\sum \ln(x)}{n} \tag{4.9}$$

式中:n 为计算序列的长度,在计算得到累积概率密度函数 $G(x)$ 后,由于 Gamma 函数不包含 $x=0$ 的情况,而实际降雨量可以为 0,所以累积概率为:

$$H(x) = q + (1-q)G(x) \tag{4.10}$$

式中:q 是降雨序列中 0 值出现的频率。用高斯函数将 $H(x)$ 标准化后得到最终的SPI 值,其干旱等级见表 4.3。

表 4.3　SPI 干旱等级划分标准

SPI 范围	干旱等级
$-1.0 < \text{SPI} \leqslant 0.0$	轻度干旱
$-1.5 < \text{SPI} \leqslant -1.0$	中度干旱
$-2.0 < \text{SPI} \leqslant -1.5$	严重干旱
$\text{SPI} \leqslant -2.0$	极端干旱

　　通过 SPI-3、SPI-6 的计算结果,统计出流域内不同干旱等级发生的频率,结果显示:上游和中游地区发生极端干旱的频率较大;中下游区域遭受中度干旱和严重

干旱的频率较大。如图 4.11 所示。

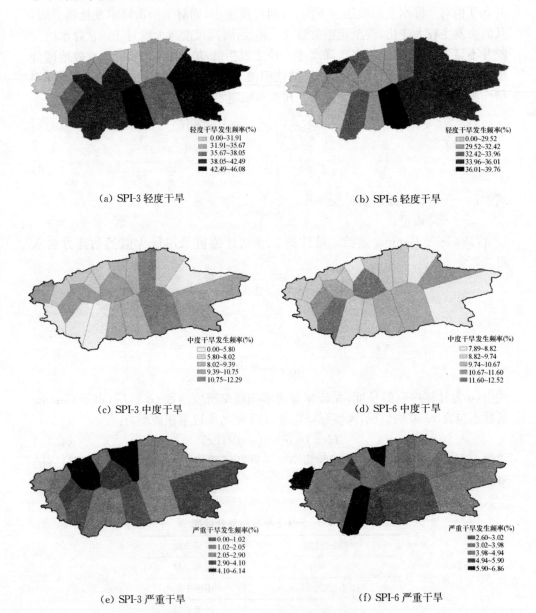

(a) SPI-3 轻度干旱　　　　　　　　　　　　　(b) SPI-6 轻度干旱

(c) SPI-3 中度干旱　　　　　　　　　　　　　(d) SPI-6 中度干旱

(e) SPI-3 严重干旱　　　　　　　　　　　　　(f) SPI-6 严重干旱

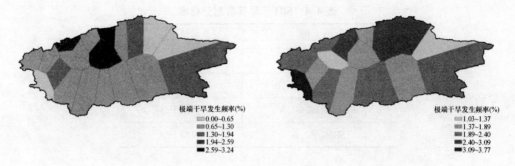

(g) SPI-3 极端干旱　　　　　　　　　　　　　　(h) SPI-6 极端干旱

图 4.11（彩插 1）　塔河流域不同气象干旱等级发生频率

4.2.2　水文干旱指标

　　水文干旱是指因降水长期短缺而造成某段时间内地表水或地下水收支不平衡，使河流径流量、地表水、水库蓄水和湖水减少的现象。塔河流域的河流多数属于混合补给型，河流径流深与流域平均高程、地理位置及自然气候特点有关，河道出山口处的天然来水量的变化才能真实地反映干旱时间与空间的变化规律。研究选取基于河川径流量的 SRI(Standardized Runoff Index)作为水文干旱评价指标。SRI 与 SPI 具有同样的设计理念：将偏态分布的径流量转化为标准正态分布，以进行不同时空尺度下的对比分析。基本原理为：

　　首先通过 Box-Cox 转换将径流量序列转化为正态分布：

$$Y = \begin{cases} \dfrac{X^{\lambda}-1}{\lambda}, \lambda \neq 0 \\ \ln(X), \lambda = 0 \end{cases} \tag{4.11}$$

　　将转换后的序列进行标准化：

$$SRI = \frac{Y-\overline{Y}}{\sigma_Y} \tag{4.12}$$

式中：X——径流量；

　　λ——Box-Cox 转换系数；

　　Y——经 Box-Cox 转换后的序列；

　　$\overline{Y}$、σ_Y——分别为其均值和标准差。

SRI 干旱等级划分标准见表 4.4。

表 4.4　SRI 干旱等级划分标准

SRI 范围	干旱等级
$-1.0 < SRI \leqslant 0.0$	轻度干旱
$-1.5 < SRI \leqslant -1.0$	中度干旱
$-2 < SRI \leqslant -1.5$	严重干旱
$SRI \leqslant -2.0$	极端干旱

　　通过塔河流域主要代表水文站 1961—2007 年的 SRI-1 序列,可以发现塔河流域源流区 2000 年以来各月份均处于丰水阶段,干流处于一个枯水阶段,干旱月份占很大比重,见图 4.12。

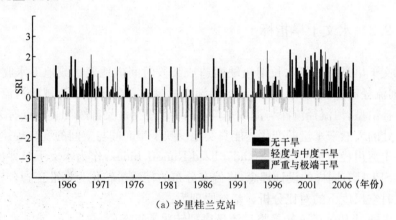

(a) 沙里桂兰克站

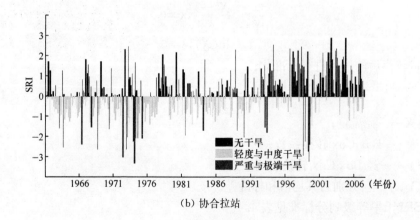

(b) 协合拉站

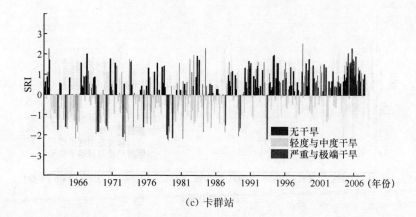

(c) 卡群站

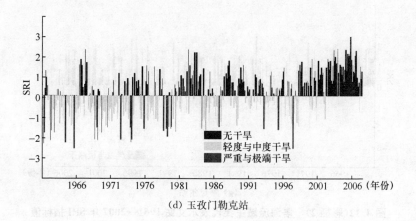

(d) 玉孜门勒克站

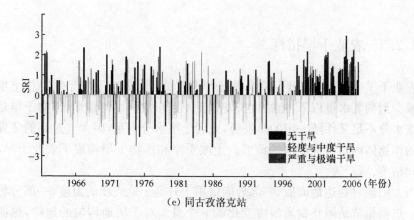

(e) 同古孜洛克站

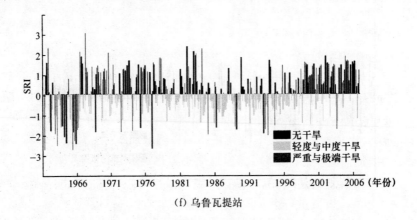

(f) 乌鲁瓦提站

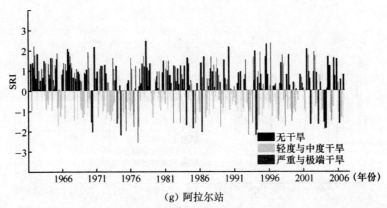

(g) 阿拉尔站

图 4.12（彩插 2）　塔河流域主要代表水文站 1961—2007 年 SRI 指标值

4.2.3　农业干旱指标

农业干旱可分为土壤干旱和作物干旱两种情况。其中土壤干旱是指土壤有效水分减少到凋萎水量以下，植物生长发育得不到正常供水的情形；作物干旱是指根区土壤水分不足又伴随一定的蒸发势，或者土壤水分充足，因大气过高的蒸发势而引起的作物体内暂时性缺水的情形。土壤干旱和作物干旱构成了农业干旱，表现为植物枯萎、减产等。

当太阳辐射到达地面后，一部分能量用于升高土地表面的温度，一部分将向下传输。热惯量就是阻止物质温度变化的一个量。对于质地均匀的地物，热惯量定义为：

$$P = \sqrt{k\rho C} \tag{4.13}$$

式中：P——热惯量($J/m^2 \cdot s^{1/2} \cdot ℃$)；

k——土壤导热率($J/m \cdot s \cdot ℃$)；

ρ——土壤密度(kg/m^3)；

C——土壤热容量($J/(kg \cdot ℃)$)。一般来说，土壤含水量越大，C 和 k 值越大，因而 P 越大。此外，土壤表面温度的日变化幅度由土壤内外因素共同决定，内部因素主要是热导率(P)和热容量(C)；外部因素则是风、云、水汽等所带来的热变化，其中土壤含水量对土壤温度日变化幅度的影响最强烈，土壤表层昼夜温差随土壤含水量的增加而减少。因此，可以通过遥感数据所获得的热惯量和土壤含水量的关系来研究和监测土壤水分。

常常使用表观热惯量(Apparent Thernal Inertia,ATI)来代替真实热惯量 P 来进行土壤含水量的反演，热惯量方程可简化为：

$$ATI=(1-A)/(T_d-T_n)=(1-A)/\Delta T \tag{4.14}$$

式中：A——土壤反照率；

T_d、T_n——分别为白天、夜晚的地表温度(K)，由于地球表面温度在273～330 K之间，其辐射峰值在 $812~\mu m$ 范围；T_d 和 T_n 可分别由 NOAA-AVHRR 第 4 通道的昼夜亮温代替，有研究表明亮温差与实际温度差不超过 IK，对应的 MODIS 数据则相当于第 31 波段的亮温值。

4.2.4 指标适用性分析

根据《新疆维吾尔自治区水资源公报》和《塔河流域水资源公报》对历年干旱事件的详细描述，对比分析气象干旱指标 SPI 与水文干旱指标 SRI 的评价效果，来检验所选指标在塔河流域的适用性。

选取水资源公报中记载的 1994—1998 年的各场干旱事件，依据干旱历时选择相应时间尺度的干旱指标进行评价。例如 1994 年 3～4 月份的气象干旱事件选择 SPI-2 进行评价，1994 年 3～5 月的干旱事件则选择 SPI-3 进行评价，利用流域的面降雨量序列的指标值进行整个区域气象干旱评价。通过对比分析可以得出：SPI、SRI 均能够很好地反映出塔河流域的实际干旱情况，在该流域具有很强的干旱监测，可用来进行干旱特征的分析及干旱预警模型建立。对比检验结果见表 4.5。

表 4.5　干旱指标评价结果与实际旱情对比

干旱事件	干旱情况	指标值	检验结果
1994 年 3~5 月	区域降水稀少	−1.83	严重干旱
	和田降水减少 99.3%	−3.34	极端干旱
	阿克苏降水减少 72.0%	−1.86	严重干旱
1995 年 3~5 月	阿克苏降水减少 79%	−1.97	严重干旱
1996 年 3~4 月	秋季降水稀少	−1.49	中度干旱
	春季降水较常年略偏少	−0.93	轻度干旱
	河道来水减少 10% 左右	−0.49	轻度干旱
1997 年 3~4 月	河道来水量偏少	−1.36	中度干旱
	和田降水减少 95%	−1.98	严重干旱
1998 年春季	和田来水量明显减少	−1.85	严重干旱
	阿克苏来水量显著减少	−1.76	严重干旱
1999 年	冬季降水旱情严重	−1.63	严重干旱
	和田降水阶段性春旱	−1.38	中度干旱
	阿克苏降水出现阶段性春旱	−1.27	中度干旱
	阿克苏降水出现夏旱	−1.39	中度干旱
	和田降水出现局部夏旱	−1.34	中度干旱

4.3　气象干旱识别及演变趋势

4.3.1　气象干旱空间分布

塔河流域涉及范围大,干旱事件的识别应充分考虑流域下垫面和水文气象条件的空间变异性,因此需要对研究区域进行干旱分区。本研究采用主成分分析法对塔河流域干旱分区。主成分分析法的本质是对高维变量进行降维处理,用较少的几个综合指标来代替原来较多的变量指标,同时各综合指标之间又相互独立,具有以下优势:①不受分析变量之间相互依赖性影响;②对正态性有要求但并不严格;③只有存在过多的零值才会影响分析结果。其原理就是通过线性组合的方式对处于时间 i 的 p 个原始变量 $X_{i,1}, X_{i,2}, \cdots, X_{i,p}$ 生成 p 个主成分 $Y_{i,1}, Y_{i,2}, \cdots, Y_{i,p}$,构成以下方程组:

$$
\begin{cases}
Y_{i,1} = a_{11}X_{i,1} + a_{12}X_{i,2} + \cdots + a_{1p}X_{i,p} \\
Y_{i,2} = a_{21}X_{i,1} + a_{22}X_{i,2} + \cdots + a_{2p}X_{i,p} \\
\quad \cdots \\
Y_{i,p} = a_{p1}X_{i,1} + a_{p2}X_{i,2} + \cdots + a_{pp}X_{i,p}
\end{cases}
\tag{4.15}
$$

式中：Y 变量之间具有正交且互不相关的特性；$Y_{i,1}$ 解释了原始变量总方差的主要部分；$Y_{i,2}$ 解释剩余方差的主要部分。线性方程组里的系数为主成分与变量之间的相关系数。

(1) 由于 SPI 的计算过程包含标准化，故可直接采用 SPI 序列进行主成分提取。

(2) 主成分可以通过方差、协方差、相关系数矩阵进行提取，本研究采用相关系数矩阵 $R = (r_{ij})_{p \times p}$。

$$
r_{ij} = \frac{\sum_{k=1}^{n} (x_{ki} - \overline{x}_i)(x_{kj} - \overline{x}_j)}{\sqrt{\sum_{k=1}^{n} (x_{ki} - \overline{x}_i)^2 \sum_{k=1}^{n} (x_{kj} - \overline{x}_j)^2}}
\tag{4.16}
$$

根据特征方程 $|\lambda I - R| = 0$ 计算特征值并按大小顺序排列 $\lambda_1 \geqslant \lambda_2 \geqslant \cdots \geqslant \lambda_p \geqslant 0$；然后求出相应的特征向量。

(3) 计算贡献率及累积贡献率

贡献率 e_m 为：

$$
e_m = \frac{\lambda_i}{\sum_{k=1}^{p} \lambda_k} \quad (i = 1, 2, \cdots, p)
\tag{4.17}
$$

累积贡献率 E_m 为：

$$
E_m = \frac{\sum_{k=1}^{i} \lambda_k}{\sum_{k=1}^{p} \lambda_k} \quad (i = 1, 2, \cdots, p)
\tag{4.18}
$$

取累积贡献率达 70% 左右作为主成分。

(4) 计算主成分载荷

$$
l_{ij} = p(z_i, x_j) = \sqrt{\lambda_i}\, e_{ij} \quad (i, j = 1, 2, \cdots, p)
\tag{4.19}
$$

(5) 为了更清楚的展现各主成分与原始变量之间的关系，采用最大变异法进行因子旋转，该方法使因素轴间夹角保持 90°（即两因素间不相关），通过 V 最大化来实现，计算式为：

$$
V = \sum \sqrt{\sigma}
\tag{4.20}
$$

式中：σ 为每个主成分对应载荷的标准差。旋转后的主成分与原始变量之间得到更高的相关系数,使聚类后的原始变量具有最相似的时变特征。

对于不同尺度的气象干旱指标 SPI,采用上述方法分别提取了各自的主成分,它们对累积方差贡献率均可达到 70% 左右,见图 4.13。

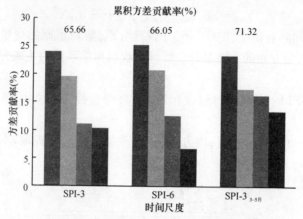

图 4.13　不同尺度 SPI 的主成分方差贡献率

载荷表示各主成分与原始变量的相关系数,与同一主成分相关系数高的变量得以聚类。因此采用因子载荷来划分塔河流域气象干旱空间分布。图 4.14 表明:各站点与其主成分间相关关系显著,并能客观地反映出塔河流域的"四源一干"的干旱空间分布格局,表明通过 SPI 进行干旱分区的可行性。

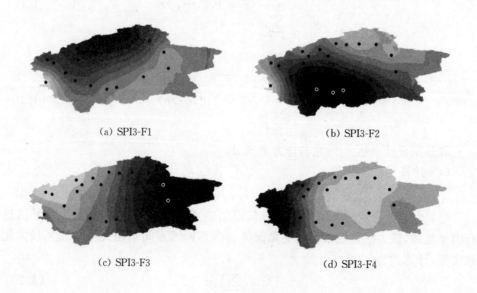

(a) SPI3-F1　　　　　　　　　　　(b) SPI3-F2

(c) SPI3-F3　　　　　　　　　　　(d) SPI3-F4

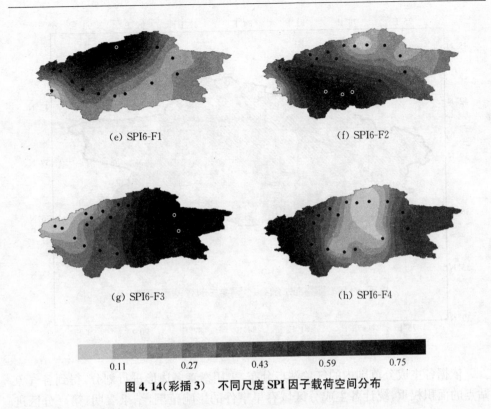

(e) SPI6-F1   (f) SPI6-F2

(g) SPI6-F3   (h) SPI6-F4

0.11   0.27   0.43   0.59   0.75

图 4.14（彩插 3）   不同尺度 SPI 因子载荷空间分布

4.3.2   气象干旱影响范围

塔河流域受春旱影响严重,而 SPI-$3_{3\sim5月}$ 表示春季 3～5 月份的累积降雨量丰枯情况,通过主成分分析法提取出各气象站点 SPI-$3_{3\sim5月}$ 序列的 4 个主成分,其中第一主成分能够代表阿克苏河流域和干流上中游的春季旱涝情况,第二主成分能够代表和田河流域春季的旱涝程度,第三主成分表示开都—孔雀河流域春季旱涝程度,第四主成分代表叶尔羌河流域春季旱涝情况,见图 4.15。

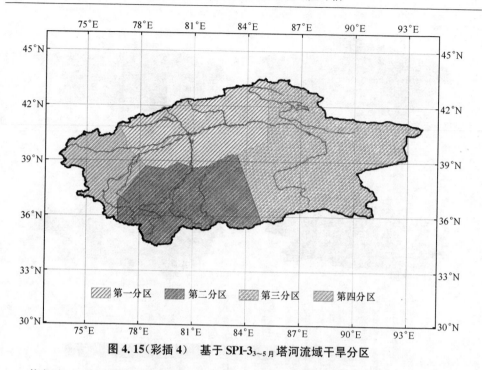

图 4.15(彩插 4) 基于 SPI-3$_{3\sim5月}$塔河流域干旱分区

依据各主成分范围内的气象站点分布,采用泰森多边形进行划分,得到各气象站点的面积权重,统计各主成分区域春旱事件的影响范围,结果表明:第一分区进入 2007 年以后春旱事件的影响范围达到了 100%,以轻度干旱、中度干旱、严重干旱为主,春旱形势严峻;第二分区 2007 年之后春旱的影响范围明显减小,但相应的干旱程度越发严重,以中度干旱和严重干旱的形式出现;第三分区 2002 年之后春旱形势略有缓和,以轻度干旱的形式出现;第四分区 2005 年之后春旱程度加重,影响范围趋于平稳,在 2007 年出现过一次极端干旱事件。综上所述,塔河流域各干旱分区,发生的春旱事件在时间、影响范围和程度上差异显著,如图 4.16 所示。

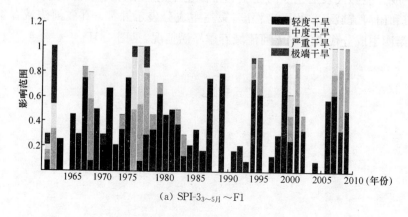

(a) SPI-3$_{3\sim5月}$～F1

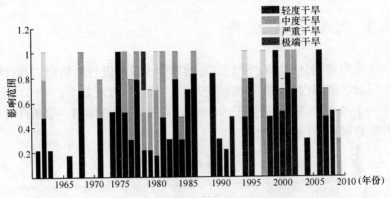

(b) SPI-3$_{3\sim5月}$～F2

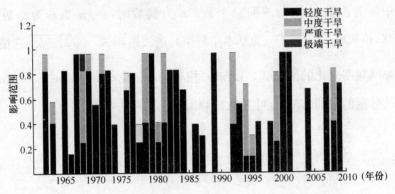

(c) SPI-3$_{3\sim5月}$～F3

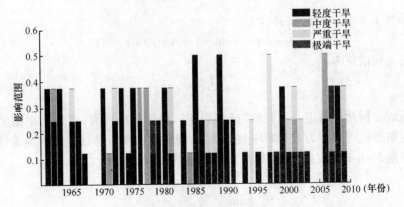

(d) SPI-3$_{3\sim5月}$～F4

图 4.16(彩插 5) 各分区干旱影响范围变化情况

4.3.3　气象干旱演变趋势

进一步采用谐波分析法对 SPI-3$_{3\sim5月}$ 的四个主成分进行周期识别，以诊断塔河流域各干旱分区范围内春季的旱涝演变趋势。其具体方法如下：

对于一个水文、气象时间序列 $x_t (t=1,2,\cdots,n)$，当它满足一定条件时，可以进行傅立叶级数展开，有：

$$x_t = a_0 + \sum_{i=1}^{l} (a_i \cos \omega_i t + b_i \sin \omega_i t) \tag{4.21}$$

或

$$x_t = a_0 + \sum_{i=1}^{l} A_i \cos(\omega_i t + \theta_i) \tag{4.22}$$

式中，i 为波数，l 为谐波的总个数。n 为偶数时，$l=n/2$；n 为奇数时，$l=(n-1)/2$；角频率 $\omega_i = \dfrac{2\pi}{n}i$（$\dfrac{2\pi}{n}$ 为基本角频率）；谐波振幅 $A_i = \sqrt{a_i^2 + b_i^2}$，它描述了谐波的振幅随频率变化的情况（即 A_i 与 ω_i 相对应）；相位 $\theta_i = \arctan\left(-\dfrac{b_i}{a_i}\right)$，$a_0, a_i, b_i$ 为各谐波分量的振幅（即傅立叶系数），利用最小二乘法可求得：

$$\begin{cases} a_0 = \dfrac{1}{n}\sum_{t=1}^{n} x_t \\[2mm] a_i = \dfrac{2}{n}\sum_{t=1}^{n} x_t \cos \omega_i t \\[2mm] b_i = \dfrac{2}{n}\sum_{t=1}^{n} x_t \sin \omega_i t \end{cases} \tag{4.23}$$

序列 x_t 的第 i 个谐波表示为：

$$a_i \cos \omega_i t + b_i \sin \omega_i t = A_i \cos(\omega_i t + \theta_i) \tag{4.24}$$

它的频谱值为：

$$S_i^2 = \frac{1}{2}(a_i^2 + b_i^2) \tag{4.25}$$

频谱分析预先给定一系列的"试验周期"，然后进行计算，得到功率谱值，从而得到周期图或谱图。为了判断序列的周期，需要对功率谱进行周期的显著性检验。本文根据 Fisher 判据来判断，其基本步骤如下：

令

$$S_{i_K}^2 = \max(S_1^2, S_2^2, \cdots, S_K^2) \tag{4.26}$$

若抽样误差是服从标准正态分布 $N(0,1)$ 的独立随机变量，统计量 $Y_K = S_{i_K}^2 / s^2$ 服从 Fisher 分布：

$$P\{y > Y_K\} = \sum_{j=1}^{r} (-1)^{j+1} C_K^{j+1} [1 - (j+1)Y_K]^{K-1} \tag{4.27}$$

式中:r 为满足 $1-(r+1)Y_K>0$ 的最大整数。当显著水平为 α 时,若 $P\{y>Y_K\}<$ α 则认为 $S_{i_K}^4$ 对应的分波为主要周期项,其周期 $L_{i_K}=N/i_K$(第一主要周期)。若 P $\{y>Y_K\}\geqslant\alpha$ 则认为不存在周期。从 $S_1^2,S_2^2,\cdots,S_K^2$ 中除去 $S_{i_K}^2$ 后,对余下的 $K-1$ 个 S_i^2 重复上述步骤,决定第二个主要周期等等,从而达到了提取周期项的目的。

采用谐波分析法得到各主成分的周期项,$\text{SPI}_{3\sim5\text{月}}\sim\text{F1}$ 具有 8.2 年的波动周期,平均每 8.2 年就会经历一次春季丰枯转变过程。$\text{SPI}_{3\sim5\text{月}}\sim\text{F2}$ 存在 5.4 年的周期成分,$\text{SPI}_{3\sim5\text{月}}\sim\text{F3}$ 具有 3.5 年变化周期,$\text{SPI}_{3\sim5\text{月}}\sim\text{F4}$ 变化无序,无明显的波动周期。通过主震荡周期可以预测:阿克苏河流域及干流上中游未来将处于一个由偏枯逐渐向正常转变的阶段,和田河流域将处于一个由正常逐渐向干旱转变的阶段,开都—孔雀河将处于一个由正常逐渐向偏丰转变的阶段,见图 4.17。

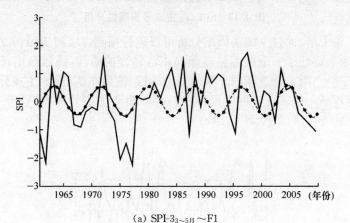

(a) SPI-3$_{3\sim5\text{月}}\sim$F1

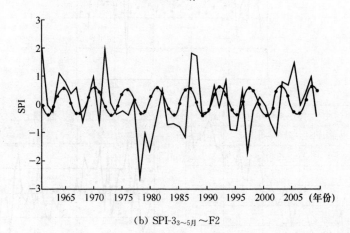

(b) SPI-3$_{3\sim5\text{月}}\sim$F2

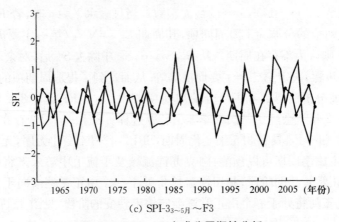

(c) SPI-3_{3~5月}～F3

图 4.17　SPI_{3~5月}主成分周期性分析

对于气象干旱,通过主震荡周期分析可以进行预测。塔河流域西北部(第 1 主成分区域)未来将处于一个由偏枯逐渐向正常转变的阶段,流域西南部(第 2 主成分区域)处于一个由正常逐渐向干旱转变的阶段,流域东部(第 3 主成分区域)处于一个由正常逐渐向偏丰转变的阶段,流域西部(第 4 主成分区域)处于一个由偏枯逐渐向正常转变的阶段(见图 4.18)。

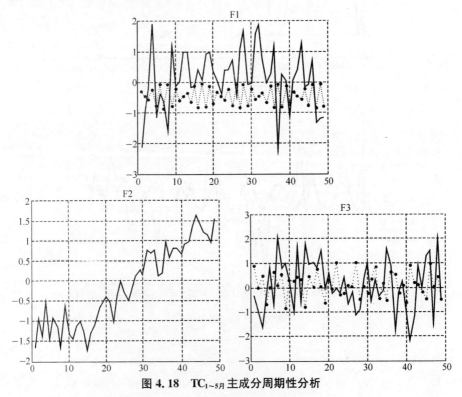

图 4.18　TC_{1~5月}主成分周期性分析

4.4　水文干旱识别及演变趋势

4.4.1　水文干旱识别方法

根据游程理论,设定干旱阈值 R_0、R_1、R_2,当指标值小于或等于 R_0 时发生干旱,当两次干旱事件(干旱历时和干旱烈度分别为 d_1,d_2 和 s_1,s_2)之间只有 1 个时段的干旱指标大于 R_0 但小于 R_2 时,认为这两次干旱是从属干旱,可合并为一次干旱事件,合并后的干旱历时 $D=d_1+d_2+1$,干旱烈度 $S=s_1+s_2$。对于历时只有 1 个时段的干旱事件,其指标值小于 R_1 才被确定为 1 次干旱事件,反之计为是小干旱事件,忽略不计。图中共显示两场干旱事件,干旱历时为 D,干旱烈度为 S,干旱间隔事件为 L,见图 4.19。

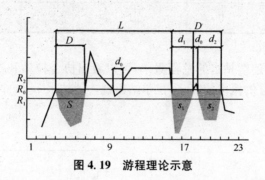

图 4.19　游程理论示意

当连续出现干旱时,则出现连枯月,连枯月的游程概率计算公式如下:

$$P=\rho^{k-1}(1-\rho) \qquad (4.28)$$

$$\rho=(S-S_1)/S \qquad (4.29)$$

式中:P——连续 K 月枯水发生概率;

ρ——模型分布参数,是指在前一月为枯水月条件下连续出现枯水的概率,可由长序列观测资料计算;

S——序列中枯水累积月数;

S_1——包括 $K=1$ 在内的各种长度连枯月发生频次的累计值。

根据协合拉站、沙里桂兰克站及阿拉尔站 1961—2007 年的 SRI-1 序列,选取阈值水平 $R_0=0$,$R_1=-1$,$R_2=1$ 对干旱事件进行提取,协合拉站 1961—2007 年间发生过 41 场干旱事件,平均干旱历时和干旱烈度为 8.02 个月和 4.99,最长干旱历时为 39 个月,发生在 1974 年 6 月~1977 年 8 月,对应的干旱烈度为历史最大值。平均干旱间隔时间 15.83 个月,表示平均 15.83 个月发生一场干旱事件;沙里桂兰克站发生 36 场干旱事件,最长历时干旱发生在 1961 年 1 月~1964 年 5 月,这场干旱的烈度达 37.35,最大烈度干旱发生在 1984 年 9 月~1987 年 6 月,这场干旱历时长达 34 个月;阿拉尔站发生 60 场干旱事件,最长历时干旱发生在 1990 年 11 月~1991 年 12 月,对应的干旱烈度为 7.14,最大烈度干旱发生在 1974 年 9 月~1975 年 9 月,干旱历时达 13 个月。统计结果见表 4.6。

表 4.6　各水文站干旱特征统计结果

站　名	干旱场次	干旱间隔均值	干旱历时均值	干旱历时最大值	干旱烈度均值	干旱烈度最大值	Pearson 相关系数
协合拉站	41	15.83	8.02	39	4.99	25.01	0.91
沙里桂兰克站	36	17.3	8.22	41	6.21	39.58	0.94
阿拉尔站	60	10.54	4.82	14	3.83	13.19	0.85

通过各水文站连续枯水的游程概率,可以看出协合拉站和沙里桂兰克站出现连续枯水 1~2 个月的概率较高,阿拉尔站出现连续枯水 1~4 个月的概率较高,如图 4.20 所示。

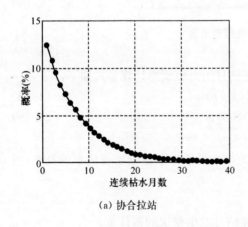

（a）协合拉站

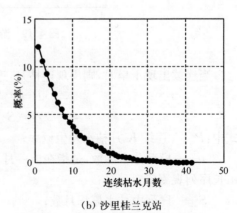

（b）沙里桂兰克站

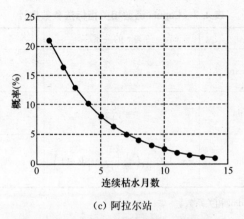

(c) 阿拉尔站

图 4.20 各水文站点连续枯水游程概率

综合分析各水文站点的干旱特征,协合拉站 80 年代以前的干旱事件具有长历时、高烈度的特点,在 80 年代之间干旱事件具有长历时、低烈度的变化趋势,进入 90 年代以后协合拉站进入偏湿期,干旱事件常有短历时、低烈度的特点;沙里桂兰克站 90 年代之前干旱事件频发,而且各场次干旱持续时间较长,干旱烈度较大。90 年代之后干旱烈度偏小,干旱事件发生较少;阿拉尔站进入 90 年代之后,干旱灾害频发,且连续枯水的持续时间长,干旱烈度较大,干旱形势日趋严峻。

4.4.2 水文干旱重现期及烈度

通过干旱历时和干旱烈度来描述干旱事件分析干旱频率时,需要计算两者联合概率分布函数,Copula 函数是实现这种相关性分析的有效方法,其中最常用的函数有 Gumbel-Hougaard、Clayton 和 Frank Copula。令 $u=F_D(d)$,$v=F_S(s)$,则三者表示为:

$$F_{D,S}(d,s) = \exp\{-[(-\ln u)^\theta + (-\ln v)^\theta]^{1/\theta}\} \tag{4.30}$$

$$F_{D,S}(d,s) = (u^{-\theta} + v^{-\theta} - 1)^{-1/\theta} \tag{4.31}$$

$$F_{D,S}(d,s) = -\frac{1}{\theta}\ln\left[1 + \frac{(e^{-\theta u} - 1)(e^{-\theta v} - 1)}{(e^{-\theta} - 1)}\right] \tag{4.32}$$

本研究采用相关指标法和极大似然法进行 Copula 函数参数估计:

(1) 相关指标法

Copula 函数相关指标法参数估计见表 4.7。

表 4.7   Copula 函数相关指标法参数估计

连接函数	θ 与 τ 的关系	适用范围
Gumbel-Hougaard	$\tau = 1 - \dfrac{1}{\theta}$	变量正相关
Clayton Copula	$\tau = \dfrac{\theta}{2+\theta}$	变量正相关
Frank Copula	$\tau = 1 + \dfrac{4}{\theta}\left(\dfrac{1}{\theta}\int_0^{\theta}\dfrac{t}{e^t-1}\mathrm{d}t - 1\right)$	变量正/负相关

注:表中 τ 为 Kendall 相关系数。

(2) 极大似然法

$$L(\theta) = \prod_{i=1}^{n} c((u_1, u_2); \theta) \tag{4.33}$$

$$c((u_1, u_2); \theta) = \frac{\partial^2 C(u_1, u_2)}{\partial u_1 \partial u_2} \tag{4.34}$$

$$\ln(L(\theta)) = \sum_{i=1}^{n} \ln(c((u_1, u_2); \theta)) \tag{4.35}$$

$$\frac{\partial \ln(L(\theta))}{\partial \theta} = 0 \tag{4.36}$$

式中:$L(\theta)$——似然函数;

$u_1 = F_D(d); u_2 = F_S(s); c((u_1, u_2);$

$\theta)$——二维 Copula 函数的密度函数。

二维 Copula 函数经验频率计算公式如下:

$$P_o(i) = (m_i - 0.44)/(n + 0.12) \tag{4.37}$$

式中:m_i——表示联合观测样本中满足条件 $D \leqslant d_i$ 且 $S \leqslant s_i$ 的观测个数;

n——样本容量。

采用均方根误差评定各种 Copula 函数拟合结果,计算式为:

$$R_{RMSE} = \sqrt{\frac{1}{n}\sum_{i=1}^{n}\left[P_c(i) - P_o(i)\right]^2} \tag{4.38}$$

式中:$P_c(i)$——理论联合频率值;

$P_o(i)$——为经验联合频率值。

根据重现期来描述干旱事件的严重性,干旱历时与干旱烈度联合分布的重现期包括 $D>d$ 或 $S>s$ 和 $D>d$ 且 $S>s$ 两种情况:

$$T_{DS} = \frac{E(L)}{P[D>d \cap S>s]}$$

$$=\frac{E(L)}{1-F_D(d)-F_S(s)+F_{D,S}(d,s)} \tag{4.39}$$

$$T_{DS}'=\frac{E(L)}{P[D>d\cup S>s]}=\frac{E(L)}{1-F_{D,S}(d,s)} \tag{4.40}$$

式中：T_{DS}——干旱事件的同现重现期（$D>d$ 且 $S>s$）；

　　　T_{DS}'——干旱事件的联合重现期（$D>d$ 或 $S>s$）；

　　　$E(L)$——干旱间隔的期望值。

　　干旱历时与干旱烈度具有正相关性，即干旱历时越长，对应的干旱烈度越大。各站点干旱历时与干旱烈度 Pearson 相关系数均达到 0.85 以上，具有很好的相关性。以协合拉站为例，对干旱历时和干旱烈度进行频率分析，假定干旱历时与干旱烈度分别服从指数分布和 Gamma 分布，应用极大似然法估计参数，同时采用 Kolmogorov-Smirnov 进行检验，干旱历时和干旱烈度 K-S 统计检验值分别为 0.107 1 和 0.126 8，显著水平 0.01 对应的临界值是 0.2546，因此可认为干旱历时和干旱烈度分别服从指数分布和 Gamma 分布，见图 4.21。

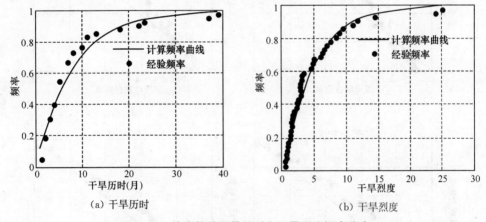

图 4.21　协合拉站干旱历时和干旱烈度概率分布

　　采用上述三种 Copula 函数建立干旱历时与干旱烈度之间的联合分布，分别运用相关指标法和极大似然法估计 Copula 函数参数，绘制了两种参数估计方法的理论与经验频率的相关图，如图 4.22 所示。

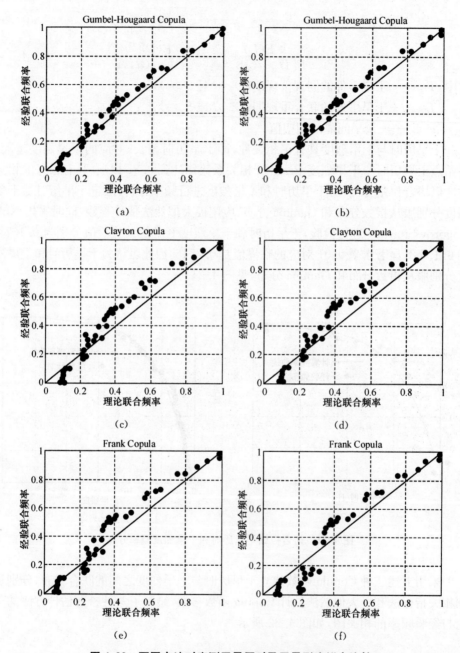

图 4.22　不同方法对实测干旱历时及干旱烈度拟合比较

　　利用均方根误差检验不同 Copula 函数和不同参数估计方法对实测干旱历时和干旱烈度的拟合程度,结果表明:协合拉站的干旱联合概率分布应选用 Gumbel-

Hougaard Copula 连接函数,沙里桂兰克站选用 Frank Copula 函数,阿拉尔站选取 Gumbel-Hougaard Copula 函数;采用极大似然法较相关指标法拥有更好的估计效果,可得到干旱历时与干旱烈度的最优联合概率分布,见表 4.8。

表 4.8 各水文站 Copula 参数估计及评价指标计算结果

站名	参数	估计方法	Gumbel-Hougaard	Clayton	Frank
协合拉站	θ	相关指标法	2.311 3	2.622 7	7.117 1
		极大似然法	2.598 5	2.100 8	7.435 2
	R_{RMSE}	相关指标法	0.054 5	0.064 5	0.053 6
		极大似然法	0.050 1	0.069 8	0.052 4
沙里桂兰克站	θ	相关指标法	3.437 4	4.874 9	11.839 6
		极大似然法	3.262 0	2.900 5	12.886 5
	R_{RMSE}	相关指标法	0.088 9	0.095 1	0.085 9
		极大似然法	0.090 7	0.111 3	0.083 8
沙里桂兰克站	θ	相关指标法	2.731 1	3.462 3	8.909 2
		极大似然法	2.375 7	1.151 7	8.038 3
	R_{RMSE}	相关指标法	0.040 4	0.056 7	0.047 1
		极大似然法	0.038 6	0.066 4	0.046 0

选取不同的边缘分布重现期得到联合分布重现期,边缘分布的重现期介于 T'_{DS} 与 T_{DS} 之间,联合分布的两种重现期可以看作边缘分布的两种极端情况。可以根据联合分布的重现期作为实际干旱重现期的区间估计,当边缘分布的重现期为 100 年时,协合拉站实际发生干旱的重现期在 76.7~143.5 年之间,见表 4.9。

表 4.9 协合拉站不同重现期下的干旱历时与干旱烈度

重现期(年)	干旱历时(月)	干旱烈度	T'_{DS}(年)	T_{DS}(年)
2	3.3	2.3	1.7	2.3
5	10.7	6.7	4.0	6.7
10	16.3	9.9	7.8	13.9
20	21.8	13.1	15.5	28.3
50	29.17	17.2	38.4	71.5
100	34.73	20.4	76.7	143.5

根据协合拉站干旱要素同现重现期与联合重现期分布图,协合拉站 1974 年

6月—1977年8月的干旱事件,干旱历时达到170年一遇的水平,对应的干旱烈度重现期为280年一遇,两者的联合重现期 T'_{DS} 是155年,而同现重现期 T_{DS} 则达到了330年一遇的水平,见图4.23。

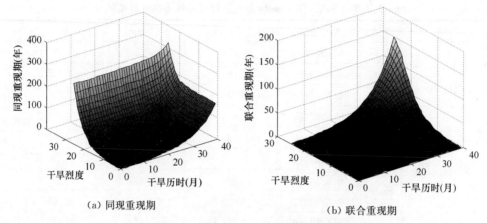

（a）同现重现期　　　　　　　　（b）联合重现期

图4.23　协合拉站干旱要素同现重现期和联合重现期分布图

4.4.3　水文干旱演变趋势

塔河流域各站水文干旱演变趋势见图4.24。

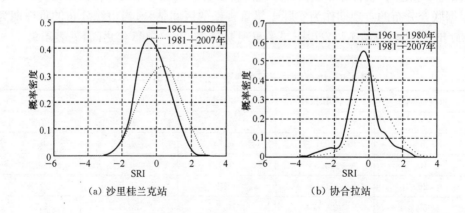

（a）沙里桂兰克站　　　　　　　　（b）协合拉站

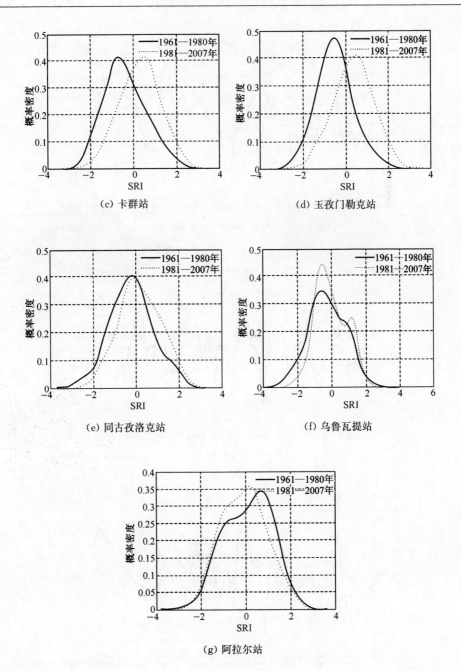

(c) 卡群站

(d) 玉孜门勒克站

(e) 同古孜洛克站

(f) 乌鲁瓦提站

(g) 阿拉尔站

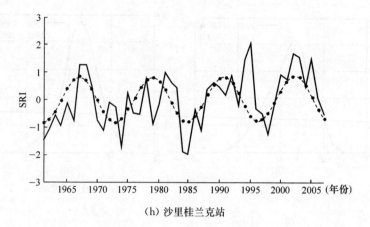

（h）沙里桂兰克站

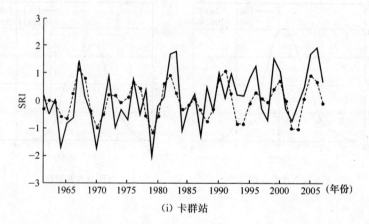

（i）卡群站

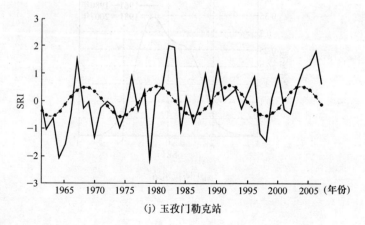

（j）玉孜门勒克站

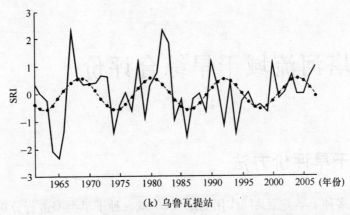

(k) 乌鲁瓦提站

图 4.24　流域主要代表水文站 SRI-3$_{3\sim5月}$ 演变周期分析

　　由于春季来水量关系到春季可引用水量,同样地采用谐波周期法对塔河流域主要代表水文站的 SRI-3$_{3\sim5月}$ 指标值进行周期识别,可以发现沙里桂兰克站、玉孜门勒克站、乌鲁瓦提站三站春季径流量具有同样的丰枯演变周期,演变周期为11.75年;卡群站春季旱涝演变周期为 4.7 年与 7.8 年的混合演变周期;协合拉站无明显的周期变化;通过各站主震荡周期可以预测出未来一段时期内塔河源流区春季径流量将处在一个由偏丰逐渐向偏枯转变的阶段,各站点演变周期能够为未来塔河流域的旱情预测提供重要的参考价值。

4.5　本章小结

　　对流域的气象水文干旱特征及演变规律进行了详细分析。运用主成分分析法对气象干旱进行分区,基于各分区范围内气象站点的面积权重,统计了各分区春旱事件的影响范围。

　　运用三阈值游程理论对各站点的干旱事件进行提取,分析各站点的干旱历时和干旱烈度的变化特征;通过 Copula 函数建立了干旱历时与干旱强度的联合分布,得到各场干旱事件的联合重现期和同现重现期;采用谐波分析法提取了各水文站点的春季旱涝周期。并通过联合分布较好的实现了干旱事件重现期预测,研发了干旱预警模型,在中尺度预测上应用效果较好。

5 塔河流域干旱综合评价

5.1 干旱评价方法

旱灾是多种干旱类型共同作用的结果,单就一种干旱类型进行分析是不完整的。同时,各干旱类型在优劣上是渐变的,具有模糊性。所以,采取模糊数学的方法评价各个因素,可以获得较为合理的评价结果。本研究采取模糊物元理论将单个干旱类型综合考虑,得出相对应的干旱判别等级,进行综合干旱评价。基本原理为:

1) 模糊物元

物元包括对象的名称、指标和量值。记 m 个评价对象,n 个指标的复合模糊评价物元 R,即

$$R=\begin{bmatrix} & M_1 & \cdots & M_n \\ C_1 & x_{11} & \cdots & x_{1n} \\ \vdots & \vdots & & \vdots \\ C_m & x_{m1} & \cdots & x_{mn} \end{bmatrix} \tag{5.1}$$

式中:R——m 个评价对象 n 个指标的复合物元;

$C_i(i=1,2,\cdots,m)$——第 i 个评价对象;

$M_j(j=1,2,\cdots,n)$——第 j 个指标;x_{ij} 为第 i 个评价对象第 j 个指标对应的模糊量值。

2) 从优隶属度

各指标的模糊量值从属于标准方案最优指标对应模糊量值的隶属程度,称为从优隶属度。各评价指标对于方案评价来说,有的是越大越优,有的是越小越优,因此,对不同的从优隶属度分别采用不同的计算公式:

(1) 越大越优型

$$\mu_{ij}=\frac{x_{ij}-\min\{x_{ij}\}}{\max\{x_{ij}\}-\min\{x_{ij}\}} \tag{5.2}$$

(2) 越小越优型

$$\mu_{ij} = \frac{\max\{x_{ij}\} - x_{ij}}{\max\{x_{ij}\} - \min\{x_{ij}\}} \tag{5.3}$$

式中:μ_{ij}——从优隶属度;

$\max\{x_{ij}\}$和$\min\{x_{ij}\}$分别表示在第j项指标下,m个评价对象相对应的指标值的最大值和最小值。

由此可以建立从优隶属度矩阵$\boldsymbol{R}_{mn}$为:

$$\boldsymbol{R}_{mn} = (\mu_{ij})_{m \times n} = \begin{bmatrix} \mu_{11} & \cdots & \mu_{1n} \\ \vdots & & \vdots \\ \mu_{m1} & \cdots & \mu_{mn} \end{bmatrix} \tag{5.4}$$

3) 差平方矩阵

标准模糊物元R_{on}是指从优隶属度模糊物元R_{mn}中各评价指标的从优隶属度的最大值或最小值。本次以最大值表示最优,即各指标从优隶属度均为1。若以$\Delta_{ij}(i=1,\cdots,m;j=1,\cdots,n)$表示标准模糊物元$R_{on}$与从优隶属度矩阵$\boldsymbol{R}_{mn}$中元素差的平方,则组成差平方矩阵$\boldsymbol{R}_\Delta$为:

$$\Delta_{ij} = (\mu_{oj} - \mu_{ij})^2 \tag{5.5}$$

$$\boldsymbol{R}_\Delta = \begin{bmatrix} \Delta_{11} & \cdots & \Delta_{1n} \\ \vdots & & \vdots \\ \Delta_{m1} & \cdots & \Delta_{mn} \end{bmatrix} \tag{5.6}$$

4) 熵值法确立权重

熵值可以反映系统的无序程度,量化已知的有用信息。熵值法是由评价指标值构成的判断矩阵来确定各个指标权重的一种方法,它能尽量消除各指标权重的主观性,使评价结果更符合实际,其评价指标的熵值计算步骤如下:

(1) 构建m个评价对象和n个指标的判断矩阵$\boldsymbol{H}$

$$\boldsymbol{H} = (h_{ij})_{mn} = \begin{bmatrix} h_{11} & h_{12} & \cdots & h_{1n} \\ h_{21} & h_{22} & \cdots & h_{2n} \\ \cdots & \cdots & \cdots & \cdots \\ h_{m1} & h_{m2} & \cdots & h_{mn} \end{bmatrix} \quad (i=1,2,\cdots,m; j=1,2,\cdots,n) \tag{5.7}$$

(2) 将判断矩阵$\boldsymbol{H}$进行归一化处理

以l_{ij}表示在第j项指标上第i个评价对象的标准化数值,那么根据标准化定义则有$l_{ij} \in [0,1]$。根据式(3.10)可计算得到归一化矩阵$\boldsymbol{L}$,即

$$\boldsymbol{L} = (l_{ij})_{mn} = \begin{bmatrix} l_{11} & l_{12} & \cdots & l_{1n} \\ l_{21} & l_{22} & \cdots & l_{2n} \\ \cdots & \cdots & \cdots & \cdots \\ l_{m1} & l_{m2} & \cdots & l_{mn} \end{bmatrix} \quad (i=1,2,\cdots,m; j=1,2,\cdots,n) \tag{5.8}$$

（3）计算指标熵值

以 p_{ij} 表示第 j 项指标上第 i 个评价对象的比重，则：

$$p_{ij} = \frac{1 + l_{ij}}{\sum_{i=1}^{m} (1 + l_{ij})} \quad (i = 1, 2, \cdots, m; \; j = 1, 2, \cdots, n) \tag{5.9}$$

以 e_j 表示第 j 项指标的熵值，根据熵的定义，则：

$$e_j = -\frac{1}{\ln(m)} \left(\sum_{i=1}^{m} p_{ij} \ln p_{ij} \right) \quad (j = 1, 2, \cdots, n) \tag{5.10}$$

特别地，当 $p_{ij} = 0$ 时，$p_{ij} \ln p_{ij} = 0$。

（4）计算权重 W

在熵值计算结果的基础上，根据式（3.19）?? 可计算各指标的权重：

$$W = (w_j)_{1 \times n}, \text{其中 } w_j = \frac{1 - e_j}{\sum_{j=1}^{n} (1 - e_j)} \tag{5.11}$$

显然，有 $0 \leqslant w_j \leqslant 1$，且 $\sum_{j=1}^{n} w_j = 1$。

（5）干旱评价贴近度

贴近度是指被评价样本与标准样本两者之间互相接近的程度，贴近度越大，表示两者越接近，反之则相离越远。因此，可以根据贴近度的大小对各方案进行优劣排序，也可以根据标准值的贴近度进行类别划分。可以用模糊算子来计算和构建贴近度模糊物元矩阵 $R_{\rho H}$：

$$R_{\rho H} = \begin{bmatrix} & M_1 & \cdots & M_n \\ \rho H_j & \rho H_1 & \cdots & \rho H_n \end{bmatrix} \tag{5.12}$$

式中：ρH_j 为贴近度模糊物元矩阵 $R_{\rho H}$ 中的第 j 个贴近度，计算式为：

$$\rho H_j = 1 - \sqrt{\sum_{i=1}^{m} w_i \Delta_{ij}} \tag{5.13}$$

通过 ρH_j 之间的欧式距离来判断评价事物隶属的标准。

5.2　干旱特征统计及关联性分析

为了减少站点资料观测误差、干旱指标计算方法或者是局部地区气候异常等因素可能带来的影响，本研究以一定的影响范围作为判定流域干旱事件是否发生的阈值水平，即当干旱影响范围超过该阈值水平时才认为塔河流域出现干旱事件。不同阈值水平（0%，10%，20%，30%，40%和50%）提取出来的干旱事件特征统计见表 5.1。

表 5.1 塔河流域气象干旱与农业干旱事件特征统计

干旱类型	阈值水平	干旱场数	历时 L(月)			范围 A(%)			程度 S		
			最大值	最小值	平均值	最大值	最小值	平均值	最大值	最小值	平均值
气象干旱	0%	34	44	1	10.1	55.7	2.6	15.5	−0.83	−0.03	−0.21
	10%	38	18	1	5.4	61.9	10.6	26.2	−0.90	−0.13	−0.36
	20%	30	10	1	4.3	61.9	20.3	35.9	−0.90	−0.25	−0.50
	30%	19	10	1	4.7	61.9	30.5	46.1	−0.90	−0.38	−0.65
	40%	17	8	1	3.4	69.3	40.2	53.0	−1.05	−0.58	−0.77
	50%	14	7	1	2.5	78.0	50.6	61.0	−1.08	−0.60	−0.85
农业干旱	0%	41	48	1	6.6	55.7	1.9	11.2	0.001	0.043	0.012
	10%	29	23	1	4.6	70.3	10.3	28.0	0.005	0.050	0.028
	20%	22	13	1	4.4	70.3	20.6	39.4	0.019	0.070	0.038
	30%	17	12	1	4.1	76.0	32.0	49.5	0.019	0.070	0.044
	40%	14	10	1	3.6	76.2	41.7	56.1	0.022	0.070	0.050
	50%	11	9	1	3.3	83.2	50.5	68.8	0.037	0.098	0.061

从表 5.1 可见,当阈值水平从 0% 扩展至 10% 时,长历时的气象干旱事件被截断成数次历时相对较短的事件,导致干旱总次数的上升,随着阈值水平的继续提高,影响范围较小的气象干旱事件逐渐被过滤掉,干旱总次数下降;不同阈值水平下提取出来的气象干旱事件,范围越大,程度越严重。这种规律可以通过统计主要的干旱事件得到证实。分别依据历时、范围和程度列举了 1961—2000 年发生的主要干旱事件(前 3 位),不难发现 1961—1965 年(红色)和 1974—1981 年(蓝色)两个时期发生的干旱事件均以历时长、范围大和程度严重为特征。相反,1997—2000 年间(黄色)发生的农业干旱事件具有历时长和范围大的显著特征,但程度并没有特别严重,说明极端的农业干旱事件多以历时短且范围小的形式在局部地区发生,见表 5.2。

表 5.2(彩插 6)　塔河流域主要干旱事件统计表

干旱类型	阈值水平	历时 L(月)			范围 A(%)			程度 S		
		1	2	3	1	2	3	1	2	3
气象干旱	0%	69/72	61/64	75/78	78/79	61/64	80/81	78	80/81	85
	10%	76/77	61/62	75	63	78	71	78	63	86
	20%	78	94	80	63	78	61	78	61	63
	30%	78	80	75	63	78	61	78	61	94
	40%	61	78	63	78	63	71	78	71	63
	50%	78	63	61	75	78	63	75	78	94
农业干旱	0%	97/00	80/81	61/62	97/00	78	63	68	93	67
	10%	98/00	97	80/81	97	63	00	61	65	73
	20%	98/99	97	78	97	00	63	63	87	90
	30%	97	00	78	98	97	99	94	87	74
	40%	97	00	98	97	98	99	87	69	97
	50%	97	00	98	00	97	98	97	63	81

图 5.1 显示在影响范围为 10% 的阈值水平下,根据不同干旱特征统计得出塔河流域干旱事件累积频率分布。在气象干旱和农业干旱中,历时小于或等于 2 个月的干旱事件均占据了 35% 以上,说明这种短历时的干旱事件发生频率相对较高;农业干旱历时在 12~23(月)之前存在一明显间隙,查看表 5.2 可知是由 1998—2000 年异常偏长的农业干旱事件导致;与历时相比,干旱范围和程度的分布曲线显得较为连续均匀,因此可作为分析区域干旱事件发生的重要依据。

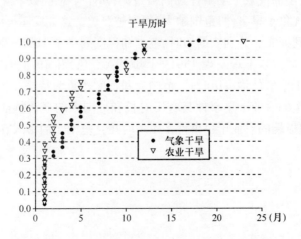

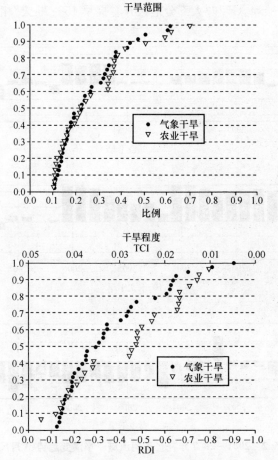

图 5.1 10%阈值水平下塔河流域干旱事件累积频率分布

5.3 托什干河流域评价应用

首先根据流域内代表气象站和水文站的资料进行干旱指标计算,并对各干旱类型进行单因素评价。2001—2007 年托什干河流域三大干旱的演变趋势见图 5.2。

2001—2005 年 RDI 均大于 0,说明流域未出现明显的气象干旱事件;直到 2006 年 5 月 RDI 达到−0.64,显示发生轻微的春旱事件,与当年水资源公报描述的"春季 4 月下旬～5 月中旬,南疆地区普遍偏高 0.5～0.8 ℃,大部分地区降水量偏少 20%～70%"基本吻合;2007 年 5 月 RDI 值再次达到−1.04,说明春季再次发生了中等级别的干旱事件,与该年水资源公报描述的"今春,南疆大部分地区气温较常年偏高 0.2~4.4 ℃"和"大部分地区开春提早 15~25 天"相符。

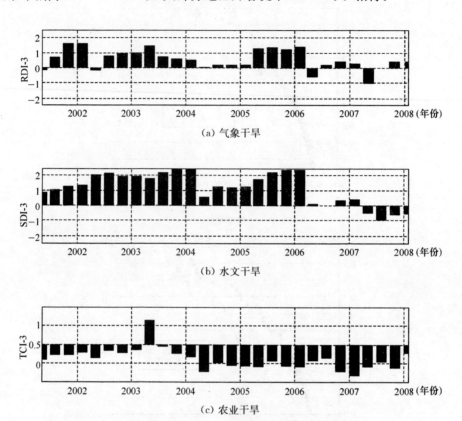

(a) 气象干旱

(b) 水文干旱

(c) 农业干旱

图 5.2　2001—2007 年托什干河流域干旱演变趋势(3 月尺度)

　　2001—2005 年前托什干河一直处于平水或丰水期,到 2006 年径流量有所下降,但仍维持正常水平,而 2007 年全年 SDI 均低于-0.5,特别是 8 月的 SDI 值更低至-0.95,说明该流域发生了持续整年的水文干旱事件,与当年的水资源公报"流域主要河流在主汛期来水量偏少幅度较大,为历史罕见,导致南疆各地出现了春、夏、秋连旱"和"阿克苏地区的托什干河河流水量较历年同期偏少 8%,造成灌溉供需矛盾进一步加剧"等描述一致。

　　利用综合干旱评价模型,对 2007 年 6 月托什干河流域进行干旱评价,并对评价结果与实际历史资料进行对比分析,以检验其合理性。托什干河流流域主要代表站点为阿合奇气象站和沙里桂兰克水文站,根据阿合奇站 2007 年 6 月的实测降雨和沙里桂兰克的径流资料,得到 SPI-3、SPI-6、SRI 三个干旱指标,见表 5.3。

表 5.3 托什干河流域 2007 年 6 月旱情评价指标值

评价对象及标准	SPI-3	SPI-6	SRI
托什干河流域	−1.84	−1.82	−1.06
无干旱	0	0	0
轻度干旱	−0.5	−0.5	−0.5
中度干旱	−1.25	−1.25	−1.25
严重干旱	−1.75	−1.75	−1.75
极端干旱	−2	−2	−2

由于 SPI-3、SPI-6、SRI 均属于越大越优型(越大越不干旱),对指标进行归一化处理,得到从优隶属度矩阵:

$$\boldsymbol{R}_{mn} = \begin{bmatrix} 0.08 & 0.09 & 0.47 \\ 1 & 1 & 1 \\ 0.75 & 0.75 & 0.75 \\ 0.375 & 0.375 & 0.375 \\ 0.125 & 0.125 & 0.125 \\ 0 & 0 & 0 \end{bmatrix} \tag{5.14}$$

差平方矩阵:

$$\boldsymbol{R}_{\Delta} = \begin{bmatrix} 0.846\,4 & 0.828\,1 & 0.280\,9 \\ 0 & 0 & 0 \\ 0.062\,5 & 0.062\,5 & 0.062\,5 \\ 0.390\,6 & 0.390\,6 & 0.390\,6 \\ 0.765\,6 & 0.765\,6 & 0.765\,6 \\ 1 & 1 & 1 \end{bmatrix} \tag{5.15}$$

干旱评价指标的权重:

$$W = \begin{bmatrix} 0.357\,2 & 0.353\,7 & 0.289\,1 \end{bmatrix} \tag{5.16}$$

干旱评价贴近度:

$$R_{qH} = \begin{bmatrix} 托什干河流域 & 无干旱 & 轻度干旱 & 中度干旱 & 严重干旱 & 极端干旱 \\ 0.177\,5 & 1 & 0.75 & 0.375\,0 & 0.125\,0 & 0 \end{bmatrix} \tag{5.17}$$

托什干河流域 2007 年 6 月的干旱状况与中度干旱的欧式距离为 0.197 5,与严重干旱的欧式距离为 0.052 5,故评价托什干河流域 2007 年 6 月为严重干旱月。根据塔河流域水资源公报记载,2007 年 6 月持续高温少雨,同时径流偏少,水资源严重不足。运用模糊物元模型评价的干旱情况与托什干河流域的实际干旱情况相吻合,表明计算结果合理。

综合干旱评价体系中,气象干旱与水文干旱对实际干旱的重要程度因评价范围和目的而定,并可以不断向外扩展和开放,能够随着日后水库水位和地下水位等资料的补充而不断完善,对不同水功能区可以根据决策情景综合主观及客观权重系数,对不同部门应对干旱灾害提供客观的技术支持。

5.4　未来径流变化趋势分析

干旱作为全球最为常见的极端气候事件,制约着经济发展和人类生活质量的提高,使本已极为脆弱的生态环境更趋恶化。根据政府间气候变化专门委员会第四次评估报告(IPCC AR4)的研究结果,未来随着全球变暖,以干旱和洪涝为代表的一些极端气候事件发生的频率和强度将会持续加强。在全球气候变暖的背景下,近 50 年来我国干旱发生的频率和强度也最为显著,给人们的社会生活和经济发展带来了严重的影响。因此,探索干旱等极端气候事件未来的可能变化及影响对政府部门制定防灾减灾决策服务等具有积极的意义。

5.4.1　未来气候变化情景

《IPCC 排放情景特别报告》中所描述的 SRES 情景,可分为探索可替代发展路径的四个情景族(A1,A2,B1 和 B2),涉及人口、经济和技术驱动力以及由此产生的温室气体排放等内容。排放预估结果被广泛用于评估未来的气候变化。

A1 情景假定这样一个世界:经济增长非常快,全球人口数量峰值出现在本世纪中叶,新的和更高效的技术被迅速引进。A1 情景分为三组,分别描述了技术变化中可供选择的方向:化石燃料密集型(A1FI)、非化石燃料能源(A1T)以及各种能源之间的平衡(A1B)。B1 情景描述了一个趋同的世界:全球人口数量与 A1 情景相同,但经济结构向服务和信息经济方向更加迅速地调整。B2 情景描述了一个人口和经济增长速度处于中等水平的世界:强调经济、社会和环境可持续发展的具体解决方案。A2 情景描述了一个很不均衡的世界:人口快速增长、经济发展缓慢、技术进步缓慢。对任何的 SRES 情景均未赋予任何可能性。

　　气候变化研究中,各个全球气候模式(Global Climate Models,GCMs)对不同地区的模拟效果不尽相同,许多科学家的研究证明多个模式的平均效果优于单个模式的效果。因此,国家气候中心对参与 IPCC AR4 的 20 多个不同分辨率的 GCMs 的模拟结果经过插值降尺度计算,将其统一到同一分辨率下,对其在东亚地区的模拟效果进行检验,利用可靠性加权平均(Reliability Ensemble Averaging,REA)方法进行多模式集合,制作成一套 1901—2100 年逐月平均资料,提供给从事气候变化影响研究的科研人员使用。REA 加权平均数据在不同 SRES 情景下所使用的模式数量为:SRESA1B、B1 情景下 17 个模式,SRESA2 情景下 16 个模式。数据分辨率为 1°×1°,海洋—陆地区域格点分布见图 5.3。

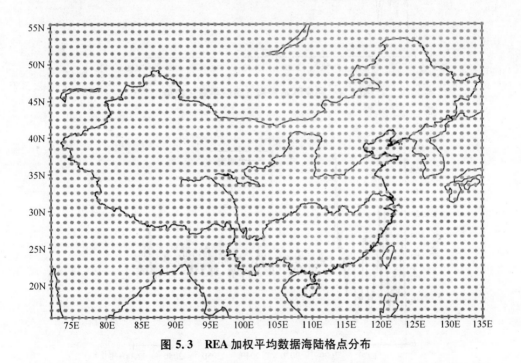

图 5.3　REA 加权平均数据海陆格点分布

　　将 REA 加权平均数据从原始格点插值校正到观测站点上,得到对应站点在不同情景下气候变化的预估结果。以阿克苏气象站为例,图 5.4 及图 5.5 分别显示在 A1B、A2 和 B1 情景下阿克苏站的气温和降水的未来逐年变化趋势。站点尺度的未来气候变化预估数据可作为流域水文模型的驱动场,用以模拟分析关注的地区对气候变化的水文响应,包括河流水量的季节分配、极端洪旱事件的特征演变以及高山冰川物质平衡改变等,该数据也对评估气候变化和水资源时空格局的影响有着深刻的意义。

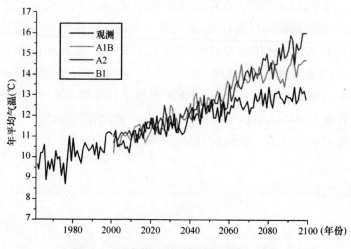

图 5.4　阿克苏站未来气温逐年变化趋势

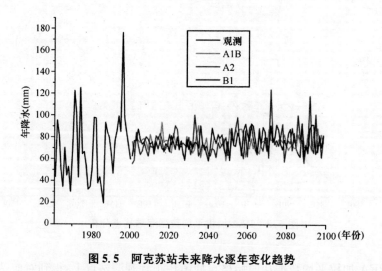

图 5.5　阿克苏站未来降水逐年变化趋势

5.4.2　冰雪水文模型构建

阿克苏河作为塔河上游"三源流"中最重要一源,占据塔河干流水量的 70%～

80%,其北支昆马力克河拥有 1.28 万 km² 的流域面积,以高山降雨及冰雪消融为主的方式补给径流,与阿克苏河下游相比受人类活动影响较少,因此被选取为分析塔河流域未来干旱情景的典型代表流域。针对此流域超过 20%的冰川覆盖率,本研究构建了月尺度冰雪水文模型用以探索其独特的产汇流规律。

冰雪物质平衡方案:

本研究中冰雪物质平衡的参数化方案所基于的是中国冰川编目及相应的冰川目录数据库。中国冰川编目是在航空相片校对地形图和野外考察的基础上,逐条量算冰川面积、类型、雪线高度以及冰储量等 34 项形态指标,最后集成为《中国冰川目录》12 卷 22 册,并附有冰川分布图 195 幅。为便于科学研究和生产部门使用,编写了《简明中国冰川目录》中英文版专著,并建立了冰川目录数据库,见图 5.6。

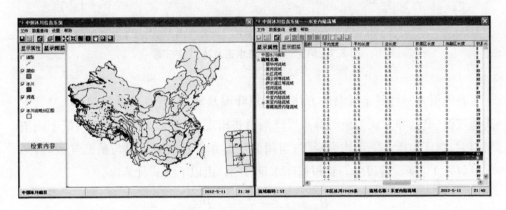

图 5.6 中国冰川目录数据库

在 ArcGIS 平台上,通过数字高程模型(Digital Elevation Model,简称 DEM)生成流域边界及对应水系,再对冰川目录数据库系统的相关信息进行查询、提取和叠加,生成了阿克苏河流域水系及冰川分布图,见图 5.7。对于要进行模拟的特定流域,再在 ArcGIS 平台上对其范围内冰川的位置、高程、面积、厚度及储量等主要特征进行提取和统计,由此成为本研究中冰雪物质平衡参数化方案的数据基础。

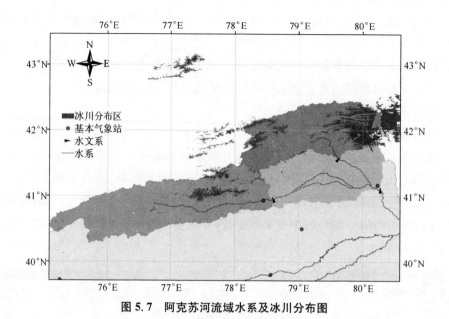

图 5.7　阿克苏河流域水系及冰川分布图

　　首先引入一种基于气温的方法来识别降雨及降雪：若月最低气温（T_{min}）高于阈值气温（T_{thres}）时，认为所有降水以降雨形式出现；若月最高气温（T_{max}）低于阈值气温时，则认为所有降水均为降雪；当阈值气温介于月最高气温与最低气温时，降雨量（P_{rain}）与降雪量（P_{snow}）将根据降水量（P_{total}）由以下公式计算出。

$$P_{rain} = \frac{T_{max} - T_{thres}}{T_{max} - T_{min}} \times P_{total}$$

$$P_{snow} = P_{total} - P_{rain} \tag{5.18}$$

　　由于研究流域内高程变化较大，为考虑由此造成对气温及降水的影响，我们直接参考阿克苏河流域的相关研究结果，分别利用气温递减率（T_{lapse}）及降水梯度（P_{grad}）进行修正，见表 5.4。另外，为了考虑冰川覆盖区域本身对空气可能存在的冷却作用，引入可调试参数——气温递减放大系数（C_{amp}）来表现这种对气温的反馈效果。

表 5.4　昆马力克河流域气温递减率及降水梯度

月　份	1	2	3	4	5	6	7	8	9	10	11	12
T_{lapse}（$\times 10^{-2}$℃/m）	0.29	0.39	0.48	0.58	0.61	0.63	0.59	0.56	0.53	0.47	0.43	0.31
P_{grad}（$\times 10^{-2}$mm/m）	0.29	0.35	0.75	0.75	2.33	4.59	4.81	4.35	2.37	0.77	0.20	0.42

冰川和积雪的消融量可根据正积温($\sum T^+$),利用度-日法估计。

$$\begin{cases} M_{\text{glacier}} = DDF_{\text{glacier}} \sum T^+ \cdot \Delta t \\ M_{\text{snow}} = DDF_{\text{snow}} \sum T^+ \cdot \Delta t \end{cases} \quad (5.19)$$

式中:M_{glacier}——冰川消融量(mm);

$\qquad M_{\text{snow}}$——非冰川区季节积雪消融量(mm);

$\qquad DDF_{\text{glacier}}$——冰川度日因子(mm/(天·℃));

$\qquad DDF_{\text{snow}}$——积雪度日因子(mm/(天·℃));

$\qquad \Delta t$——消融时间(天)。

模拟月份内的消融时间长度及对应的正积温将根据该月的最高及最低气温估计。需要说明的,由于塔河流域,特别是高寒山区缺乏对冰川积雪的实地观测资料,同时冰川积累区积雪的成冰作用极为复杂,因此本模型在冰川区域未对积雪和冰川冰再加以区分。

引入一个简单的概念性降雨径流模型 SIXPAR 来模拟研究流域的产汇流过程。SIXPAR 的模型结构见图 5.8。SIXPAR 将土壤沿垂向分成上下两层,上层从地表延伸至植物根系,下层则用于描述地下水(浅层)的储存与运动。两层之间用一条由双参数确定的曲线连接,描述水分在重力、土壤吸力等各种作用下的入渗过程。本研究中,采用经改进的 SIXPAR 模拟流域的产汇流过程,将冰川及积雪融水与降雨一并作为上层的输入处理。另外,使用基于气温和太阳辐射的 Hargreaves 方法估算流域的蒸散发能力。由于本模型模拟为逐月时间尺度,所以忽略流域汇流可能带来的影响,即认为月内的产流全部流至流域出口。

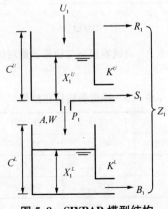

图 5.8　SIXPAR 模型结构

模型参数调试分析：

以 Nash 效率系数 NSE(1970)为标准并以协合拉水文站 1961—2006 水文年的逐月实测流量资料为基础,使用 University of Arizona 提出的 Shuffled Complex Evolution Metropolis(SCEM-UA)全局优化方法调试模型参数。最终优化结果为,在调试期(1961—2000 年)和检验期(2001—2006 年)NSE 分别达到了 0.886 和 0.888,见图 5.9。

模型参数的优化结果见表 5.5,敏感性参数 C_{amp} 的优化值为 1.36,说明相比非冰川区域,冰川区域对空气存在显著的冷却效应;另外同样敏感的参数还有 $DDF_{glacier}$,其优化值为 4.40,该值与之前在天山南坡 Koxkar Baqi 冰川进行的野外观测值 5.70 比较接近,说明构建的模型在该流域适用。

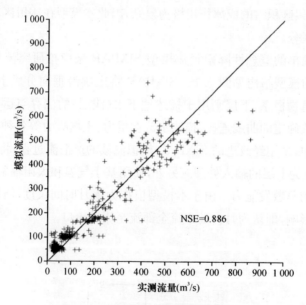

图 5.9　调试期实测与模拟流量对比

表 5.5　模型参数优化结果

模型参数	符号	优化值	单位
冰川区域气温递减放大系数	C_{amp}	1.36	—
积雪度日因子	DDF_{snow}	3.01	mm/(天·℃)
冰川度日因子	$DDF_{glacier}$	4.40	mm/(天·℃)
蒸散发折算系数	K	0.71	—

续表 5.5

模型参数	符号	优化值	单位
上层蓄水容量	C^U	2.96	mm
上层消退系数	K^U	0.12	—
下层蓄水容量	C^L	18.40	mm
下层消退系数	K^L	0.05	—
下渗曲线参数	A	0.97	—
	W	63.79	—

5.4.3　未来径流变化趋势预估分析

利用插值降尺度至站点尺度的不同情景下的未来气候预估数据(气温与降水)驱动构建的冰雪水文模型,获得了研究流域出口的流量过程。图 5.10 显示的是昆马力克河流域出口协合拉水文站未来径流逐年变化趋势。从图中可以发现全球变暖将加速流域内冰川的消融,其直接影响将是导致流域出口径流量与气温一样明显呈现持续增加的趋势。这也在一定程度上佐证了关于塔河上游源流,特别是最重要的阿克苏河流域对气候变化的水文响应问题。

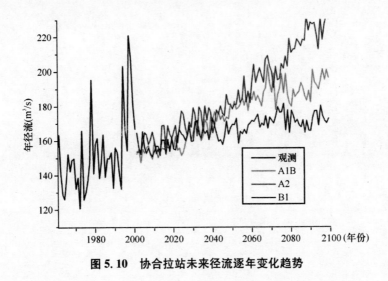

图 5.10　协合拉站未来径流逐年变化趋势

另外,用所构建的月尺度冰雪水文模型能量化分析径流成分变化(降雨、积雪及冰川消融),也能用于流域尺度的冰川变化监测,若与天气中长期预报技术结合将会为该地区及早制定相应的防洪抗旱及水资源调配方案提供有力的工具。

5.5　本章小结

采用模糊物元理论将单个干旱模型综合考虑,得出相对应的干旱判别等级;在详细介绍其基本原理的基础上,进行干旱统计与关联分析;以阿克苏流域为例,对未来气温,降水和径流变化趋势进行了模拟;构建了月尺度冰季水文模型。基于作物需水特征,提出利用年最小连续 7 日平均流量定义为村水流量研究其演变特征与频率变化,探讨干旱内陆区域干旱灾害形成机制的方法。选取气象干旱指标 SPI 和水文干旱指标 SRI,验证了两类指标在塔河流域的适用性,以模糊物元理论为基础,研发了基于熵值的干旱评价模型,实现了对流域的综合评价。

6　塔河流域干旱灾害风险评估与区划

　　干旱是指因降水异常减少、蒸发增大，或入境水量不足，造成城乡居民生活、工农业生产以及生态环境等正常用水需求得不到满足的现象。从不同的关注角度看，干旱可以划分为气象干旱、水文干旱、农业干旱和社会经济干旱四种干旱类型。与干旱类型相对应，干旱识别指标大致也可以分为四类。

　　气象干旱是由于收入项降水的异常短缺或由于支出项蒸散发的异常增大形成。因降水是主要的收入项，气象干旱通常以降水量的短缺程度作为干旱强度识别的指标。常见的气象干旱指标有：标准化降水指标、降雨量距平百分率、降雨量标准差、PDSI指标、Z指标、P指标、降水温度均一化指标、Bhalme-Mooley干旱指标、综合气象干旱指数等。水文干旱侧重地表或地下水水量的短缺，Linsley等（1975）把水文干旱定义为："某一给定的水资源管理系统下，河川径流在一定时期内满足不了供水需要"。如果在一段时期内，流量持续低于某一特定的阀值，则认为发生了水文干旱，阀值的选择可以依据流量的变化特征，或者根据水需求量来确定。农业干旱是指在农作物生长发育过程中，因降水不足、土壤含水量过低和作物得不到适时适量的灌溉，致使供水不能满足农作物的正常需水，而造成农作物减产。体现干旱程度的主要因子有：降水、土壤含水量、土壤质地、气温、作物品种和产量，以及干旱发生的季节等。社会经济干旱指由于经济、社会的发展，需水量日益增加，以水分影响生产、消费活动等来描述的干旱。其指标常与一些经济商品的供需联系在一起，如与建立降水、径流和粮食生产、发电量、航运、旅游效益以及生命财产损失等有关。社会经济干旱指标：社会经济干旱指标主要评估由于干旱所造成的经济损失。通常拟用损失系数法，即认为航运、旅游、发电等损失系数与受旱时间、受旱天数、受旱强度等诸因素存在一种函数关系。虽然各类干旱指标可以相互借鉴引用，但其结果并非能全面反映各学科干旱问题，要根据研究的对象选择适当的指标。

　　虽然四种干旱定义和干旱识别指标均不一样，但也存在一定的联系。干旱的表现形式都是可供水资源量满足不了生活、生产或生态的需要，导致原因均是降水或过境水量的异常减少或蒸散发的异常增大。降水是水资源的主要来源，蒸发是水资源的主要损失形式，直接影响着河川径流、土壤含水量的多少以及作物、人类社会和生态环境对水资源需求的满足程度。因此，气象干旱可以理解为前因型定义,而其他的干旱是水资源短缺在各自领域内的反映,属于后果型定义,正是由于有气象干旱出现才可能有其他干旱的出现。本研究从气候干旱和农业干旱的角度出发,分别对塔河流域的气象干旱和农业干旱风险进行评估,并找出两者之间的关系。

6.1　基于 SPI 的气象干旱风险评估

塔河流域区别于其他区域的一个最重要的特点是其县级行政区划中包括山区、戈壁滩和沙漠等无人区,无经济活动的区域则不存在旱灾易发问题,因此风险区划图应该按照县级行政区划中的绿洲范围进行绘制,并与兵团所在区域范围在制图中进行了拼接,避免了地方系统与兵团系统边界相互嵌套的问题。国内外研究风险评估的方法很多,尽管新疆的干旱也受径流量的影响,鉴于掌握和搜集到的基础资料和前面研究的降雨量能很好地反映塔河干旱事件。本研究利用不同尺度下的标准降雨指数作为风险区划的备选指标。

6.1.1　标准降水指数

标准降水指标由 Mckee 等在 1993 年提出,从不同时间尺度评价干旱。由于标准降水指标具有资料获取容易,计算简单,能够在不同地方进行干旱程度对比等优点,因而得到广泛应用。假定计算时间尺度为 m 的标准降水指标(通常 m 取 1,3,6,12,24 等),先将日降水量处理为月降水资料,依次对连续 m 个月的月降水资料求和,得到 m 个月累积降水序列。由于年内不同月份之间的自相关性可能会导致分布函数拟合时出现误差,为消除样本的自相关性,在累积降水序列中,将时间序列中不同月份的 SPI 值分别先进行计算,再合起来得到整个时间序列的 SPI 值。也就是将累积降水序列按不同月份分类得到一个序列,例如计算 3 月份的 SPI 值则选取整个时间序列中 3 月份的值,然后对该序列采用 Gamma 分布对其配线,配线完成后,计算累积降水的累积概率,再通过标准正态分布反函数转换为标准正态分布,所得结果即是该月份的标准降水指标值,以此类推从而得到所有月份的 SPI 值,将这些不同月份的 SPI 值合并起来,则得到整个序列的 SPI 值。

设 X 表示月降水时间序列,X_w 表示 w 时间尺度的累积月降水序列,其中,$w=1,3,6,\cdots$,X_w^{mon} 表示某月份对应的 w 时间尺度的累积月降水序列,其中 mon 表示月份,$mon=1,2,3,\cdots,12$,依次表示 1～12 月。例如 X_6^8 表示 6 个月时间尺度的 3～8 月的累积降水序列。SPI 计算公式为:

$$SPI_w^{mon} = \phi^{-1}(F(X_x^{mon})) \tag{6.1}$$

式中：F——Gamma 分布函数；

ϕ^{-1}——标准正态分布的反函数。

由于标准降水指标基于标准正态分布，因此不同等级标准降水指标干旱具有对应的理论发生概率，其等于特定干旱等级中标准降水指标上下限值的标准正态分布累积概率之差。标准降水指标值对应的干旱等级及发生概率见表 6.1。

表 6.1　标准降水指标干旱等级

标准降水指标	干旱等级	发生概率
$(-1.0, 0]$	轻度干旱	0.341
$(-1.5, -1.0]$	中度干旱	0.092
$(-2.0, -1.5]$	重度干旱	0.044
$\leqslant -2.0$	极端干旱	0.023

由于干旱受前期降水的影响，因而标准降水指标考虑不同时间尺度的值，将不同时间尺度的前期降水纳入计算，考虑它们对水资源盈缺状况的影响。不同时间尺度的标准降水指标具有不同的物理意义。时间尺度较短的标准降水指标能一定程度反映短期土壤水分的变化，这对于农业生产是有重要意义的。时间尺度较长的标准降水指标能反映较长时间的径流量变化情况，对于水库管理有重要作用。短期干旱导致土壤表层水分缺失，这对于农业耕作具有重大的负面影响，农作物不能获取足够的水分，引起农业干旱。

6.1.2　干旱指标选取及干旱等级划分

本文的 SPI 的时间尺度分别选择 3 个月、6 个月、9 个月和 12 个月，利用风险概率方法将不同尺度的不同等级的干旱通过采用 GIS 统计分析和叠加分析的功能，并利用 1990—2007 年塔河各县市的干旱受灾面积、成灾面积、绝收面积分别占耕地面积的比重以及单位公顷损失粮食（万斤）四个指标作为选择风险区划图的参考指标，见表 6.2 和图 6.1、图 6.2。从表图可知，和田地区的县市、巴州的若羌县和阿克苏地区的乌什县、阿瓦提县的旱灾受灾面积比重大于其他地州/地区的县市的旱灾受灾面积，阿克苏地区的阿克苏市的旱灾受灾面积比重最小，见图 6.1。旱灾成灾面积的比重变化基本与成灾面积的变化相似，但是除阿克苏市以外阿克苏地区、和田地区、巴州的各县市成灾面积比重大于克州和喀什地区，见图 6.2。成灾率（受灾面积与成灾面积比值）巴州的成灾率 98% 为各地区最大，意味着巴州地区干旱都会成灾害；其次是和田地区的 80.0%，克州的 69.3%，阿克苏的 65.4%，喀什的成灾率 28.64% 是塔河流域各地州最低的。阿克苏地区的阿瓦提县绝收面积所占比重最大,其次是和田地区的皮山县、墨玉县,阿克苏地区的库车县、克州的阿图什市、阿克陶县、阿合奇县。而和田地区的和田市是绝收面积比重最小的,其次是阿克苏地区的沙雅县、巴州的尉犁县和喀什地区,见图 6.3。阿克苏地区的库车县、沙雅县、拜城县,喀什地区的莎车县、叶城县和和田地区的墨玉县、皮山县是单位公顷损失粮食最多的县市;克州的乌恰县、阿合奇县,喀什地区的喀什市、塔什库尔干县和阿克苏地区的柯坪县是单位公顷粮食损失最小的区域,见图 6.4、表 6.2。

　从各地州/地区的干旱受灾面积趋势图 6.5 可知,喀什地区平均旱灾受灾面积最大,但是受灾面积有减小的趋势;其他四个地州/地区的旱灾受灾面积呈增加的趋势,和田地区的旱灾受灾面积增加趋势最明显,而且各地州/地区的旱灾受灾面积从 1990 年开始增加的比较明显,尽管 1995 年以后国家加大了对于抗旱浇灌的能力,见图 6.6,但并没有减缓旱灾受灾面积的增加。各地州/地区的旱灾受灾面积的趋势变化基本与图 6.1~图 6.4 反映的旱灾情况相同。结合塔河流域各县(市)的干旱受灾面积、成灾面积、绝收面积分别占耕地面积的比重以及单位公顷损失粮食(万斤)四个指标,并且对比不同尺度不同等级 SPI 的干旱风险,可以看出 12 个月尺度的 SPI 在反映塔河流域干旱情况方面优于其他尺度 SPI,12 个月尺度的 SPI 风险见图 6.7。

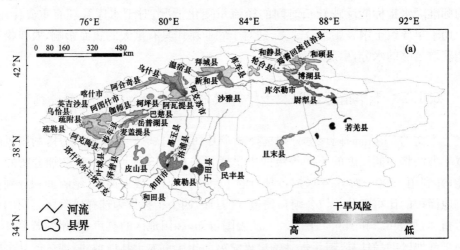

图 6.1　塔河流域各县(市)单位干旱受灾面积占耕地面积比重

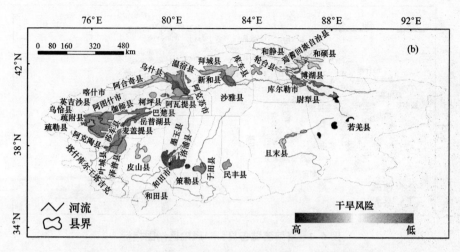

图 6.2 塔河流域各县(市)单位成灾面积占耕地面积比重

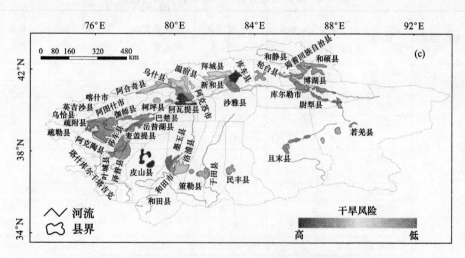

图 6.3 塔河流域各县(市)干旱绝收面积占耕地面积比重

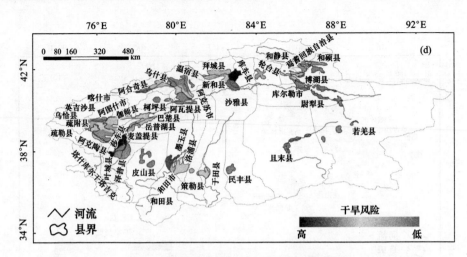

图 6.4　塔河流域各县(市)风险区划图指标

表 6.2　塔河流域各县(市)单位公顷粮食损失

地州/地区	县/市	单位公顷损失粮食(万斤)	旱灾受灾面积比重(%)	旱灾成灾面积比重(%)	旱灾绝收面积比重(%)	成灾率(%)
巴州	库尔勒市	1.54	17.37	17.02	0.52	98.00
	轮台县	1.01	24.09	23.61	0.72	98.00
	尉犁县	0.42	5.19	5.09	0.16	98.00
	若羌县	0.50	56.70	55.57	1.70	98.00
	且末县	0.40	15.25	14.95	0.46	98.00
	焉耆县	0.67	14.00	13.72	0.42	98.00
	和静县	0.65	15.83	15.51	0.48	98.00
	和硕县	0.69	17.00	16.66	0.51	98.00
	博湖县	0.41	13.88	13.60	0.42	98.00
阿克苏地区	阿克苏市	1.75	2.72	0.93	0.42	34.24
	温宿县	2.27	8.06	4.84	3.23	60.00
	库车县	3.77	20.62	13.61	8.37	66.00
	沙雅县	2.43	11.27	2.30	0.15	20.38
	新和县	1.36	35.07	27.28	0.59	77.78
	拜城县	1.89	14.39	11.19	3.20	77.78
	乌什县	1.80	28.26	22.61	2.14	80.00
	阿瓦提县	2.26	25.55	24.06	10.88	94.19
	柯坪县	0.28	11.09	8.69	1.63	78.38

地州/地区	县/市	单位公顷损失粮食(万斤)	旱灾受灾面积比重(%)	旱灾成灾面积比重(%)	旱灾绝收面积比重(%)	成灾率(%)
克州	阿图什市	1.21	19.72	16.04	5.05	81.32
	阿克陶县	1.52	13.83	10.17	3.75	73.56
	阿合奇县	0.04	17.81	12.04	3.37	67.62
	乌恰县	0.02	13.25	7.26	2.00	54.78
喀什地区	喀什市	0.23	12.25	3.50	0.35	28.57
	疏附县	1.09	13.82	3.95	0.40	28.57
	疏勒县	1.65	19.40	5.54	0.55	28.57
	英吉沙县	0.62	11.83	3.38	0.34	28.57
	泽普县	0.53	8.95	2.56	0.26	28.57
	莎车县	3.57	16.96	4.85	0.49	28.57
	叶城县	2.22	21.01	6.00	0.60	28.57
	麦盖提县	1.08	10.41	2.98	0.30	28.57
	岳普湖县	1.02	19.69	5.63	0.56	28.57
	伽师县	1.56	14.28	4.08	0.41	28.57
	巴楚县	1.46	10.35	2.96	0.30	28.57
	塔什库尔干县	0.06	7.03	2.06	0.23	29.37
和田地区	和田市	1.18	106.49	83.01	0.00	77.95
	和田县	1.40	35.43	29.32	0.71	82.74
	墨玉县	2.81	33.93	32.24	6.91	95.01
	皮山县	2.38	30.76	21.95	10.83	71.36
	洛浦县	1.53	32.42	31.68	2.50	97.74
	策勒县	1.13	50.99	35.66	0.52	69.92
	于田县	1.54	38.79	26.74	1.31	68.92
	民丰县	0.29	32.57	25.13	0.72	77.17

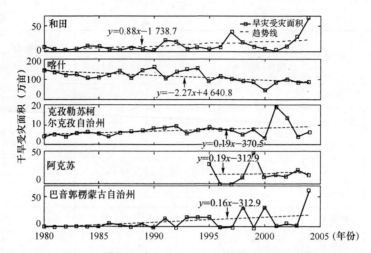

图 6.5　塔河流域各地县(市)干旱受灾面积及趋势

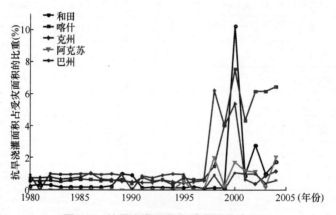

图 6.6　抗旱浇灌面积占受灾面积的比重

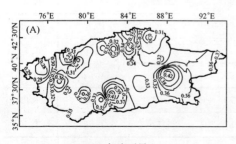

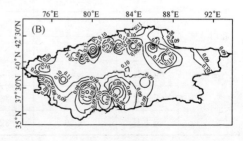

（a）轻度干旱　　　　　　　　　　　　　（b）中度干旱

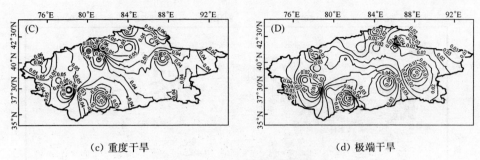

(c) 重度干旱　　　　　　　　　　　　　(d) 极端干旱

图 6.7　干旱发生概率空间分布

由图 6.8 知,塔河流域的羌县、轮台县、民丰县、和田市、墨玉县、莎车县和泽普县的轻度干旱发生的频率高,而克州和巴州的开都—孔雀河流域的县市、阿克苏河流域的县市轻度干旱发生的频率低。

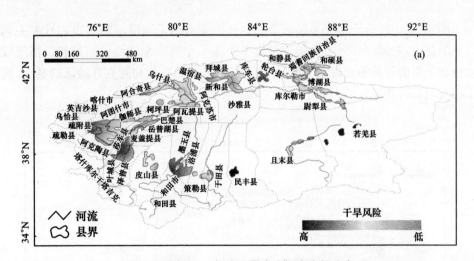

图 6.8(彩插 7)　轻度干旱发生概率空间分布

图 6.9 显示阿克苏流域、开都—孔雀河流域和塔河下游的县市发生中度干旱频率最高,其次是渭干河流域,而和田地区中度干旱的频率却是最低的。

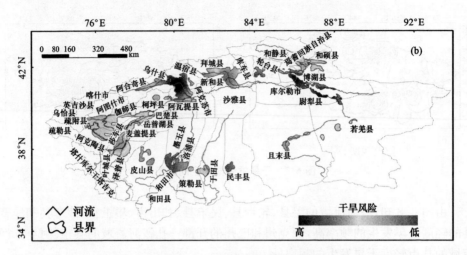

图 6.9（彩插 8）　中度干旱发生概率空间分布

　　图 6.10 中严重干旱发生频率高的地区主要有渭干河流域的县市和叶尔羌河流域的县市,和田河和阿克苏河流域发生严重干旱的频率较低。但是和田河流域县市和巴州的若羌等县极端干旱发生频率高,其次是克州和阿克苏地区的县市,渭干河流域和喀什地区的极端干旱发生频率较低。

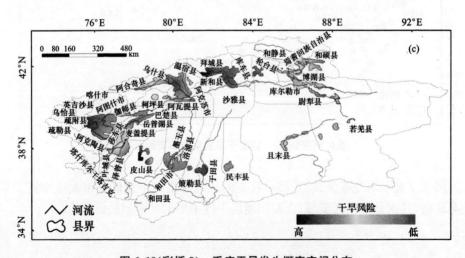

图 6.10（彩插 9）　重度干旱发生概率空间分布

　　由图 6.11 知,塔河流域昆仑山北坡轻度、极端干旱发生频率大于天山南坡地区,旱灾受灾面积和成灾面积占耕地面积的比重也高于天山南坡地区,而且和田河等昆仑山北麓河流干旱发生程度也是南疆地区最严重的,这与和田河流域的渠道渗透率、现状供水率等抗旱措施远低于其他流域有重要关系。

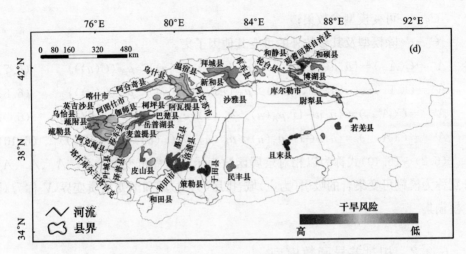

图 6.11(彩插 10) 极端干旱发生概率空间分布

6.2 基于可变模糊评价法的农业干旱风险评估

陈守煜教授建立的可变模糊集理论与方法是工程模糊集理论与方法的进一步发展,作为其核心的相对隶属函数、相对差异函数与模糊可变集合的概念与定义是描述事物量变、质变时的数学语言和量化工具。

6.2.1 可变模糊集定义

定义:设论域 U 上的对立模糊概念(事物、现象)以 A 和 A^c 表示吸引性质与排斥性质,对 U 中的任意元素 u,$u \in U$,在参考连续统区间 $[1,0]$(对 A)与 $[0,1]$(对 A^c)任一点上,吸引与排斥性质的相对隶属度分别为 $\mu_A(u)$、$\mu_{A^c}(u)$。

令
$$V = \{(u,\mu) \mid u \in U, \mu_A(u) + \mu_{A^c}(u) = 1, \mu \in [0,1]\} \quad (6.2)$$

$$A_+ = \{u \mid u \in U, \mu_A(u) > u_{A^c}(u)\} \quad (6.3)$$

$$A_- = \{u \mid u \in U, \mu_A(u) < \mu_{A^c}(u)\} \quad (6.4)$$

$$A_0 = \{u \mid u \in U, \mu_A(u) = \mu_{A^c}(u)\} \quad (6.5)$$

设 C 是可变因子集，

$$C = \{C_A, C_B, C_C\} \tag{6.6}$$

式中：C_A——可变模型集；

　　C_B——可变模型参数集；

　　C_C——除模型及其参数外的可变其他因子集。

令　$A^+ = C(A_-) = \{u \mid u \in U, \mu_A(u) < \mu_{A^c}(u), \mu_A(C(u)) > \mu_{A^c}(C(u))\}$ 　(6.7)

　　$A^- = C(A_+) = \{u \mid u \in U, \mu_A(u) > \mu_{A^c}(u), \mu_A(C(u)) < \mu_{A^c}(C(u))\}$ 　(6.8)

　　$A^{(+)} = C(A_{(+)}) = \{u \mid u \in U, \mu_A(u) > \mu_{A^c}(u), \mu_A(C(u)) > \mu_{A^c}(C(u))\}$ 　(6.9)

　　$A^{(-)} = C(A_{(-)}) = \{u \mid u \in U, \mu_A(u) < \mu_{A^c}(u), \mu_A(C(u)) < \mu_{A^c}(C(u))\}$ 　(6.10)

(6.2)～(6.10)式称为以相对隶属函数表示的模糊可变集合 V。A_+、A_-、A_0 分别称为模糊可变集合的吸引(为主)域、排斥(为主)域和渐变式质变界，V 称为对立模糊集。

6.2.2　相对差异函数模型

1) 相对差异函数定义

$$D_A(u) = \mu_A(u) - \mu_{A^c}(u) \tag{6.11}$$

当 $\mu_A(u) > \mu_{A^c}(u)$，$0 < D_A(u) \leqslant 1$；当 $\mu_A(u) = \mu_{A^c}(u)$，$D_A(u) = 0$；当 $\mu_A(u) < \mu_{A^c}(u)$，$-1 \leqslant D_A(u) < 0$。$D_A(u)$ 称为 u 对 A 的相对差异度。映射

$$\begin{cases} D_A : U \to [-1, 1] \\ u \mid \to D_A(u) \in [-1, 1] \end{cases} \tag{6.12}$$

称为 u 对 A 的相对差异函数。

由 $\mu_A(u) + \mu_{A^c}(u) = 1$ 　(6.13)

可得：$D_A(u) = 2\mu_A(u) - 1$ 或 $\mu_A(u) = (1 + D_A(u))/2$ 　(6.14)

2) 相对差异函数模型

设 $X_0 = [a, b]$ 为实轴上可变模糊集合 V 的吸引域，即 $0 < D_A(u) \leqslant 1$ 区间，$X = [c, d]$ 包含 $X_0(X_0 \subset X)$ 的某一上、下界范围域区间，见图 6.12 所示。

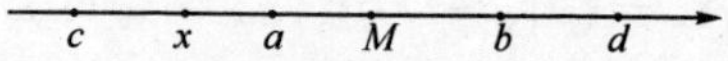

图 6.12　点 x、M 与区间 $[a, b]$、$[c, d]$ 的位置关系

根据可变模糊集合 V 定义可知 $[c,a]$ 与 $[b,d]$ 均为 V 的排斥域,即 $-1 \leqslant D_A(u) <$ 0。设 M 为吸引域区间 $[a,b]$ 中 $D_A(u)=1$ 的点值,可根据实际情况按物理分析确定。x 为 X 区间内的任意点的量值,则 x 落入 M 点左侧时,其相对差异函数模型为:

$$D_A(u) = \begin{cases} \left(\dfrac{x-a}{M-a}\right)^{\beta}, x \in [a,M] \\ -\left(\dfrac{x-a}{c-a}\right)^{\beta}, x \in [c,a] \end{cases} \qquad (6.15)$$

$$D_A(u) = \begin{cases} \left(\dfrac{x-b}{M-b}\right)^{\beta}, x \in [M,b] \\ -\left(\dfrac{x-b}{d-b}\right)^{\beta}, x \in [b,d] \end{cases} \qquad (6.16)$$

当 $\beta=1$ 时相对差异函数模型为线性函数,式(6.15)与(6.16)满足:

(1) 当 $x=a$、$x=b$ 时,$D_A(u)=0$;

(2) 当 $x=M$ 时,$D_A(u)=1$;

(3) 当 $x=a$、$x=b$ 时,$D_A(u)=-1$。符合相对差异函数定义。$D_A(u)$ 确定以后,根据式(6.14)可求解相对隶属度 $\mu_A(u)$。为了得到各指标的综合相对隶属度,应用式(6.17)模糊可变评价模型.

可变模型集包括陈守煜教授在工程模糊集理论中提出的模糊优选模型、模糊模式识别模型、模糊聚类循环迭代模型以及模糊决策、识别与聚类的统一模型等。可变模型参数集包括模型的指标权重、指标标准值等重要模型参数。引用陈守煜教授提出的可变模糊识别,

模型为:

$$v_A(u) = \frac{1}{1 + \left(\dfrac{d_g}{d_b}\right)^{\alpha}} \qquad (6.17)$$

$$d_g = \left\{ \sum_{i=1}^{m} [w_i(1-\mu_A(u)_i)]^p \right\}^{1/p} \qquad (6.18)$$

$$d_b = \left\{ \sum_{i=1}^{m} (w_i\mu_A(u)_i)^p \right\}^{1/p} \qquad (6.19)$$

式中:$\mu_A(u)$——事物 u 所具有的表征吸引性质 A 程度的相对隶属度;

w_i——指标 i 的权重;

α——模型优化准则参数;

p——距离参数。

通常情况下模型中的 α、p 有 4 种搭配：

$$\alpha=1, p=\begin{cases}1\\2\end{cases}; \quad \alpha=2, p=\begin{cases}1\\2\end{cases} \tag{6.20}$$

当 $\alpha=1, p=2$ 时，式(6.17)变为：

$$v_A(u)=\frac{d_b}{d_b+d_g} \tag{6.21}$$

式(6.18)和式(6.19)中，取 $p=2$，即取欧式距离，此时式(6.21)相当于理想点模型，属于可变模糊集模型的一个特例。

当 $\alpha=1, p=1$ 时，式(6.17)变为：

$$v_A(u) = \sum_{i=1}^{m} w_i \mu_A(u)_i \tag{6.22}$$

式(6.22)相当于模糊综合评判模型，是一个线性模型，属于可变模糊集模型的又一个特例。

当 $\alpha=2, p=1$ 时，式(6.21)变为：

$$v_A(u)=\frac{1}{1+\left(\dfrac{1-d_b}{d_b}\right)^2} \tag{6.23}$$

$$d_b = \sum_{i=1}^{m} w_i \mu_A(u)_i \tag{6.24}$$

式(6.24)为 Sigmoid 型函数，可用以描述神经网络系统中神经元的激励函数。

当 $\alpha=2, p=2$ 时，式(6.17)变为：

$$v_A(u)=\frac{1}{1+\left(\dfrac{d_g}{d_b}\right)^2} \tag{6.25}$$

$$d_g = \sqrt{\sum_{i=1}^{m}\left[w_i(1-\mu_A(u)_i)\right]^2} \tag{6.26}$$

$$d_b = \sqrt{\sum_{i=1}^{m}(w_i \mu_A(u)_i)^2} \tag{6.27}$$

此时可变模糊集模型相当于模糊优选模型。由此可见，可变模糊集模型是一个变化模型，在可变模糊集理论中是一个十分重要的模型，可广泛应用于水文、水资源、水环境、水利水电等水科学工程领域的评价、识别、预测等问题。

6.2.3　评价指标与分级标准

干旱指标的确定是个非常复杂的问题,目前没有一个统一的标准。衡量一个地区是否属于干旱气候,一般用干燥指数,即蒸发势与降水量的比值。当干燥指数大于1,表示干旱、雨水不足;当干燥指数大于4,表示极端干旱。但是这样的指标在塔河来说过于笼统,在实践中,不同时间、不同地域有不同的干旱指标。从时间上划分有月、季、年等阶段性的干旱指标,从地域上划分有局地、区域、全区的干旱指标。用国家气候中心关于降水量的等级显然不能完全反映塔河流域的实际干旱情况,用河流径流量作为塔河的干旱指标比较切合实际,但是在分析以县级为单位的干旱风险评估,很多地方没有代表性的水文站。塔河流域的春旱是最严重的,发生的频率高,其次夏旱和秋旱也比较严重。根据《干旱评估标准》规范和塔河的干旱特点,本次干旱指标采用降水量距平法,农业旱灾等级采用综合减产成数法。

(1) 降水量距平法的计算公式

$$D_p = \frac{P - \overline{P}}{\overline{P}} \times 100\% \tag{6.28}$$

式中:D_p——计算期内降水量距平百分比(%);

　　　P——计算期内降水量(mm);

　　　$\overline{P}$——计算期内多年平均降水量(mm)。计算期内的多年平均降水量$\overline{P}$宜采用近30年的平均值。

计算期是根据不同季节选择适当的计算期长度。夏季宜采用1个月,春、秋季宜采用连续2个月,冬季宜采用连续3个月,从农牧业生产考虑,春旱、夏旱和秋旱是威胁最大的。因此本次采用塔河流域21个气象站点的1960—2008年降水量进行降水量距平分析。气象站点代表的县市见表6.2。春季降水距平 $D_春$ 表示春旱,计算时段采用4～5月;夏季降水距平 $D_夏$ 表示夏旱,计算时段采用6月;秋季降水距平 $D_秋$ 表示秋旱,计算时段采用9～10月;旱情等级划分按表6.3。

表6.3 降水距平百分比旱情等级划分

季　节	计算时段（月）	轻度干旱	中度干旱	严重干旱	特大干旱
春季(4～5月)	2	$-30 > D_p \geqslant -50$	$-50 > D_p \geqslant -65$	$-65 > D_p \geqslant -75$	$D_p < -75$
夏季(6月)	1	$-20 > D_p \geqslant -40$	$-40 > D_p \geqslant -60$	$-60 > D_p \geqslant -80$	$D_p < -80$
秋季(9～10月)	2	$-30 > D_p \geqslant -50$	$-50 > D_p \geqslant -65$	$-65 > D_p \geqslant -75$	$D_p < -75$

（2）综合减产成数法评估计算公式

$$C = [I_3 \times 90\% + (I_2 - I_3) \times 55\% + (I_1 - I_2) \times 20\%] \times -1 \qquad (6.29)$$

式中：C——综合减产成数（%）；

I_1——受灾（减产1成以上）面积占播种面积的比例（用小数表示）；

I_2——成灾（减产3成以上）面积占播种面积的比例（用小数表示）；

I_3——绝收（减产8成以上）面积占播种面积的比例（用小数表示）。

因为降水距平是负值，为了便于计算研究，将综合减产成数的和乘以 −1，转化成与降水距平变化相一致的形式。旱灾等级划分见表6.4。综合减产成数法是一个综合干旱指标，该指标充分考虑了农业抗旱能力在干旱风险区划中的影响。农业抗旱能力受到自然、地域条件和人类活动等多方面因素的共同影响，对于塔河流域各县（市）抗旱能力也要从多方面综合判定。受灾面积、成灾面积、绝收面积占播种面积的比例能很好地代表抗旱因子对干旱风险评估的影响。

表6.4 农业旱灾等级划分表

旱灾等级	轻度旱灾	中度旱灾	严重旱灾	特大旱灾
综合减产成数（%）	$-20 < C \leqslant -10$	$-30 < C \leqslant -20$	$-40 < C \leqslant -30$	$C < -40$

6.2.4　干旱程度的确定

由于塔河流域主要受干旱的影响，利用流域内各县（市）的粮食减产率与有关统计资料相结合即可判定其实际干旱程度。

各种自然因素和非自然因素的综合影响形成了农作物的最终产量，相互间的关系极其复杂，很难用定量的量化关系来表述。国内外学者大都把这些因素按影响的性质、时间及尺度划分为农业技术措施、气象条件和随机"噪声"三大类。相应的，农作物产量也可以分解为趋势产量、气象产量和随机产量三部分。表达为：

$$y=y_t+y_w+\Delta y \tag{6.30}$$

式中：y——小麦的实际产量（kg/hm^2）；

　　　y_t——小麦的趋势产量（kg/hm^2）；

　　　y_w——小麦产量的气象产量（kg/hm^2）；

　　　Δy——小麦产量的随机分量（kg/hm^2）。由于影响各地小麦增、减产的偶然因素并不时常发生，而且局地性的偶然因素的影响也不太大，因为在实际产量分解中，一般都假定 Δy 可忽略不计。式(6.30)可以简化为：

$$y=y_t+y_w \tag{6.31}$$

利用塔河流域各县(市)1990—2007 年粮食产量资料进行分析，对趋势产量进行模拟，根据表 6.2 所列趋势产量方程，计算 1990—2007 年各县(市)的趋势产量。塔河流域 88% 县(市)的粮食产量曲线通过 95% 显著性检验。冬小麦减产率采用逐年的实际产量偏离趋势产量的相对气象产量的负值，计算公式为：

$$y_d=\frac{y-y_t}{y_t}\times100\% \tag{6.32}$$

式中：y_d——小麦减产率（%）；

　　　y——实际产量（kg/hm^2）

　　　y_t——趋势产量（kg/hm^2）。根据表 6.5 粮食产量减产率定义 1990—2007 年每年的干旱程度，无旱、轻旱、中旱、重旱、特大干旱。根据粮食减产率和有关统计资料对塔河流域各县(市)干旱程度进行调整，作为塔河流域粮食生长时期内实际干旱情况，以便与其他指标对比。表 6.6 为粮食产量减产率的干旱等级。

表 6.5　各个县市粮食趋势产量

地级市	县　市	粮食产量曲线	相关系数	雨量站
巴　州	库尔勒	$y=1.410x^3-58.57x^2+518.5x+6\ 077$	0.88	库尔勒
	和硕县	$y=-0.316x^3-3.492x^2-39.03x+3\ 499$	0.53	
	博湖县	$y=1.096x^3-36.29x^2-211.6x+4\ 407$	0.47	
	轮台县	$y=-1.072x^3+18.19x^2+46.79x+3\ 620$	0.78	轮　台
	尉犁县	$y=-0.130x^3-12.21x^2+175.4x+1\ 465$	0.88	铁干里克
	若羌县	$y=0.122x^3-7.294x^2-69.43x+3\ 575$	0.88	若　羌
	且末县	$y=-1.900x^3-28.92x^2+60.50x+2\ 209$	0.77	且　末
	焉耆县	$y=1.952x^3-80.20x^2+785.0x+5\ 660$	0.45	焉　耆
	和静县	$y=0.773x^3-44.53x^2+423.2x+5\ 842$	0.64	和　静

地级市	县市	粮食产量曲线	相关系数	雨量站
阿克苏地区	阿克苏市	$y=-7.971x^3+197.5x^2-1213x+11\,425$	0.52	阿克苏
	温宿县	$y=-10.97x^3+265.6x^2-1164x+10\,462$	0.96	
	库车县	$y=19.77x^3-662.8x^2-5\,886x+13\,720$	0.68	库车
	沙雅县	$y=-15.85x^3+443.4x^2-2\,706x+10\,563$	0.86	
	新和县	$y=-4.634x^3+121.5x^2-718.2x+8\,020.3$	0.57	拜城
	拜城县	$y=-9.921x^3+322.1x^2-1918x+9\,294$	0.93	
	乌什县	$y=10.12x^3-295.6x^2-2\,088x+14\,104$	0.67	柯坪
	阿瓦提县	$y=-3.737x^3+68.47x^2-251.1x+9\,294$	0.61	
	柯坪县	$y=-1.686x^3+48.85x^2-320.8x+1\,512$	0.71	
克州	阿图什市	$y=-2.639x^3+56.12x^2-117.7x+4\,077$	0.94	乌恰
	阿克陶县	$y=-3.002x^3+77.41x^2-187.5x+6\,158$	0.99	
	乌恰县	$y=0.314x^3-12.19x^2+124.9x+274.2$	0.41	
	阿合奇县	$y=-0.153x^3-1.089x^2+55.12x+416.5$	0.33	阿合奇
喀什地区	喀什市	$y=2.140x^3-38.97x^2+280.6x+1\,479$	0.78	喀什
	疏附县	$y=-0.702\,3x^3+15.95x^2-422.4x+11\,826$	0.92	
	疏勒县	$y=2.241x^3-53.31x^2+734.9x+8\,344$	0.92	
	英吉沙县	$y=-2.063x^3+47.59x^2+152.5x+6\,747$	0.98	
	伽师县	$y=1.307x^3-22.17x^2+511.9x+10\,988$	0.94	
	泽普县	$y=-2.252x^3+36.26x^2+103.6x+8\,568$	0.43	莎车
	莎车县	$y=11.01x^3-279.9x^2+280\,8x+22\,071$	0.93	
	叶城县	$y=1.165x^3+8.413x^2+270.3x+10\,988$	0.95	
	麦盖提县	$y=0.131x^3-0.035x^2+180.9x+7\,230$	0.91	
	岳普湖县	$y=0.367\,5x^3-3.395x^2+109.1x+5\,090$	0.92	
	巴楚县	$y=-0.793x^3+56.24x^2-288.1x+9\,532$	0.86	巴楚
	塔什库尔干	$y=-0.360x^3+8.573x^2-40.46x+452.4$	0.75	塔什库尔干

地级市	县　市	粮食产量曲线	相关系数	雨量站
和田地区	和田市	$y=-5.997x^3+121.4x^2-364.6x+7\ 364$	0.46	和田
	和田县	$y=-3.547x^3+97.45x^2-542.6x+7\ 923$	0.89	
	墨玉县	$y=0.199x^3-10.71x^2+737.6x+13\ 428$	0.97	
	洛浦县	$y=-3.976x^3+96.95x^2-228.3x+8\ 888$	0.96	
	策勒县	$y=0.838x^3-13.07x^2+102.7x+5\ 853$	0.89	
	于田县	$y=-1.512x^3+40.86x^2-9.184x+8\ 393$	0.93	
	民丰县	$y=-1.512x^3+40.86x^2-9.184x+8\ 393$	0.97	民丰
	皮山县	$y=-9.952x^3+59.35x^2+2\ 362x+1\ 555$	0.96	皮山

表 6.6　粮食产量减产率的干旱等级

干旱类型	减产率（%）
轻旱	≤10
中旱	10～20
重旱	20～30
特大干旱	＞30

6.2.5　评价指标权重系数确定方法

权重确定的方法很多,在其他研究方法的思路上,结合塔河流域的干旱特点,采用级差加权指数法来确定干旱指数的权重,具体步骤是:假设已有某时段的干旱资料,将各个子模式干旱等级统一为无旱、轻旱、中旱、重旱、严重干旱五个等级,并定量化为 0,1,2,3,4。然后根据某时段逐年出现的干旱实况划定各年的相应的干旱级别,将各个子模式计算的各年干旱级别与实况对照,并进行权重确定。权重计算公式为:

$$w_i=\frac{1}{n-1}\left(1-\frac{A_{ij}}{\sum_{j=1}^{n}|A_{ij}|}\right) \tag{6.33}$$

式中:w_i——权重;

　　A_{ij}——第 i 种干旱指标的模式在第 j 年计算的值与实测的值之差。

假设某时段的干旱资料是 18 年,将各个干旱指数的干旱级别分别统计为无旱、轻、中、严重、特大干旱 5 个等级,并量化为 1,2,3,4,5。根据 50 年逐年出现的干旱实况划定各年的相应干旱级别(无旱、轻、中、严重、特大干旱),将各个干旱指数计算的各年干旱级别与实况对照,并进行权重的确定。计算过程见表 6.7,计算得出的各县不同干旱指标的权重系数,见表 6.8。干旱指标的权重系数见图 6.13。从图中可以看出,不同县市的不同指标的权重是系数不同的,全流域综合减产成数的权重最大,其次是春季降水距平和夏季降水距平,秋季降水距平权重是最低的。春季降水距平权重的较高区域主要分布在巴州和阿克苏地区,喀喇昆仑山北麓县市的比重较低;夏季降水距平的较低区域主要是喀什地区,和田地区的夏季降水距平较高;除巴州和阿克苏地区外,其他地区秋季降水距平权重较高;综合减产成数较低的县市主要有皮山县、柯坪县、阿合奇县、若羌县,这些县(市)的农业播种面积较小,比如阿合奇县的播种面积仅多于 3 000 hm²,因此其综合减产成数的权重系数较低,阿克苏地区和喀什地区农业播种面积大,其对应的综合减产成数的权重系数低,因此级差加权指数法适合塔河流域干旱指标的权重系数计算。从图表中可以看出,各县市春、夏、秋季的降水距平的权重分布与各县市的春、夏、秋旱发生的频率一致。

表 6.7　各干旱子模式的干旱等级计算成果

年份	实况的干旱等级	春季降水距平		夏季降水距平		秋季降水距平		综合减产成数	
		计算出的干旱等级	差值绝对值	计算出的干旱等级	差值绝对值	计算出的干旱等级	差值绝对值	计算出的干旱等级	差值绝对值
1990	4	3	1	2	2	2	2	1	3
1991	1	4	3	3	2	3	2	3	2
...	...	...	...	...	...	...	...	...	...
2007	3	3	0	2	1	5	2	5	2
总差值和	—		S_1		S_2		S_3		S_4
权重系数	—		$\dfrac{1-S_1/(S_1+S_2+S_3+S_4)}{4-1}$		$\dfrac{1-S_2/(S_1+S_2+S_3+S_4)}{4-1}$		$\dfrac{1-S_3/(S_1+S_2+S_3+S_4)}{4-1}$		$\dfrac{1-S_4/(S_1+S_2+S_3+S_4)}{4-1}$

表 6.8　各县(市)不同指标的权重系数

地级市	编　号	县(市)	权重系数(%)			
			$D_春$	$D_夏$	$D_秋$	综合减产成数
巴　州	1	库尔勒	0.264	0.236	0.215	0.285
	2	和硕县	0.267	0.241	0.222	0.270
	3	博湖县	0.265	0.246	0.201	0.288
	4	轮台县	0.259	0.279	0.174	0.289
	5	尉犁县	0.257	0.238	0.233	0.271
	6	若羌县	0.267	0.244	0.230	0.260
	7	且末县	0.263	0.227	0.213	0.297
	8	焉耆县	0.265	0.247	0.201	0.287
	9	和静县	0.251	0.255	0.210	0.284
阿克苏地区	10	阿克苏市	0.275	0.243	0.194	0.288
	11	温宿县	0.235	0.248	0.226	0.291
	12	库车县	0.269	0.261	0.184	0.286
	13	沙雅县	0.256	0.256	0.205	0.282
	14	新和县	0.234	0.279	0.221	0.266
	15	拜城县	0.226	0.276	0.214	0.284
	16	乌什县	0.246	0.235	0.220	0.299
	17	阿瓦提县	0.248	0.259	0.230	0.263
	18	柯坪县	0.286	0.239	0.225	0.250
克　州	19	阿图什市	0.231	0.241	0.255	0.273
	20	阿克陶县	0.247	0.224	0.230	0.299
	21	乌恰县	0.230	0.238	0.250	0.282
	22	阿合奇县	0.248	0.257	0.243	0.252
喀什地区	23	喀什市	0.234	0.230	0.230	0.305
	24	疏附县	0.234	0.223	0.245	0.297
	25	疏勒县	0.225	0.244	0.229	0.302
	26	英吉沙县	0.230	0.234	0.234	0.301
	27	伽师县	0.234	0.223	0.238	0.304
	28	泽普县	0.232	0.226	0.235	0.306
	29	莎车县	0.243	0.223	0.233	0.301
	30	叶城县	0.235	0.217	0.239	0.309
	31	麦盖提县	0.238	0.218	0.241	0.304
	32	岳普湖县	0.235	0.222	0.231	0.312
	33	巴楚县	0.251	0.239	0.220	0.290
	34	塔什库尔干	0.239	0.244	0.224	0.294

续表 6.8

地级市	编 号	县(市)	权重系数(%)			
			$D_春$	$D_夏$	$D_秋$	综合减产成数
和田地区	35	和田市	0.224	0.261	0.221	0.293
	36	和田县	0.242	0.269	0.214	0.275
	37	墨玉县	0.246	0.266	0.226	0.263
	38	洛浦县	0.242	0.269	0.208	0.281
	39	策勒县	0.232	0.260	0.224	0.285
	40	于田县	0.232	0.272	0.230	0.265
	41	民丰县	0.228	0.264	0.218	0.290
	42	皮山县	0.253	0.261	0.261	0.225

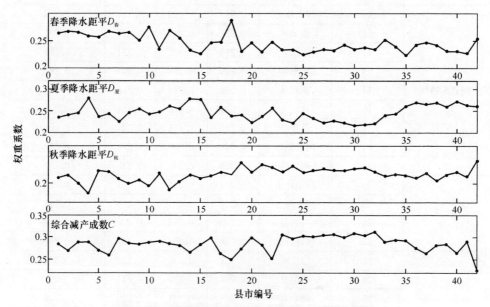

图 6.13　塔河流域各县(市)干旱指标的权重系数

　　根据统计的塔河流域阿克苏地区、和田地区、喀什地区、巴州和克州 5 个地级市的 42 个县级市 1990—2007 年干旱发生的季节,塔河流域的春旱在 4～5 月,夏旱在 6 月,秋旱在 9～10 月发生干旱的频率高,本次采用的指标是:①春季降水距平 $D_春$ 的计算时段是 4～5 月;②夏季降水距平 $D_夏$ 的计算时段是 6 月;③秋季降水距平 $D_秋$ 的计算时段是 9～10 月;④综合减产成数 C。因为降水距平是负值,为了便于计算研究,将综合减产成数的和乘以 -1,转化成与降水距平变化相一致。

　　参照指标标准值和塔河流域的实际干旱指标情况确定干旱可变集合的吸引

（为主）域矩阵与范围域矩阵以及点值 M_{th} 的矩阵分别为：

$$I_{ab}=\begin{bmatrix}[-100,75] & [-75,-96] & [-65,-50] & [-50,-30] \\ [-100,-80] & [-80,-60] & [-60,-40] & [-40,-20] \\ [-100,-75] & [-75,-65] & [-65,-50] & [-50,-30] \\ [-1.0,-0.4] & [-0.4,-0.3] & [-0.3,-0.2] & [-0.2,-0.1]\end{bmatrix},(6.34)$$

$$I_{ad}=\begin{bmatrix}[-100,-65] & [-100,-50] & [-75,-50] & [-65,-30] \\ [-100,-50] & [-100,-40] & [-80,-40] & [-60,-20] \\ [-75,-50] & [-100,-50] & [-75,-50] & [-60,-30] \\ [-65,-30] & [-1.0,-0.2] & [-0.4,-0.1] & [-0.3,-0.1]\end{bmatrix},(6.35)$$

$$M=\begin{bmatrix}-100,-75,-57.5,-30 \\ -100,-80,-50,-20 \\ -100,-75,-57.5,-30 \\ -1.0,-0.4,-0.5,-0.1\end{bmatrix}\qquad(6.36)$$

根据矩阵 I_{ab}、I_{cd} 与 M 判断样本特征值 x 在 M_{th} 点的左侧还是右侧，据此选用式(6.15)或式(6.16)计算差异度，再由式(6.17)计算指标对不同等级干旱的相对隶属度 $v_A(u)$。经过分析计算，α 和 p 的取值对于各县(市)的不同年份的干旱程度基本没有影响，为了便于分析，本次采用 $\alpha=1$ 和 $p=1$ 的可变模糊集模型来研究塔河流域干旱风险评估。塔河流域 1990—2007 年各县(市)的等级时空分布见图 6.14～图 6.16。

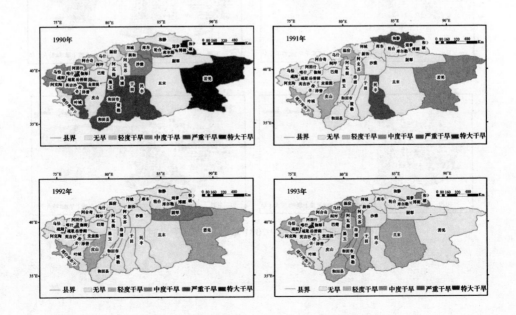

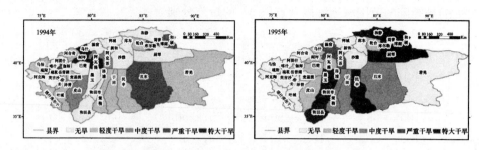

图 6.14　塔河流域 1990—1993 年各县(市)干旱时空分布

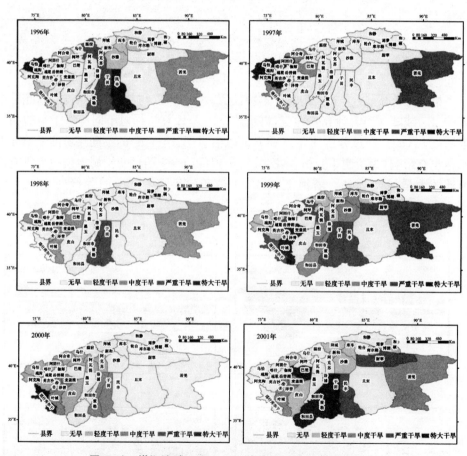

图 6.15　塔河流域 1996—2001 年各县(市)干旱时空分布

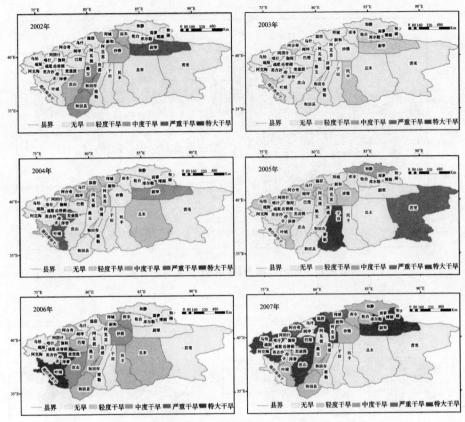

图 6.16　塔河 2002—2007 年各县(市)干旱时空分布

图 6.17 是干旱等级趋势变化,塔河流域北部以及西南部地区干旱等级有呈增加的趋势,若羌等干旱地区干旱等级呈减小趋势。图 6.18 是基于可变模糊评价法的塔河流域农业干旱风险评估与气象干旱评估,由图知,轻度干旱发生频率最高的地区主要分布在塔河流域西北部地区,开孔河流域和喀什的部分地区的轻旱发生频率最低。塔河中游和若羌中旱发生频率最高,阿克苏地区的中旱发生频率最低,和田地区和喀什部分地区的中旱发生频率较高。重旱发生频率高的地区逐渐由塔河中游向下游地区转移,同时和田地区的策勒、于田、民丰和喀什地区的疏附、疏勒、伽师、英吉沙;重旱发生频率低的区域集中在巴州的库车、轮台、沙雅和塔河流域的西南部地区。虽然开孔河流域的轻、中、重旱发生频率较低,但是博斯腾湖附近特大干旱发生的概率较高,和田地区、喀什地区和克州特大干旱发生的概率较高。阿克苏地区特大干旱发生的频率是最低的。

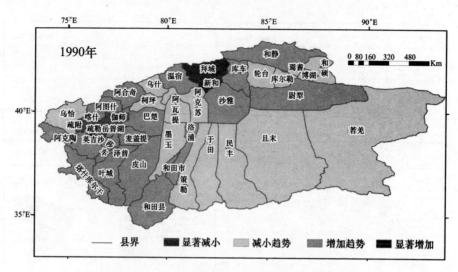

图 6.17　塔河流域各县(市)干旱等级趋势变化

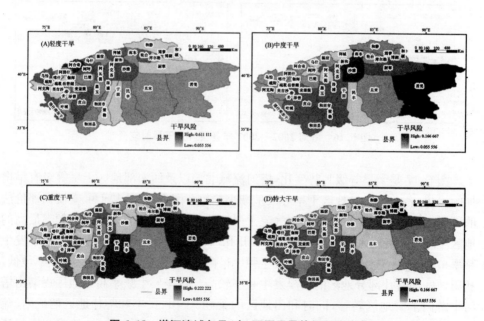

图 6.18　塔河流域各县(市)不同干旱等级风险分布

6.3　本章小结

从气候干旱和农业干旱的角度出发,利用不同天数下的标准降雨指数 SPI 作为风险区划指标,根据选取的干旱指标进行干旱等级划分;采用基于可变模糊评价法对农业干旱风险进行评估;结合塔河流域的干旱特点,采用级差加权指数法确定干旱指数权重;分别对塔河流域各县(市)农业干旱风险和气象干旱做出了评估。

7 塔河流域干旱预警关键技术

干旱本身具有随机性,随机理论是研究干旱预警的一种合理可引的方法。本章采用马尔柯夫链对干旱转移状态进行预测,引入双原则的理论对预测结果进行优化;同时采用自回归滑动平均模型(ARIMA)和乘积季节模型(SARIMA)对中尺度 SPI-3、SPI-6、SRI-3、SRI-6 进行了预测。

7.1 马尔柯夫链干旱预测模型

马尔柯夫链是研究某一事件的状态及状态之间转移规律的随机过程,它通过对时刻事件不同状态的初始概率及状态间的概率转移关系来研究时刻状态的变化趋势。马尔柯夫过程的状态转移概率仅与转移出发状态、转移步数、转移后状态有关,而与转移前的初始时刻无关,成为马尔柯夫过程的无后效性。其基本原理为:

设马尔柯夫链有 m 个状态 $a_1, a_2, \cdots, a_m$,记转移时刻为 $t_1, t_2, \cdots, t_n, \cdots$,某一转移时刻的状态为 m 个状态之一。记

$$R_{ij}(n,K) = P(X(t_{n+K} = a_j \mid X(t_n) = a_i)) \quad i,j = 1,2,\cdots,m \tag{7.1}$$

为过程从时刻 t_n 状态 a_i 经 K 步转移到状态 a_j 的概率。一般而言,$P_{ij}(n,K)$ 与 i,j,K 和 n 有关。当 $P_{ij}(n,K)$ 与 n 无关时,则称为齐次马尔柯夫链。

取 $K=1$,p_{ij} 称为一步转移概率。由一步转移概率可构成一步转移概率矩阵:

$$P^{(1)} = \begin{bmatrix} P_{11} & P_{12} & \cdots & P_{1m} \\ P_{21} & P_{22} & \cdots & P_{2m} \\ \vdots & \vdots & & \vdots \\ P_{m1} & P_{m2} & & P_{mm} \end{bmatrix} \tag{7.2}$$

式中:$0 \leqslant P_{ij} \leqslant 1$,$\sum_{j=1}^{m} P_{ij} = 1$。当 $K \geqslant 2$ 时就变成多步转移概率矩阵。业已证明,步转移概率矩阵与多步转移概率矩阵存在以下关系:

$$P^{(K)} = (P^{(1)})^K \tag{7.3}$$

令时刻 t 的无条件概率分布或边际概率分布为 $P_t = (p_t(1), p_t(2), \cdots, p_t(m))$,其中 $p_t(j)$ 是概率 $P(X(t)=j)$。若时刻 t 已发生,则 P_t 已知。那么,$t+1$ 时刻的条件分布为:

$$P_{t+1}=P_t P^{(1)} \tag{7.4}$$

7.1.1　加权马尔柯夫链

加权马尔柯夫链预测干旱等级步骤为：

(1) 计算各阶段 SPI 值(以气象干旱指标为例)；根据干旱等级划分标准旱情等级，确定序列中干旱状态。

(2) 对序列进行马氏性检验。当 n 较大时，统计量 χ^2 服从 $\chi_a^2((m-1)^2)$ 分布；给定显著性水平 a，$\chi^2>\chi_a^2((m-1)^2)$，则可视干旱指标序列服从马氏性。

$$\chi^2 = 2\sum_{i=1}^{4}\sum_{j=1}^{4} f_{ij}\left|\ln\frac{p_{ij}}{p_j}\right| \tag{7.5}$$

式中：f_{ij}——SPI 值由状态 i 经 1 步转移至状态 j 的频数；

p_{ij}——各频数除以各行之和得到的矩阵，P_j 为矩阵 $(f_{ij})_{m\times n}$ 的第 j 列之和除以各行各列的总和得到的值；

m——最大阶数。

(3) 计算各阶自相关系数 r_k

$$r_k' = \frac{\sum\limits_{i=1}^{n-k}(x_i-\bar{x})(x_{i+k}-\bar{x})}{\sum\limits_{i=1}^{n}(x_i-\bar{x})^2} \tag{7.6}$$

$$r_k = \frac{r_k' n+1}{n-4} \tag{7.7}$$

式中：r_k——第 k 阶自相关系数；

x_t——第 t 时段的指标值；

$\bar{x}$——指标值均值；

n——指标序列的长度。

由于式(7.6)计算出的自相关系数一般是偏小的，运用式 7.7 对其进行修正。根据 r_k 的容许限(显著水平 $a=5\%$)来确定干旱预测的阶数。将各阶自相关系数归一化，得到不同滞时的马尔柯夫链的权重。计算式为：

$$w_k = |r_k| / \sum_{k=1}^{m} r_k \tag{7.8}$$

(4) 将统一状态的各预测概率加权和作为指标值处于该状态的预测概率，即

$$P_i = \sum_{k=1}^{m} w_k P_i^{(k)}, i\in E \tag{7.9}$$

$\max(P_i i\in E)$ 所对应的即为该时段指标值的预测状态。该时段的指标值确定之后，将其加入到原序列中，可进行下时段指标值状态的预测。

　　以阿克苏气象站 SPI-3 与协合拉水文站 SRI-3 序列为例,进一步分析马尔柯夫链的遍历性和平稳分布。基于 1961 年 3 月～1995 年 12 月的干旱状态转移概率,对 1996 年 1 月～2007 年 12 月的干旱状态进行预测验证。昆马力克河气象水文指标状态转移概率见表 7.1。

　　加权马尔柯夫链对两站的平均预测合格率为 63%、72%,其中对无旱状态的预测合格率达到 80%,对轻度干旱的预测率为 50%左右,而对中度以上干旱的预测合格率较差。出现此类结果的原因:转移概率矩阵中,严重干旱、极端干旱的转移概率远远小于无干旱与轻度干旱的概率;预测期内实际发生达到中旱及以上的月数较少。该方法对无旱的预测较为准确,对干旱的发生也有一定预测能力,可作为早期干旱预警的参考。但是,该方法对干旱状态突变的预测能力较弱;随着干旱程度的加重,其预测能力也逐渐降低。加权马尔科夫链预测结果见表 7.2。

表 7.1　昆马力克河气象水文指标状态转移概率

站　点	状　态	无干旱	轻度干旱	中度干旱	严重干旱	极端干旱
阿克苏站	无干旱	0.736 4	0.222 7	0.027 3	0.013 6	0
	轻度干旱	0.250 0	0.577 8	0.138 9	0.033 3	0
	中度干旱	0.185 2	0.388 9	0.277 8	0.092 6	0.055 6
	严重干旱	0.200 0	0.200 0	0.400 0	0	0.200 0
	极端干旱	0	0.375 0	0.250 0	0.125 0	0.250 0
协合拉站	无干旱	0.758 9	0.229 2	0.007 9	0	0.004 0
	轻度干旱	0.215 8	0.643 2	0.103 7	0.016 6	0.020 7
	中度干旱	0.155 6	0.422 2	0.288 9	0.066 7	0.066 7
	严重干旱	0	0.666 7	0.111 1	0.222 2	0
	极端干旱	0.133 3	0.200 0	0.266 7	0	0.4

表 7.2　加权马尔柯夫链预测结果

站点		无旱	轻旱	中旱	重旱	特旱	合计
阿克苏站	实际数	92	34	14	3	1	144
	预测正确数	74	17	1	0	0	92
	正确率(%)	80	50	7	0	0	64
协合拉站	实际数	107	31	4	0	2	144
	预测正确数	86	17	0	0	0	103
	正确率(%)	80	55	0	0	0	72

进一步对马尔柯夫链的遍历性、平稳分布进行分析。两站相依性最强的一步转移概率矩阵 $P^{(1)}$ 所决定的马尔柯夫链的 5 个状态是互通的,其全部状态构成的状态空间是一个闭集,可见此链是不可约的。因为这是一个有限状态非周期不可约马尔柯夫链,因此这是一个正常返链,从而是一个遍历链。根据遍历性定理,可以求出此链的极限分布。极限分布求解方程为:

$$\pi_j = \lim_{n \to \infty} P_{ij}(n) \quad i = 1, 2, \cdots, m \tag{7.10}$$

$$\begin{cases} \pi_j = \sum_{i=1}^{n} \pi_i P_{ij} \\ \sum_{j=1}^{m} \pi_j = 1 \end{cases} \tag{7.11}$$

平稳分布概率及重现期计算结果见表 7.3。

表 7.3　平稳分布概率及重现期

站　点	状　态	无干旱	轻度干旱	中度干旱	严重干旱	极端干旱
阿克苏站	平稳概率	0.46	0.38	0.11	0.03	0.02
	重现期	2.17	2.63	9.09	33.33	50
协合拉站	平稳概率	0.45	0.43	0.08	0.02	0.03
	重现期	2.22	2.33	12.5	50	33.33

从表中可见,对于阿克苏站得出的平稳分布,无干旱状态出现的概率最大,平均 2.17 个月可能发生一次。$\pi_1 + \pi_2 = 0.84$ 说明转无旱及轻度干旱的概率较大,$\pi_3 + \pi_4 + \pi_5 = 0.16$ 说明转中度以上干旱的概率极小,而协合拉站更是低至 0.13,这也解释了马尔柯夫链对中度以上干旱预测效果较差的原因。

7.1.2　双原则马尔柯夫链

为了提高对中旱以上级别的干旱预测精度,引入双原则对预测结果进行改进。设 R_i 为加权和 P_i 与 i 状态多年发生频率 H_i 的比值:

$$R_i = P_i / H_i = P_i / (n_i / n) \tag{7.12}$$

式中,R_i 越大,i 状态发生的可能性越大;当 $R_i > 1$ 时,预测 i 状态发生的概率高于多年平均发生频率 H_i,反之亦然。

1961 年 3 月—2000 年 12 月的 4、5 级多年平均发生频率很低,若预测的 P_i 稍大,R_i 将很高,此时仅以 R_i 衡量状态发生与否也不尽合理。因此,预测决策中需考虑原加权和 P_i 最大及各状态发生频率超过多年平均概率的幅度 $(P_i - H_i)$,于是

引入 S_i,以 P_i 与 P_i 超过 H_i 之和对预测结果作决策:

$$S_i = P_i + (P_i - H_i) = P_i + (P_i - n_i/n) \qquad (7.13)$$

取 $P_j = \max P_i$、$R_k = \max R_i$,比较 R_j 与 R_k、S_j 与 S_k 进行预测。当 $j = k$ 时,表明两种原则预测结果吻合。当 $j \neq k$ 时,表明两种原则预测结果不吻合。①若 $R_j < 1$、$R_k > 1$ 表明 j 状态加权和最大发生概率低于多年平均频率,而 k 状态预测发生概率已大于多年平均频率,这时选取 k 状态对应等级作为预测结果;若 $R_j \geqslant 1$、$R_k \geqslant 1$ 表明两者均有很大的空间,比较各状态发生频率超出多年平均概率的幅度,即选取 $\max(S_j, S_k)$ 对应的状态作为预测结果。若 S_j 与 S_k 相近,则选择 $\max(R_j, R_k)$ 对应的上升幅度大的状态作为预测结果。双原则马尔科夫链预测结果见表 7.4。

表 7.4　双原则马尔柯夫链预测结果

站　点	参　数	无　旱	轻度干旱	中度干旱	严重干旱	极端干旱	合　计
阿克苏站	实际数	92	34	14	3	1	144
	预测正确数	74	17	6	1	0	98
	正确率(%)	80	50	43	33	0	68
协合拉站	实际数	107	31	4	0	2	144
	预测正确数	85	16	2	0	1	104
	正确率(%)	79	52	50	0	50	72

双原则马尔柯夫链通过概率的方法对加权马尔柯夫链的预测结果进行优化,优化后对中度以上干旱等级的预测能力有所提高,并在协合拉站成功预测出一场极端干旱的出现,双原则马尔柯夫链能够为流域干旱预警及抗旱方案的制定提供较好的参考价值。

7.2　随机干旱预测模型

自回归滑动平均模型是时间序列常用的模型,它能更多地把握原始序列的信息,具有建模系统、灵活的特点,因此被广泛应用。

7.2.1　自回归滑动平均模型(ARIMA)

自回归模型能够有效地与移动平均模型相搭配,形成一个随机型时序模型 ARMA,对于平稳时间序列可以直接应用 AR、MA、ARMA 模型,对于具有趋势性的非平稳时间序列,需要经过差分处理消除趋势,然后进行建模,即为自回归积分移动平均(ARIMA)模型。

设$\{x_t\}$是平稳时间序列,$\{x_t\}$为(p,q)阶自回归滑动平均模型为:

$$x_t = \varphi_1 x_{t-1} + \cdots + \varphi_p x_{t-p} + \theta_1 \varepsilon_{t-1} - \cdots - \theta_q \varepsilon_{t-q} \qquad (7.14)$$

式中:$\varphi_i(i=1,2,\cdots,p)$——自回归系数;

p——自回归阶数;

$\theta_i(i=1,2,\cdots,q)$——移动平均系数;

q——移动平均阶数;

ε_t 是均值为 0、方差为 σ_ε^2 的独立随机变量。

1)模型识别

通过自相关系数、偏自相关系数对目标序列进行初步定阶,给定模型的最大阶数 L,对 $p,q=1,2,\cdots,L$ 求 AIC 的值:

$$AIC(p,q) = n\ln(\sigma_\varepsilon^2) + 2(p+q) \qquad (7.15)$$

式中:n——实测序列长度;

σ_ε^2——残差的方差;

AIC 值达到最小值对应的阶数为模型的最优阶数。AIC 准则定阶方便,但其确定的阶数不相容,即当 $n \to \infty$ 时,AIC 确定的模型阶数不能依概率收敛于真值。为了得到相容估计,提出贝叶斯信息准则 BIC:

$$BIC = n\ln(\sigma_\varepsilon^2) + (p+q)\ln(n) \qquad (7.16)$$

BIC 达到最小值的相应阶数即为所求。

2)参数估计

当阶数(p,q)固定时,可以选用矩估计法、非线性最小二乘估计法、最小平方和估计法进行相应参数估计。本研究采用矩法进行估计,其基本步骤如下:

(1)自回归系数 φ_i 的估计,用高斯消去法解尤尔—沃尔克方程:

$$\begin{bmatrix} \varphi_1 \\ \varphi_2 \\ \vdots \\ \varphi_{q+p} \end{bmatrix} = \begin{bmatrix} 1 & \rho_1 & \cdots & \rho_{p-1} \\ \rho_1 & 1 & \cdots & \rho_{p-2} \\ \vdots & \vdots & & \vdots \\ \rho_{p-1} & \rho_{p-2} & \cdots & 1 \end{bmatrix}^{-1} \begin{bmatrix} \rho_1 \\ \rho_2 \\ \vdots \\ \rho_p \end{bmatrix} \qquad (7.17)$$

从而解出自回归系数的矩估计:$\overline{\varphi}_1, \overline{\varphi}_2, \cdots, \overline{\varphi}_p$。

(2)移动平均系数 θ_i 的估计($q>0$ 时)

令 $$r_k^n = \sum_{i,j=0}^{p} \varphi_i \varphi_j r_{|k+i-j|} \quad k=0,1,2,\cdots,q \qquad (7.18)$$

式中:$\varphi_0 = -1$,对 $m=0,1,2,\cdots,q$。

令 $$f_i(m) = \sum_{j=0}^{q-i} \tau_j(m)\tau_{i+j}(m) - r_i^n \qquad (7.19)$$

　　取初值 $\tau_0(0)=\sqrt{r_0^n}$，$\tau_1(0)=\tau_2(0)=\cdots=\tau_q(0)=0$，然后逐步进行迭代，一直迭代至 $\max\limits_{i=0,1,\cdots,q}\{|f_i(m)|\}<\varepsilon$，其中 ε 是预先给定的精度，那么 $\bar{\theta}_i=\dfrac{\tau_i(m)}{\tau_0(m)}$，$i=0,1,2,\cdots,q$ 即为移动平均系数的矩估计。

　　若时间序列为非平稳时，可以对它进行差分处理，将其变换为平稳序列。令 $w_t=\nabla d x_t$，差分次数为 $d(d=1,2,3,\cdots)$，由于差分后的序列 $\{w_t\}$ 其均值为零，其各系数的矩估计的求法和前面一样，但此时 AIC 信息准则可改为：

$$AIC(p,q)=(n-d)\ln\delta_{pq}^2+2(p+q+2) \tag{7.20}$$

　　利用 $AIC(p,q)$ 即可求出差分序列 $\{w_t\}$ 的 $ARIMA(p,d,q)$ 模型的阶数。$\{w_t\}$ 在时段 n 的未来第 l 时段的预测值可用下列公式求出：

当差分次数 $d=1$ 时

$$x_n(1)=x_n+w_n(1) \tag{7.21}$$

$$x_n(l)=x_n(l-1)+w_n(l)\quad l\geqslant 2 \tag{7.22}$$

　　本研究采用阿克苏站、协合拉站 1961—1999 年 SPI-3 及 SRI-3 序列进行建模，对 2000—2009 年的指标值进行预测。

　　首先检验 SPI-3 序列的平稳性，根据阿克苏站 SPI-3 自相关系数图，随着滞时的增加自相关系数很快衰减到 0，可认为序列为平稳序列；通过协合拉站 SRI-3 自相关图，发现协合拉站 SRI-3 序列为非平稳序列，对 SRI-3 进行一阶差分处理将其转化为平稳序列。然后进行模型的定阶，自回归阶数 p 的选择是根据平稳序列的偏自相关图，取决于落入随机区间外的偏自相关系数的个数，即为有效偏自相关的时滞。滑动阶数 q 的选择也是根据平稳序列的自相关图，若自相关函数从 $k=m_0$ 开始迅速衰减，则 $q=m_0$。以阿克苏站 SPI-3 为例，选定模型阶数 $p=1-4$，$q=1-2$。见图 7.1、图 7.2。

　　对不同模型阶次进行组合，计算各阶模型 AIC 及 BIC 准则值，选取最小值对应的阶次为最优模型阶数，最终选定 $ARIMA(1,0,2)$ 模型，以同样的优选原则可得出协合拉站 SRI-3 选取的 $ARIMA(1,1,1)$ 模型。检验结果见表 7.5 所示。

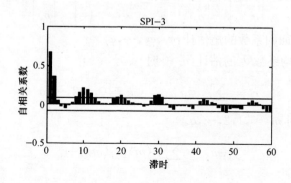

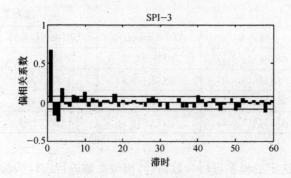

图 7.1　SPI-3 序列平稳性检验

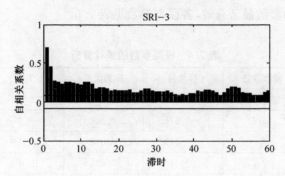

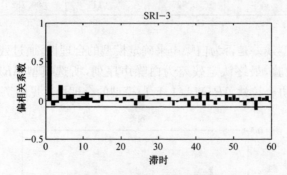

图 7.2　SRI-3 序列平稳性检验

表 7.5　阿克苏站 SPI-3 序列定阶检验

模　型	AIC 准则检验值	BIC 准则检验值
ARIMA(1,0,1)	1 232. 402 6	1 245. 397 1
ARIMA(1,0,2)	1 175. 889 3	1 193. 215 4
ARIMA(2,0,1)	1 217. 278 5	1 234. 604 5
ARIMA(2,0,2)	1 177. 360 9	1 199. 018 4

续表 7.5

模 型	AIC 准则检验值	BIC 准则检验值
ARIMA(3,0,1)	1 185.121 2	1 206.778 7
ARIMA(3,0,2)	1 178.670 9	1 204.659 9
ARIMA(4,0,1)	1 182.826 2	1 208.815 2
ARIMA(4,0,2)	1 177.778 4	1 208.098 9

　　采用矩法对选定的模型进行参数估计,模型参数进行统计检验,若标准误差比模型参数小得多,则进一步通过 T 检验来验证模型参数的显著性,T 检验概率值 $P<0.05$ 时,认为参数显著有效,各模型参数见表 7.6。

表 7.6　模型参数的统计分析

序 列	模型参数	参数值	标准误差	T 值	P
SPI-3	φ_1	0.175	0.076	2.298	0.022
	θ_1	−0.611	0.067	−9.075	0.000
	θ_2	−0.478	0.048	−9.890	0.000
SPI-3	φ_1	0.641	0.034	19.056	0.000
	θ_1	0.997	0.011	90.782	0.000

　　通过检验模型残差是否为白噪声来确定模型的合理性,通过残差自相关、零均值、正态独立性检验,最终认定残差为白噪声序列,所选模型 $ARIMA(1,0,2)$ 成立。同理可得出协合拉站 $ARIMA(1,1,1)$ 模型的合理性。见图 7.3。

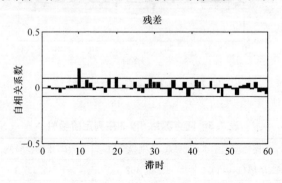

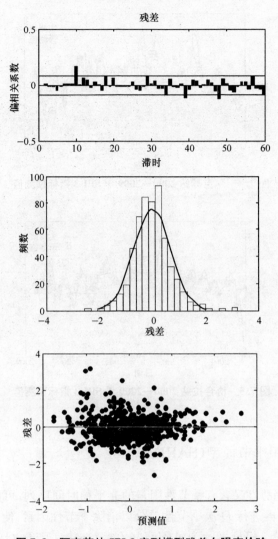

图 7.3 阿克苏站 SPI-3 序列模型残差白噪声检验

分别通过模型对 2000—2009 年阿克苏站的 SPI-3 及协合拉站的 SRI-3 进行一步预测,通过均方根误差来表示预测精度,均方根误差在 0.9 左右,模型能够取得较好预测精度。实测与预测值对比结果见图 7.4、图 7.5。

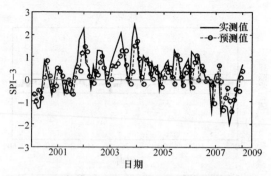

图 7.4 阿克苏站 2000—2009 年 SPI-3 指标预测值

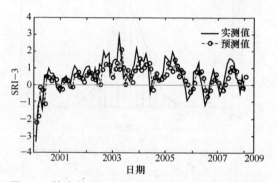

图 7.5 协合拉站 2000—2009 年 SRI-3 指标预测值

7.2.2 乘积季节模型(SARIMA)

对于既含有趋势性又含有季节性因素的非平稳时间序列,可以进行 d 阶差分以消除其趋势性,再进行 D 次季节性差分以消除季节性因素,使序列转化为平稳时间序列进行建模。模型表示为 $ARIMAC(p,d,q) \times (P,D,Q)_S$ 为乘积季节模型;P 为季节性因素的自回归阶数;Q 为季节性因素的移动平均阶数;S 为季节性周期长度,其形式如下:

$$\nabla^d \nabla^D_S x_t = \frac{\Theta(B)\Theta_S(B)}{\Phi(B)\Phi_S(B)}\varepsilon_t \tag{7.23}$$

$$\Phi(B) = 1 - \varphi_1 B - \cdots - \varphi_p B^p \tag{7.24}$$

$$\Theta(B) = 1 - \theta_1 B - \cdots - \theta_q B^q \tag{7.25}$$

$$\Phi_S(B) = 1 - \varphi_1 B^S - \cdots - \varphi_p B^{pS} \tag{7.26}$$

$$\Theta_S(B) = 1 - \theta_1 B^S - \cdots - \theta_p B^{qS}_Q \tag{7.27}$$

式中:$\nabla^d \nabla^D_S$——序列经过 d 阶逐期差分和周期为 S 的季节差分;

B——后移算子($B^k X_t = X_{t-k}$),ε_t 为白噪声序列。

对于阿克苏站 SPI-6 及协合拉站 SRI-6 序列,两序列均含有 6 个月季节性周期,首先对其进行一次差分,差分后序列平稳,可用来进行建模。见图 7.6。

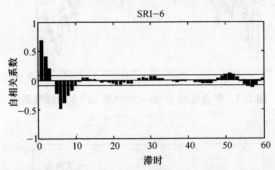

图 7.6　经一次差分后阿克苏站 SPI-6 及协合拉站 SPI-6 序列的自相关系数

采用与上文相同的方法对 SPI-6 进行参数估计,参数估计值通过了 t 检验,参数估计有效(见表 7.7)。

表 7.7　模型参数统计分析

序　列	模型参数	参数值	标准误差	t 值	P
阿克苏站 SPI-6	φ_1	0.776	0.027	28.523	0.000
	Φ_1	0.089	0.048	1.856	0.034
	Φ_2	−0.01	0.047	−0.204	0.038
	Θ_1	0.993	0.249	3.984	0.000
协合拉站 SPI-6	θ_1	−0.643	0.033	−19.420	0.000
	Φ_1	0.071	0.047	1.530	0.127
	Θ_1	0.988	0.084	11.777	0.000

对 2000 年 1 月～2009 年 12 月的各指标值进行一步预测,预测结果见图 7.7、图 7.8,从图中可以看出,阿克苏站 SPI-6 与协合拉站 SPI-6 的一步预测效果较好,均方根误差为 0.8 左右。

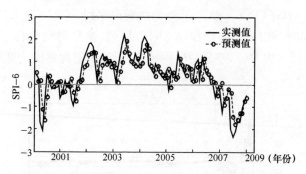

图 7.7　阿克苏站 2000—2009 年 SPI-6 指标预测值

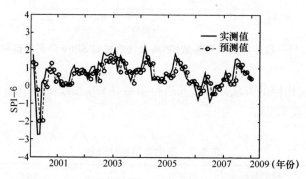

图 7.8　协合拉站 2000—2009 年 SPI-6 指标预测值

　　进一步检验两种模型对不同步长的模拟效果,ARIMA 能够较好的适应 SPI 与 SRI 的短期预测,其中一步预测精度最高,预测值与实测值相关系数在 0.8 以上,随着尺度的增加,预测效果增强,因此 ARIMA 模型可用来作为流域短期预警,为流域抗旱提供合理的依据。不同时间步长预测值与实测值相关系数见表 7.8。

表 7.8　不同时间步长预测值与实测值相关系数

站　点	序　列	月份			
		1	2	3	4
阿克苏站	SPI-3	0.811	0.662	0.415	0.326
	SPI-6	0.838	0.681	0.472	0.358
协合拉站	SPI-3	0.816	0.672	0.436	0.334
	SPI-6	0.846	0.697	0.476	0.364

7.3 本章小结

　　本章分别对干旱转移状态及干旱指标值进行了预测。采用加权马尔柯夫链对干旱转移状态进行了预测,得出加权马尔柯夫链对无干旱和轻度干旱的预测合格率较高,根据平稳分布概率剖析了对中度以上干旱状态预测效果较差的原因。引入双原则决策对其进行修正,使得对中度以上干旱状态的预测准确度明显提高。建立自回归滑动平均模型及乘积季节模型分别对3月及6月尺度的指标值进行了一步预测,所得结果精确度较高,能够作为流域短期预警的依据。

8 塔河流域干旱灾害效应

8.1 干旱灾害对农业及生态环境影响分析

8.1.1 对农业生产的影响

干旱作为一种自然灾害,在对国民经济各部门影响中,对农业有着广泛和最显著的影响,它不仅影响农业结构、作物布局和种植制度,而且对作物生长发育有着直接和间接的影响。干旱使作物缺水减产,影响农事活动,如影响肥料的使用及其有效性,导致病虫害和森林、草地火灾的发生等。

1)对粮食生产的影响

（1）旱灾对粮食生产的影响

1980—2010 年塔河流域由于旱灾所带来的粮食损失总计为 1 129.81 万 t,占同期塔里木河流域粮食总产量的 9.97%,如图 8.1 所示。

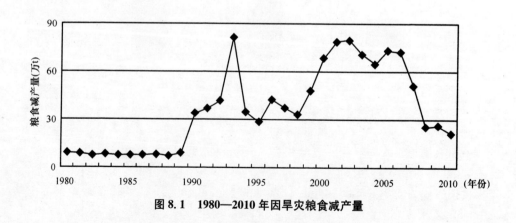

图 8.1 1980—2010 年因旱灾粮食减产量

从因旱减产粮食量占粮食总产量的比例和单位播种面积上减产粮食量看,

1980—2010 年因旱减产粮食总量占全塔里木河流域 30 年粮食总产量的 9.97%,年均每亩播种面积减产粮食 14.56 kg。因旱灾减产粮食最多的年份是 1993 年,占当年粮食总产量的 24.48%,平均年均每亩播种面积减产粮食 51.47 kg,其次是 2002 年,占当年粮食总产量的 18.32%,平均每亩播种面积减产粮食 40.42 kg。

(2) 对粮食减产影响的年代演变

从 20 世纪 80 年代至 21 世纪 10 年代旱灾引发粮食量减产是一个逐年增加的过程,见表 8.1,图 8.2 所示。20 世纪 90 年代因旱灾粮食减产量为 451.29 万 t,为 80 年代减产量 151.68 万 t 的 2.98 倍;21 世纪 10 年代因旱灾粮食减产量为563.65 万 t,为 90 年代减产量的 1.25 倍,80 年代的 3.72 倍。

表 8.1　塔河流域各年代因旱灾粮食损失统计

年　代	旱灾粮食减产量总计(万 t)	旱灾粮食减产量年均(万 t)	单位播种面上减产年均(kg/亩)	旱灾减产粮食占粮食总产的比例(%)
20 世纪 80	151.68	51.17	3.15	1.34
20 世纪 90	451.29	45.13	3.01	3.98
21 世纪 10	563.65	56.37	2.63	4.97

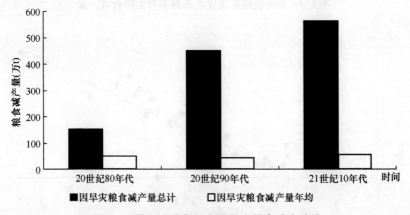

图 8.2　塔河流域各年代因旱灾粮食减产统计

塔河流域每年因为旱灾造成的粮食减产数不断上升,损失量占粮食总产量比重由 20 世纪 80 年代的 1.34% 上升为 21 世纪 10 年代的 4.97%。80 年代,平均每年粮食损失量为 51.17 万 t,占粮食总产量的 1.34%;90 年代,平均每年粮食损失量为 45.13 万 t,占粮食总产量的 3.98%,比 80 年代减少了 6.04 万 t;10(2000—2010 年)年代,平均每年因旱灾而造成的粮食损失量为 56.37 万 t,约占总产量的 4.97%,比 80 年代增加了 5.20 万 t,高出了 3.63 个百分点,比 90 年代增加了

11.24 万 t,高出了 0.99 个百分点。从上述分析可以看出,由于干旱灾害受灾面积和成灾面积不断增加,以及粮食单产的提高,使粮食损失量呈上升趋势,直接影响粮食产量的波动[6-9]。

(3)粮食减产与受灾率的关系

旱灾受灾率与因旱灾粮食减产量的关系见图 8.3,旱灾受灾率与旱灾减产粮食占全塔河流域粮食总产量的比例关系见图 8.4。从两图可见,旱灾的受灾率与旱灾造成的粮食减产量之间存在着很大的相关性,受灾率愈高,造成的粮食减产也就越多,如图 8.3、图 8.4 所示。

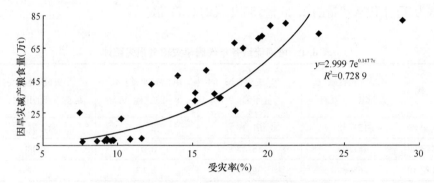

图 8.3　塔河流域旱灾受灾率与因旱灾粮食减产量

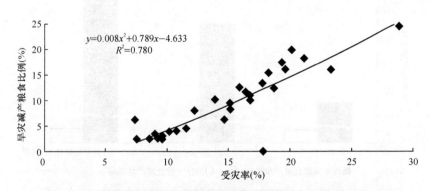

图 8.4　塔河流域旱灾受灾率与因旱灾减产粮食占粮食总产量的比例

(4)粮食减产量与受灾面积及成灾面积的关系

从旱灾受灾面积、成灾面积与粮食减产量之间的相关分析看,旱灾成灾面积与粮食减产相关分析的判定系数比受灾面积与粮食减产之间的更高,说明旱灾的成灾面积对粮食生产的影响更为显著,见图 8.5、图 8.6 所示。

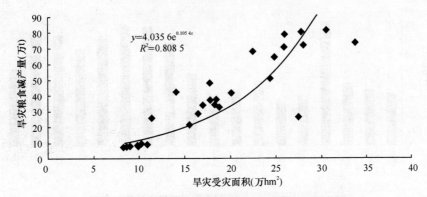

图 8.5 塔河流域旱灾受灾面积与因旱灾粮食减产量

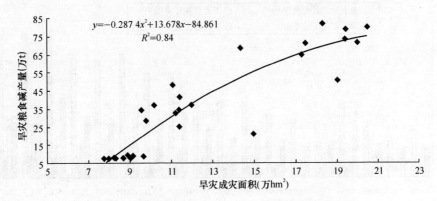

图 8.6 塔河流域旱灾成灾面积与因旱灾粮食减产量

2) 对农业经济的影响

塔河流域 1990—2007 年因旱粮食损失 976.23 万 t(年平均 54.24 万 t),是粮食总产量 7 212.05 万 t 的 13.54%,造成农业直接经济损失 2 214.06 亿元(年平均 123.01 亿元),占全塔河流域生产总值 66 928.18 亿元(年平均 3 718.23 亿元)的 3.31%;工业直接经济损失 1 169.20 亿元(年平均 64.96 亿元),占流域生产总值的 1.75%,牧业直接经济损失 636.47 亿元(年平均 35.36 亿元),占流域生产总值的 0.95%,经济总损失 4 019.73 亿元(年平均 223.32 亿元),占流域生产总值的 6.01%,见图 8.7、图 8.8。

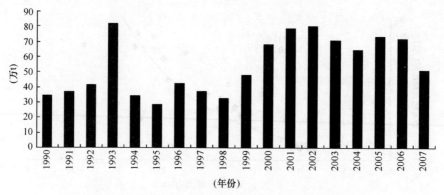

图 8.7　塔河流域 1990—2007 年因旱灾粮食损失量

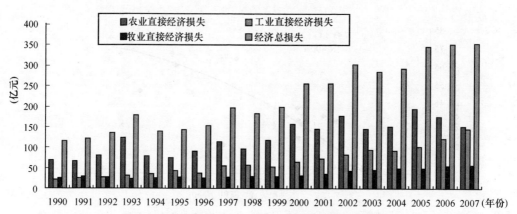

图 8.8　塔河流域 1990—2007 年旱灾经济损失柱状图

8.1.2　对生态环境的影响

1) 生态系统主要类型

塔河流域生态系统类型的划分采用水生生态系统和陆地生态系统相结合的原则,即河流作为一种水体,可按水生生态系统划分;同时又是一个占据一定陆地面积的区域,也可按陆地生态系统划分。作为一个水体,河流按水资源形成、消耗、转化、蓄积、排泄,划分为径流形成区、消耗转化区、排泄蒸散区和无流缺水区;作为陆地地域又可以按地貌类型、自然和人工植被,划分为山地、人工绿洲、自然绿洲、荒漠等类型。本研究以自然绿洲为主体,通过分析塔河流域干旱灾害发生时自然绿洲系统的生态响应来表征干旱灾害对塔河绿洲生态环境的影响。自然绿洲位于干旱区的冲击平原,这类生态系统是由不依赖天然降水的非地带性植被构成,主要由中生、中旱生等具有一定覆盖性的天然乔、灌、草植物构成,主要依靠洪水灌溉或地下水维持生命,植被的生长情况随着河流和水分条件变化而变化。它们伴河而生、伴河而存,沿着塔河形成连续、宽窄不一的绿色植被带,或者称为绿色走廊,其次一级生态系统单元有以下方面。

(1) 盐化草甸

盐化草甸是隐域性自然植被的主体,主要群种包括芦苇、胀果甘草、花花柴、大花罗布麻、疏叶骆驼刺等,这些植物都是参与组成盐化草甸的种类,塔河流域的草甸植被都带有盐化性质,这类草场总面积有 45.57 万 hm^2,不同种类的草本植物对地下水的依赖程度是有差别的。当地下水埋深为 1~2 m 时,其平均土壤含水量为 23.59%,大多数盐生草甸中的草本植物适宜生长;2~4 m 时地下水埋深部分植物仍然能够生长;地下水埋深降至 4 m 时,多数草本植物近于停止生长或者死亡,只有少数深根系植物能够存活。

(2) 灌丛

塔河流域灌木主要为柽柳属植物、白刺、黑刺、铃铛刺等。常见的柽柳有多怪柽柳、刚毛柽柳、长穗柽柳、多花柽柳等,他们是构成柽柳灌木丛植被的主要建群种。柽柳适生于河漫滩、低阶地和扇缘地下水溢出带,有广泛的生态适应性。随着地下水的下降,柽柳向超旱生荒漠植被过度,随着地下水上升,盐渍化加重,它向盐生荒漠过度。地下水埋深 1~2 m 的地方,柽柳分布数量不多,盖度较小;地下水埋深 2~4 m 处,灌木所占比例逐渐增大,盖度也相应地加大;当地下水位埋深至 6 m 时,除乔木外地上植被占统治地位的则是灌木,这种状况一直延伸至地下水位更深的区域,但是这一区域的柽柳生长并不处于最佳状态,长势较弱,生长良好的柽柳 95% 分布于地下水埋深小于 5 m 的区域内。

(3) 荒漠河岸林

塔河流域的乔木树种有胡杨、灰杨、尖果沙枣,前两者是构成荒漠河岸林的主要建群种,在塔河干流区胡杨分布最广。实生胡杨幼林皆发生在河漫滩上,其地下水埋深一般为 1~3 m,胡杨幼林表现出良好的生长势头;随着河水改道,形成现代冲击平原 1~2 级阶地,此阶段的地下水埋深一般为 3~5 m,此时胡杨林正处于中龄阶段,生长最为旺盛;分布在古老冲积平原高阶地上的胡杨林为近熟林,地下水埋深一般在 5~8 m,其长势明显低于中龄林;胡杨的成熟林与过熟林,都分布在古老的冲击平原上,地下水埋深多在 8 m 以下,长势最差,呈现出衰败的景象。

2) 对生态环境的主要影响

对于深处内陆区域的塔河流域,水是保持生态平衡和生态系统正常运行中不可或缺的要素,流域内的主要生态环境问题都与水资源有着密切的关系,如水土流失、土地荒漠化、土地盐碱化、沙尘暴、湖泊矿化度增高,地表水环境质量下降等都在不同程度上与干旱缺水有关,若干旱成灾则会使上述各类生态环境问题进一步加剧,其中较为突出的问题包括以下几点。

(1)导致地表水与地下水环境恶化

影响水质的因素是多方面的,包括地质构造、土壤盐分、土壤结构、土壤质地等因子,塔河流域水质恶化主要是由于长期干旱以及人类经济活动的影响,引发地表径流量和地下径流量不断减少。目前塔里木河仅在洪水期的水质为淡水,至洪水末期,水质已变为弱矿化水,而枯水期全为较高的矿化水。从塔河各站月平均矿化度监测数据可以看出,每年7~9月的汛期河水矿化度最低,其中在8月份矿化度<1,枯水期矿化度均很高,尤其以4~6月为最高,可达6.326 g/L。据调查34团农业灌溉水质在5月底到8月初这一重要的生产季节灌渠水的矿化度平均在2 g/L以上,最高达到6.24 g/L,导致农作物出现大面积死亡。

灌区地下水主要以灌溉用水的垂直渗漏补给为主,而非灌区则以河道流水的侧漏补给为主,由于地表水减少了对地下水补给,从而使塔河干流区地下水位不断下降,随着地下水位下降,地下水矿化度也逐渐升高,调查显示20世纪50—60年代,英苏至阿拉干河段的地下水水位约为3~5 m,1973年为6~7 m,1998年为8~10.4 m,1999年为9.4 m~12.65 m,从而导致阿拉干井水的矿化度由1984年的1.25 g/L上升至1998年4.5 g/L。

(2)引发地表生态系统退化

由于塔河下游特殊的干旱环境,天然植被生长所需的水分主要依靠地下水的补给,地下水是该地区天然植被维持和延续生命活动最主要、最根本的来源,地下水又是依靠河道渗漏补给。塔河流域1972年英苏以下246 km长的塔河断流,阿拉尔以南的地下水位由50年代的3~5 m下降至6~11 m,超过了植被赖以生存的地下水位,大面积湿地丧失,多年生植被退化,生态系统已失去再生能力,以胡杨为主体的荒漠河岸植被和以柽柳为代表的平原地灌丛等天然植被大面积死亡,天然胡杨林锐减,从50年代的5.4万 hm² 减至70年代的1.64万 hm²,至90年代仅剩0.67万 hm²。天然草地严重退化,芦苇草甸干枯,仅1988—2000年间,塔河下游天然草地就减少106 75 hm²,天然草地减少面积之中17.2%变成流沙地,4.03%变成裸地,14.1%变成盐碱地。

(3)加速绿洲缩减和沙漠化面积扩张

随着天然植被的全面衰败和大片死亡,塔河下游成了风沙活动的场所,沙漠化面积迅速扩大,塔河流域下游,1958—1993年期间,流动沙丘面积从土地面积的44.3%上升到64.47%,强度和极强度沙漠化土地增加了3.12%和3.56%,土地沙化扩展速率年增长率达4%以上。自上世纪80年代以来,塔河中下游地区大风沙尘暴强度明显加强,1998年4月13日~28日发生在新疆包括塔里木盆地的大风沙尘暴天气,最大风速达到 40 m/s,最小能见度为 0 m,直接造成全疆经济损失超过 10 亿元,塔河中下游地区的损失达 2 亿元。以尉犁县为例,70 年代平均每年风沙日数 0.8 天,扬沙日数 49 天,浮尘日数 44.7 天,比 60 年代的平均值增加两倍,80 年代和 90 年代又有显著增长。

3) 不同地下水埋深对地表植被的影响

在塔河流域,干旱的暖温带大陆性气候及其变化和不断加剧的人类活动,深刻地影响着该地区的景观格局与过程。在气候与人类活动的综合影响下,塔里木河下游以天然植被为主体的生态系统和生态过程因自然水资源时空格局的改变而受到严重影响,表现在植被盖度、物种丰富度、多样性及均匀度等方面。塔河流域降水稀少,大部分地区年蒸发量在 2 100~2 900 mm,显然只依靠天然降水无法维持植物生命的延续。就该区空间和时间的整体来说,地下水是天然植被维持和延续生命活动主要的、根本的来源,然而植物根部环境的土壤水是依靠地下水来补充。地下水主要采取向上运移的形式补充土壤水分,来满足植物的需要。当地下水埋深较高时,植物的根可直接吸收、利用地下水。埋深较低时,地下潜水通过毛管作用向上运动来影响各土层含水量,进而间接影响了植物的生长状况。

(1) 盐化草甸植被净第一生产力与地下水关系

用实际测定的草甸植被净第一生产力(NNP)与地下水埋深建立模型,从表8.2和图 8.9 中可以看出,随着地下水埋深的增加,潜水蒸发减少,土壤水分含量降低,植被吸收越来越困难,净第一生产力逐渐下降;当地下水埋深超过 3.5 m 时,其微小变化均能使 NNP 产生较大反应;当地下水埋深变化 1% 时,NNP 变化 10%,因此将这一深度定为草甸植被生长胁迫深度。

表 8.2 塔河流域盐化草甸植被生产力实测值

群落类型	植被生产力 NNP ((t·dm)/hm²)	地下水埋深 (m)
芦苇＋拂子茅＋杂草类	1.87	1.1
芦苇＋甘草＋罗布麻	1.35	1.4
甘草＋罗布麻＋花花柴	1.66	1.3
芦苇＋甘草＋罗布麻	1.14	1.5
芦苇＋罗布麻＋骆驼刺	1.4	1.7
甘草＋芦苇＋罗布麻	1.59	1.6
罗布麻＋花花柴	0.93	2
芦苇＋骆驼刺＋花花柴	1.04	2.2

续表 8.2

群落类型	植被生产力 NNP ((t·dm)/hm²)	地下水埋深 (m)
芦苇＋甘草＋骆驼刺	0.73	2.1
花花柴＋芦苇＋骆驼刺	0.61	2.5
芦苇＋骆驼刺	0.51	2.3
芦苇＋骆驼刺	0.44	2.8
芦苇＋骆驼刺＋鸦葱	0.58	1.9

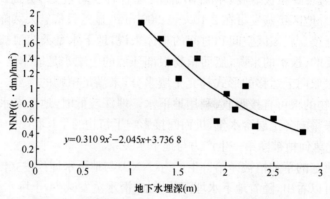

图 8.9　草甸植被净第一生产力（NPP）与地下水关系

（2）柽柳生长发育与地下水关系

运用数理统计的方法，在野外实际调查的基础上，建立柽柳生长于地下水埋深的关系模型，结果见表 8.3 和图 8.10。从表图中可见，有 43％的柽柳植被分布在地下水埋深处于 3 m 以内的环境中，有 83.4％的柽柳分布在地下水埋深为 5 m 以内的环境中，因此在考虑维持柽柳种群的基本生存状况的条件下，可以将地下水埋深为 5 m 作为柽柳生长的胁迫深度。

表 8.3　不同长势的柽柳在不同地下水埋深范围内出现的频率

长势	地下水埋深(m)										
	<1	1～2	2～3	3～4	4～5	5～6	6～7	7～8	8～9	9～10	>10	合计
生长良好	1.96	29.41	29.41	21.57	11.77	1.96					3.92	100
生长较好	2.23	17.42	30.34	23.62	14.04	3.93	2.81	3.93		1.12	0.56	100
生长不好	9.1	12.12	18.18	21.21	15.15	6.06		12.12		6.06		100

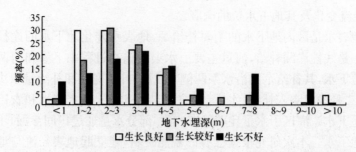

图 8.10 塔河地区不同长势柽柳在不同地下水埋深条件下的频率分布

（3）胡杨生长与地下水关系

根据《新疆森林志》描述（见表 8.4），地下水水位 1～3 m，胡杨生长良好；3～4 m，胡杨生长中等；5～6 m 胡杨生长停滞；6 m 以下，大部分枯死，这仅是一个粗略的估计。本次计算根据野外调查数据，建立胸径生长与地下水埋深的关系模型，当地下水埋深在 4.5 m 以内时，30 年树龄的天然胡杨最后 5 年平均直径生长量在 0.59～0.57 cm，变化幅度不大；当地下水埋深超过 4.5 m 时，很快降至 0.238～0.143 cm，6 m 以下为 0.08～0.05 cm，基本停止生长，因此可以将 4.5 m 看成胡杨生长的胁迫深度。

表 8.4 不同地下水埋深胡杨胸径生长量

地下水埋深(m)	1	1.5	2	2.5	3	3.5	3.848	4	4.3
30 年胡杨后 5 年平均胸径生长量(cm)	0.595	0.594	0.593	0.591	0.589	0.586	0.583	0.572	0.504
地下水埋深(m)	4.5	4.843	5	5.2	5.4	6	7	8	9
30 年胡杨后 5 年平均胸径生长量(cm)	0.438	0.298	0.238	0.182	0.143	0.08	0.06	0.05	0.05

4）径流变化与地下水位关系

（1）塔河干流地下水位监测

根据塔管局提供的塔河中游地下水位的监测资料，选取沙吉力克河口断面布设的 6 眼地下水观测井的观测数据。观测井位于沙吉力克河口以下 200 m 处河道上，在河道北岸，垂直河道延伸 1.5 km，距堤防距离分别为 100 m、300 m、500 m、800 m、1 000 m、1 500 m。数据为每年每两个月对地下水位监测 1～2 次，能够对塔河中下游段地下水位的时空动态变化过程、变化趋势进行研究分析。

（2）径流变化及其地下水位的响应

塔河地表水是区内地下水的主要补给源,地表水转化地下水的途径主要有两种形式。一是线性渗漏补给,河道主要引水渠在输水过程中下渗和向两侧渗漏直接转化为地下水,其补给范围沿水系两侧呈线型,补给宽度和补给量取决于地表径流的大小;二是面状渗入补给:水库、湖泊、季节性池塘、积水洼地和农田灌溉渗入转化补给地下水。灌区引水量比较稳定,有一部分水量通过田间渗漏,不断的渗入转化补给地下水。本次研究根据已有的观测资料,建立起地表径流与地下水埋深的曲线方程,其目的是通过典型断面的水文资料了解塔河干流中段地下水埋深的变化情况。

通过对径流数据和观测地下水位埋深数据的分析研究发现,塔河干流径流与各观测井地下水位埋深均呈良好的线性关系,用指数函数拟合能够很好地表示二者之间的关系,本次研究考虑数据的完整性和典型性,将英巴扎断面 2005—2009 年的径流量与沙吉力克河口断面各监测井年均地下水埋深的数据拟合,结果见表 8.5 和图 8.11。

表 8.5　塔河干流径流量与地下水埋深的相关方程

监测井号	拟合方程	R_2
1	$y=131\,991e^{-2.250\,9x}$	0.93
2	$y=237\,885e^{-2.288\,2x}$	0.81
3	$y=6\,917\,091.03e^{-2.72x}$	0.77
4	$y=93\,116\,975.42e^{-3.09x}$	0.82
5	$y=1\,418\,896\,277.90e^{-3.31x}$	0.90
6	$y=213\,905\,917.95e^{-2.81x}$	0.91

注:y 为径流量,单位为亿 m^3;x 为地下水埋深,单位为 m。

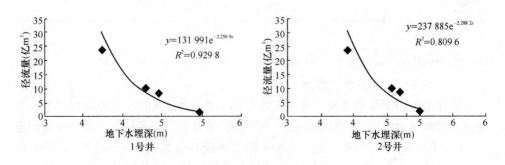

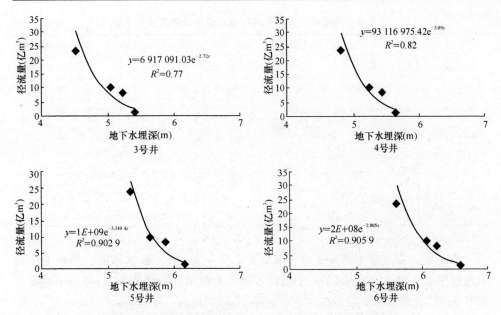

图 8.11 英巴扎径流量与沙吉力克河口地下水埋深关系图

从表图中可以看出,英巴扎断面年径流量与沙吉力克河口断面地下水埋深的年变化相关性较高,在各种曲线方程的拟合中指数函数的精度较高,R^2 均值达到 0.86,结果表明指数函数拟合能较好的表达二者之间的关系,2005—2009 年塔河干流两岸的地下水埋深随着塔河干流径流量增加而升高,这是因为地表径流是地下水的主要补给来源,年径流量的大小基本能够反映当年地下水埋深的情况,通过对数据分析研究发现,距离河岸堤防 800 m 以内的范围,地下水埋深与当年径流量相关性较好,这表明地表径流对地下水埋深影响显著,当距离河岸堤防大于 800 m 之外的范围,地下水埋深与上一年的径流相关性较好,地下水受地表径流的影响有一定的滞后性,但是地表径流依然是影响地下水埋深的主要因子。

(3)不同干旱年塔河干流径流量

本次研究以英巴扎断面作为研究基准断面,将不同干旱年塔河干流来水量折算至英巴扎断面,再通过英巴扎断面的径流量计算距堤防不同距离的地下水埋深。

根据目前塔河干流河道耗水研究,单位河长是一可比的参数。各河段平均年耗水量及单位河长耗水量见表 8.6。从表中可以看出,塔河上游段河道长 447 km,多年平均耗水 16.59 亿 m³,每 1km 河道耗水量为 0.037 1 亿 m³;中游段河道长 398 km,平均年耗水量 23.04 亿 m³,每 1km 河道耗水量为 0.058 亿 m³,本次研究的河道耗水主要发生在塔河干流的上游段。

表 8.6　塔里木河干流平均年耗水量及单位河长耗水量

河　段	上游段			中游段	上中游段
	上段	下段	合计	英巴扎-卡拉	阿拉尔-卡拉
	阿拉尔-新渠满	新渠满-英巴扎	阿拉尔-英巴扎		
河长(km)	189	258	447	398	845
平均年耗水 (亿 m³)	7.85	8.74	16.59	23.04	39.63
单位河长耗水 (亿 m³/km)	0.041 5	0.033 9	0.037 1	0.058	0.046 9

不同来水保证率下塔河流域各源流来水量见表 8.7。根据不同干旱年下的塔河各源流来水量,结合塔河干流平均耗水量及单位河长耗水量,可计算出不同保证率下的英巴扎断面径流量。在 75%保证率下塔河"四源一干"共注入干流水量 37.30亿 m³,随着干旱程度的加深,注入干流水量逐渐减少,90%保证率下各源流注入塔河干流水量合计 31.74 亿 m³,95%保证率下各源流注入塔河干流水量降至 29.81亿 m³。由于本次研究的基准断面为英巴扎断面,而开—孔河位于塔干流中下游,故计算塔河干流英巴扎断面来水量时需扣除开孔河补给水量,计算结果见表 8.8。

表 8.7　不同来水保证率下塔河流域各源流来水量

来水保证率 (%)	阿克苏河流 域来水(亿 m³)	叶尔羌河流 域来水(亿 m³)	和田河流域 来水(亿 m³)	开—孔河流域 来水(亿 m³)	合　计 (亿 m³)
75	26.41	0	6.39	4.50	37.30
90	25.22	0	2.02	4.50	31.74
95	24.25	0	1.06	4.50	29.81

塔河干流上中游总长度为 845 km,其中上游段河道长 447 km,中游段河道长398 km,上游河段年耗水量为 16.59 亿 m³,单位长度耗水量为 0.037 1(亿 m³)/km,把 75%保证率水平年折算至英巴扎断面径流量为 16.21 亿 m³,90%保证率水平年径流量为 10.65 亿 m³,95%保证率水平年径流量降至 8.72 亿 m³。

表 8.8 不同来水保证率下英巴扎断面径流量

来水保证率 (%)	径流量 (亿 m³)	阿拉尔-英巴扎			英巴扎断面径流 (亿 m³)
		河道长度 (km)	平均年耗水 (亿 m³)	单位河长耗水 (亿 m³/km)	
75	32.8				16.21
90	27.24	447	16.59	0.037 1	10.65
95	25.31				8.72

5) 干旱影响下生态情景分析

人类活动对生态环境产生积累性和广泛性的影响,塔河流域的生态环境完全是依靠地表径流转化为地下径流来维持,若没有地表径流,环境演变的最终结果将是沙漠。要使有限的水量在改善生态中发挥其应有的作用,把地表水转化为地下水,储存在土壤中供植物利用,为植物生长创造一个良好的生态地下水位是非常重要的。本次研究根据不同干旱程度下的来水量,计算出距河堤岸不同距离的地下水位,分析相应的植被状况,作为生态环境的表征,显示干旱灾害发生时的生态特征,为不同干旱年份生态环境的保护提供参考,结果见表 8.9。

表 8.9 塔河干流段不同干旱年份两岸生态情景分析

保证率	径流量 (亿 m³)	情景分析	井 号					
			1	2	3	4	5	6
		距离堤防	100 m	300 m	500 m	800 m	1 000 m	1 500 m
75%	16.21	地下水位 (m)	4	4.19	4.55	5.04	5.52	5.83
		生态特征	草甸植被开始受影响,柽柳、胡杨长势良好	草甸植被消失,柽柳、胡杨生长开始受到影响				柽柳、胡杨生长停滞,濒临死亡
90%	10.65	地下水位 (m)	4.18	4.38	4.92	5.17	5.65	5.98
		生态特征	草甸植被开始受影响,柽柳、胡杨长势良好	草甸植被消失,柽柳、胡杨生长开始受到影响				柽柳、胡杨生长停滞,濒临死亡

保证率	径流量 (亿 m³)	情景分析	井　号					
			1	2	3	4	5	6
		距离堤防	100 m	300 m	500 m	800 m	1 000 m	1 500 m
95%	8.72	地下水位(m)	4.28	4.46	4.99	5.24	5.71	6.06
		生态特征	草甸植被受影响较大,柽柳、胡杨长势较好	草甸植被消失,柽柳、胡杨生长开始受到影响				柽柳、胡杨出现枯死

8.2　对内陆湖泊流域水资源影响——以博斯腾湖为例

8.2.1　引言

内陆干旱区湖泊流域的水资源不仅是当地社会经济发展的重要制约因素,而且是湖泊—流域生态系统赖以存在的基础。湖泊作为降水和有效降水的历史和现代记录,更能反映气候的空间变化和区域特征。近几十年来,由于土地资源的大规模开发,人类通过修筑大量水利设施拦截入湖地表径流,加剧下游湖泊水资源的短缺,导致湖泊萎缩、咸化甚至干涸等问题,严重危及湖泊及其相邻区域的生态环境,造成湖泊生物多样性丧失、湖滨地区荒漠化加剧等问题。实施以湖泊流域水资源为核心的优化调控战略是改善湖泊生态环境、协调湖泊流域可持续发展和湖泊水资源可持续利用的关键。

塔河流域的多数湖泊,如博斯腾湖、台特玛湖等,由源自天山等山地的河流补给,与东部长江流域的鄱阳湖、洞庭湖、太湖等通江湖泊不同,其拥有独立的水循环系统,流域水文情势的变化必然导致湖泊水资源发生变化。由于缺少现代监测数据,对未来湖泊及环境变化预测存在很大的不确定性。从干旱对湖泊影响的角度来认识湖泊变化,可以为未来气候条件下的湖泊情景提供参照,从而有助于认识我国干旱区湖泊演化趋势,预防或解决目前湖泊流域资源开发利用中出现的问题。

塔河流域地域辽阔,地质构造复杂,地形高差大。受地貌及气候影响与控制,分布了类型众多的湖泊。据《中国湖泊志》记载,塔河流域大于 1 km² 的湖泊总数为 137 个,面积为 5 072 km²,占全国湖泊总面积的 7.1%,大于 10 km² 的湖泊总数为 32 个,面积为 4 828 km²。按湖泊盐度分,从淡水湖到半咸水湖、盐湖、干盐湖均有分布。该地区湖泊主要由山地降水和冰雪融水通过河流补给,湖泊多为河流的尾闾。由于气候长期干旱,水体蒸发量大,平原地区的湖泊多为咸湖,河流湖泊多为封闭水系。塔里木河沿天山山脉走向纵贯塔里木盆地,接纳天山和昆仑山冰雪融水及其山地降水,最终注入罗布泊。塔里木河及其支流构成了南疆主要水系,而罗布泊及其周边湖泊博斯腾湖、台特玛湖等成为水系中的主要积水洼地。

罗布泊于 1972 年前干涸,干涸前水面约 660 km²,约 88 km² 水面的台特玛湖也于 1974 年前后干涸。2001 年,由于山地降水增加,上游湖泊/水库余水向下游释放,罗布泊在 2001 年出现了一定的水面,而台特玛湖的水面达到约 30 km²。这种湖泊的变化过程反映了流域水资源量的变化,湖泊的消亡或再生与流域的人类活动有密切的关系。但是,湖泊作为自然的产物有其自身的发展规律。在自然状况下,湖泊也经历形成、演化、消亡的过程。由于现代仪器观测仅仅是记录了有限的气候环境变化历史,它所描绘的只是气候环境系统过程的一个短暂的阶段。历史上一些有研究价值的气候突变现象及其湖泊响应过程无法被器测记录,使得对目前湖泊变化的状态及未来的变化趋势难以把握。因此,以博斯腾湖为例,从干旱角度对博司腾湖近 50 年来变迁进行分析探讨。

8.2.2　数据与方法

观测数据采用计算潜在蒸散发所需的气温、降水、风速、日照时数、相对湿度及实际水气压逐日数据。

SPEI 是对月降水量与潜在蒸散的差值进行正态标准化得到的。首先是计算逐月的潜在蒸散量,一般是基于 Thornthwaite 方法,通过月平均气温计算逐月的潜在蒸散量。但这种计算潜在蒸散的方法只考虑温度因素,且假设温度低于零度时没有蒸散。即使月平均温度小于零度,潜在蒸散仍然存在(如一月中某天温度高于零度,但月气温低于零度)。本次采用了较为通用的彭门(Penman-Monteith)公式进行日潜在蒸散量的计算。计算公式为:

$$PET = \frac{0.408\Delta(R_n - G) + \gamma\dfrac{900}{T+273}U_2(e_s - e_a)}{\Delta + \gamma(1 + 0.34U_2)} \tag{8.1}$$

式中:R_n——地表净辐射;

　　　G——土壤热通量;

　　　T——平均气温;

　　　U_2——2 m 高度处的风速;

　　　e_s——饱和水气压;

e_a——实际水气压；

$\triangle$——饱和水气压曲线斜率；

r——干湿表常数。

由此可得到逐月的降水量与潜在蒸散量的差值为：

$$D_i = P_i - PET_i \qquad (8.2)$$

式中：D_i——降水与潜在蒸散的差值(mm)；

P_i——降水量(mm)；

PET_i——月蒸散量(mm)。

下面是对 D_i 数据序列进行正态化，并计算对应的 SPEI 值。Vicente-Serrano 比较皮尔逊Ⅲ（Pearson Ⅲ）、Lognormal、Log-logistic 及广义极值分布后发现，Log-logistic 分布对 D_i 数据序列拟合效果最好，故本次研究采用该分布。Log-logistic概率分布累积函数为：

$$F(x) = \left[1 + \left(\frac{\alpha}{x - \gamma} \right)^{\beta} \right]^{-1} \qquad (8.3)$$

式中：尺度参数 α、形状参数 β 及初始状态参数 γ 由线性距法（L-moment）估算得到：

$$\alpha = \frac{(w_0 - 2w_1)\beta}{\Gamma(1+1/\beta)\Gamma(1-1/\beta)} \qquad (8.4)$$

$$\beta = \frac{2w_1 - w_0}{6w_1 - w_0 - 6w_2} \qquad (8.5)$$

$$\gamma = w_0 - \alpha\Gamma(1+1/\beta)\Gamma(1-1/\beta) \qquad (8.6)$$

式中：$\Gamma(\beta)$ 为 Gamma 函数。原始数据序列 D_i 的概率加权矩 w_0、w_1、w_2 计算如下：

$$w_s = \frac{1}{N} \sum_{i=1}^{N} (1-F_i)^s D_i \qquad (8.7)$$

$$F_i = \frac{i - 0.35}{N} \qquad (8.8)$$

式中：N 为参与计算的月份数。

基于(15.3)式，计算出 SPEI 值。计算公式如下：

当 $P \leqslant 0.5$ 时，

$$P = 1 - F(x) \qquad (8.9)$$

$$w = \sqrt{-2\ln(P)} \qquad (8.10)$$

$$SPEI = w - \frac{c_0 + c_1 w + c_2 w^2}{1 + d_1 w + d_2 w^2 + d_3 w^3} \qquad (8.11)$$

式中：$c_0 = 2.515\,517$；$c_1 = 0.802\,853$；$c_2 = 0.010\,328$；$d_1 = 1.432\,788$；$d_2 = 0.189\,269$；$d_3 = 0.001\,308$。

当 $P > 0.5$ 时，P 由 $1-P$ 代替，w 不变，SPEI 变换符号。SPEI 等级划分及相

应的累计概率见表 8.10。

表 8.10 SPEI 干湿等级划分表

干湿等级	SPEI 值	累计概率(%)
极端湿润	SPEI≥2	2.28
中度湿润	1.5≤SPEI<1.99	6.68
轻度湿润	1≤SPEI<1.49	15.87
正常	−0.99<SPEI<0.99	50.00
轻度干旱	−1.49<SPEI≤−1	84.13
中度干旱	−1.99<SPEI≤−1.5	93.32
极端干旱	SPEI≤−2	97.72

首先对塔河流域近 50 年 SPEI 年时间序列采用 Man-Kendall 和 CUSUM 法进行趋势检验和突变分析,并采用 Mann-Whitney 法对突变点进行显著性检验。

8.2.3 对博斯湖水位影响分析

(1) SPEI 趋势分析

对塔河流域 1961—2010 年 SPEI 区域年平均值的趋势分析表明:近 50 年来,塔河流域 SPEI 呈显著上升(95% 置信水平)趋势,并在 1986 年发生突变,见图 8.12。显著性检验表明该突变点显著性达到 99% 的置信度水平。

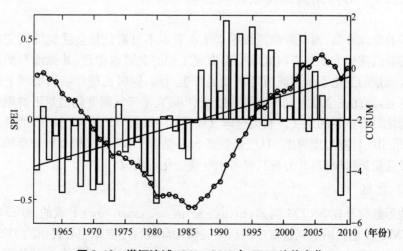

图 8.12 塔河流域 1961—2010 年 SPEI 均值变化

(2) 对博斯腾湖水位影响分析

图 8.13　1955—2010 年博斯腾湖水位变化

　　1955—2010 年期间年博斯腾湖平均水位为 1 047.03 m,其中最高水位为
1 048.90 m,出现在 2002 年;最低水位为1 044.95 m,出现在 1986 年,见图 8.13。
从图中可看出博斯腾湖水位与塔里木河流域干湿指数变化具有一致性,博斯腾湖
水位变化的总趋势是:1955—1986 年期间逐年水位以下降为主;1987—2002 年期
间逐年水位以上升为主,近 10 年来水位持续下降。

8.2.4　对博斯腾湖流域径流影响分析

　　随着全球升温,博斯腾湖流域的水文水资源不可避免地会受到气候变化的影
响。博斯腾湖作为实施塔河流域生态恢复工程的关键水源地,其源流开都河的出
山口径流量的变化不仅对流域经济发展产生影响,同时也将影响到塔河下游生态
环境恢复,因此在全球大气环流调整过程中,研究未来气候变化情景下博斯腾湖径
流量变化具有重要的意义。利用全球气候模式 HadCM3 在 A2 和 B2 情景下的日
数据,采用统计降尺度模型 SD 气候要素 SM,结合 HBV 水文模型对博斯腾湖流域
未来径流量进行模拟,并分析其对未来气候变化的响应。

　　1) 数据

　　地形数据是在 SRTM 网站(http://srtm.csi.cgiar.org)下载的 90 m×90 m
的 DEM。土地利用数据选取中国科学院资源环境科学数据中心提供的 1986 年和
2000 年 2 期研究区 1:10 万土地利用类型数据。开都河流域气象观测数据为中国
气象局国家气候中心提供的开都河流域内和附近的 6 个气象测站(巴音布鲁克、巴

仑台、轮台、焉耆、和静、和硕)逐日最高、最低及平均气温、日降水数据。覆盖塔河流域的 NCEP 数据(1961—2001 年)和英国 Hadley 气候预测与研究中心的全球气候模式 HadCM3 在 A2 和 B2 情景下的气候要素日数据,其中 A2 反映区域性合作,对新技术的适应较慢,人口继续增长;B2 假定生态环境的改善具有区域性。NCEP 数据经过网格再划分与 HadCM3 的网格尺度一致,见图 8.14,它包含了500 hPa、850 hPa 高度场,比湿,经向风速,纬向风速,涡度以及海平面气压等环流因子。

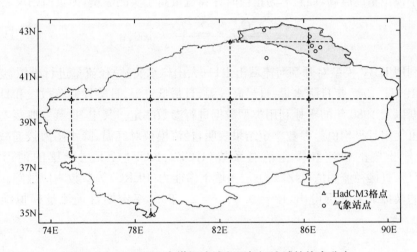

图 8.14　HadCM3 在塔河流域和开都河流域的格点分布

2) HBV-D 模型

本研究采用由德国 PIK 研究所 Krysanova.V 博士改进的 HBV-D 模型。HBV-D 模型由子气候资料插值、积雪和融化、蒸散发估算、土壤湿度计算过程、产流过程、汇流过程等子模块组成。模型具有 Routing(汇流时间)模块,分别模拟各子流域的径流过程,后经过河道汇流(Musking-hum flow routing)形成流域出口断面的径流过程。模型应用相对简便,输入数据主要是 DEM、日均气温、降雨、土地利用、土壤最大含水量和河流汇流时间等参数。模型可将 DEM 划分的子流域再次划分 10 个不同的高程带,而这 10 个不同高程带又将被细化为多达 15 个不同的植被覆盖面积,经过多次划分子流域,有利于考虑下垫面和降雨空间分布的差异,并分别模拟各子流域的径流过程,然后经过河道汇流形成流域总出口的径流过程。

3) HBV-D 模型及参数率定

模型性能使用由 Nash 和 Sutcliffe 于 1979 年提出的效率系数 R^2 值来判断。

该方法用来解释模型的误差,拟合完美时 $R^2 = 1$,一般当观测资料较好时 R^2 能够达到 0.8 以上。R^2 计算公式为:

$$R^2 = \frac{\sum (Q_{obs} - \overline{Q_{obs}})^2 - \sum (Q_{sim} - Q_{obs})^2}{\sum (Q_{obs} - \overline{Q_{obs}})^2} \tag{8.12}$$

式中:Q_{obs}——实测径流量($\mathrm{m^3/s}$);

　　Q_{sim}——模拟径流量($\mathrm{m^3/s}$)。

模型使用多年径流统计量相对误差 r 来评价模型的模拟精度,相对误差 r 的值越小模拟精度越高,而且 r 为正值时计算流量高于实测流量,为负值则反之。

$$r = \frac{\sum Q_{sim} - \sum Q_{obs}}{\sum Q_{obs}} \times 100\% \tag{8.13}$$

利用 HBV 模型对开都河流域出山口(大山口水文站)径流量进行模拟,选取 4 个站 1967—1987 年日降水量、日最高气温、日最低气温、日蒸发皿蒸散发和日径流量数据以及 1980 年的土地利用类型数据进行参数率定。其中,日蒸发皿蒸发量数据也可使用月平均值。参数率定结果表明,径流模拟对气温、降水随海拔递减率、β 值、上层土壤的快速和慢速消退系数(KUZ2、KUZ1)、下层土壤的消退系数(KLZ1)、直接径流阈值(UZ1)、下层土壤下渗能力(PERC)等参数响应敏感。对月尺度的模拟结果分析得出,$R^2 = 0.64$,$r = 2.79\%$,率定期日径流量模拟结果见图 8.15 所示。

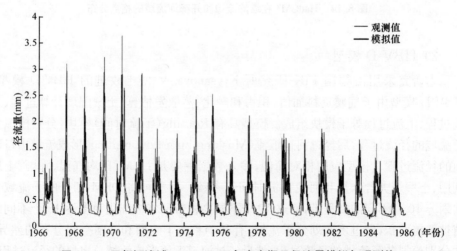

图 8.15　开都河流域 1966—1986 年率定期日径流量模拟与观测值

4) HBV-D 模型验证

本节选取 2000—2007 年为模型验证期,由于研究区海拔较高,受人类活动影响相对较小,因此验证期土地利用类型数据采用 2000 年的数据。对验证期的月尺度模拟结果分析得出:$R^2 = 0.60$,$r = 5.32\%$,验证期日径流量模拟结果见图 8.16 所示。

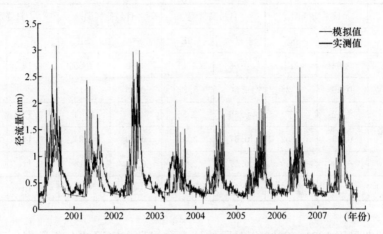

图 8.16 开都河流域 2000—2007 年验证期日径流量模拟与观测值

可以看出有些时段的模型模拟效果并不好,特别是验证期的开始年份,原因主要包括:模型模拟预热;气象站点的空间分布密度;DEM 和土地利用类型数据等空间分辨率以及模型参数率定过程中存在的不确定性等。总的来说,模型经参数率定后,模拟结果有着较好的精度,可以用于开都河流域径流的模拟。

5) 径流对未来气候变化的响应

(1) 未来气候情景生成

首先是预报因子的选择。根据筛选的结果可以发现,无论是日最低、最高气温,还是日平均气温,筛选出的偏相关系数绝对值较高(0.6~0.9 之间)的前 3 个预报因子均是 mslp(平均海平面气压)、p500(500 hPa 位势高度)和 temp(平均气温);而相对于气温,降水量筛选的预报因子较多,包括 p5_vas(500 hPa 经向风速)、zas(涡度)、shum(地表比湿)、r500(500 hPa 的相对湿度)等,但与预报因子之间的偏相关系数绝对值比较低(0.1~0.2 之间)。其次是对 SDSM 模型的率定和验证。SDSM 模型采用解释方差和标准误差来反映预报量与环流因子之间的关系。模型的解释方差表示预报量与预报因子之间的相关性大小,而标准误差则反映预报量对预报因子的敏感性。表 8.11 列出了模型率定期(1961—1990)流域各个站点日最高气温、最低气温和日平均气温的解释方差(r^2)和标准误差(SE)。由表可知,筛选的环流因子对日最高气温和日平均气温的方差解释较好,所有站点的解释方差都在40%以上。但对降水的方差解释略差,模型的解释方差在0.1～0.25之间。

表8.11 SDSM模型率定的各站解释方差(r^2)和标准误差(SE)

站点	日平均气温		日最高气温		日最低气温		日降水量	
	r^2	SE	r^2	SE	r^2	SE	r^2	SE
巴仑台	0.62	2.1	0.69	2.14	0.4	2.55	0.18	0.39
巴音布鲁克	0.49	3.34	0.50	3.83	0.25	4.17	0.2	0.40
和静	0.42	2.71	0.56	2.55	0.2	3.44	0.13	0.35
焉耆	0.45	2.52	0.57	2.55	0.19	3.24	0.14	0.34
和硕	0.49	2.59	0.57	2.59	0.26	3.18	0.14	0.38
轮台	0.45	2.45	0.55	2.56	0.22	3.14	0.10	0.36

验证期采用1991—2000年时段的站点数据和NECP再分析数据。采用相关系数(r_1)和效率系数(C_e)来检验模型精度,检验结果见表8.12和图8.17。从表8.12中可以看出SDSM模型的气温变化模拟能力较好。

表8.12 SDSM模型验证期结果与实测数据关系统计

站点	日平均气温		日最高气温		日最低气温		日降水量	
	r_1	C_e	r_1	C_e	r_1	C_e	r_1	C_e
巴仑台	0.90	0.81	0.92	0.84	0.88	0.77	0.48	0.42
巴音布鲁克	0.92	0.84	0.94	0.86	0.74	0.65	0.51	0.58
和静	0.95	0.89	0.96	0.84	0.72	0.63	0.46	0.45
焉耆	0.96	0.92	0.94	0.86	0.70	0.58	0.32	0.43
和硕	0.96	0.92	0.97	0.88	0.78	0.67	0.36	0.39
轮台	0.94	0.84	0.95	0.82	0.74	0.66	0.40	0.51

从图8.17也可看出,SDSM模型的气温变化模拟能力较好,对日降水的模拟量值偏小,这有可能在一定程度上与受验证时段(1991—2000年)流域降水相对于

率定时段(1961—1990 年)显著增加有关。这表明用 SDSM 模型预测开都河流域未来日最高、日最低及日平均气温变化是可行的。

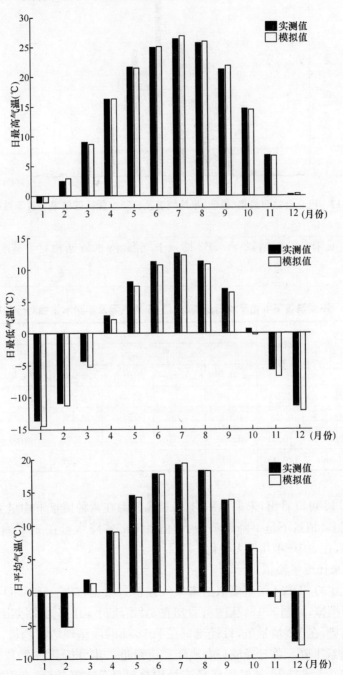

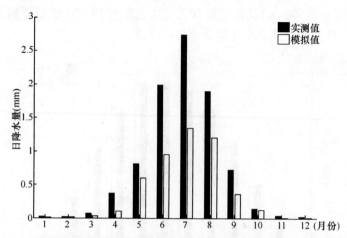

图 8.17 巴仑台站日最高、最低、平均气温及日降水量验证结果与实测数据比较

最后生成未来气候情景：A2、B2 情景下气温、降水数据相对于基准期的变化见表 8.13。

表 8.13 不同情景下 6 站平均日最高、最低、平均气温及年降水量相对于基准期变化

气候要素	基准期平均值	相对于基准期变化					
		A2 情景			B2 情景		
		2010 年	2020 年	2030 年	2010 年	2020 年	2030 年
日最高气温(℃)	13.93	0.48	1.12	1.43	0.10	1.12	1.36
日平均气温(℃)	6.21	0.08	1.08	1.28	0.13	0.90	1.19
日最低气温(℃)	−0.61	1.53	2.03	2.15	−0.75	−0.46	−0.42
年降水量(mm)	120.13	1.67	−32.34	−40.45	−1.78	−22.33	−37.58

从表 8.13 可以看出，未来日平均、日最高气温在两种情景下均呈上升趋势，日最低气温在 B2 情景下呈下降趋势，两种情景下的年降水量在 2020 年、2030 年均呈下降趋势，在 2010 年几乎无变化。

(2) 未来径流量模拟

利用上述的 SDSM 模型模拟的未来气候情景数据，结合 HBV-D 模型对未来径流量进行模拟，见图 8.18，从图可看出在 A2 情景下，开都河流域出山口日径流量呈下降趋势，在 B2 情景下，日径流量在 2010 年时段呈现增加趋势，在 2020 年、2030 年呈持续下降。将日径流量合成年径流量进一步分析其在 2012—2038 年的变化：在 A2、B2 情景下，该时段年径流量均呈现显著下降趋势，在 B2 情景下，在

2010年年径流量呈现增加趋势。

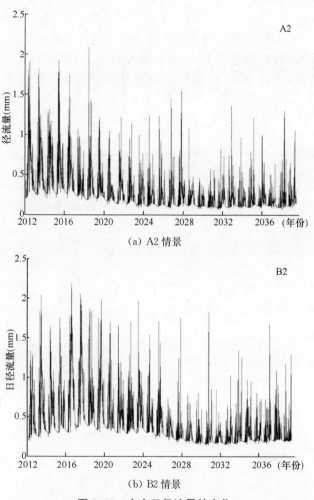

(a) A2 情景

(b) B2 情景

图 8.18 未来日径流量的变化

结合未来径流量的预测结果的年平均值可看出,两种情景下模拟出的年径流量在2010年平均值更接近由基准期实测数据计算得到的平均值。由于SDSM模型在开都河流域降水的模拟方面效果不是太好,因此在未来径流量变化趋势上仅能简单结论,对于未来径流量模拟精度的提高,还需采用更高精度的日降水量预测数据。

8.3　本章小结

　　本章在干旱灾害对塔河流域农业生产、生态环境、干流径流量、地下水位和内陆湖泊水资源影响分析的基础上,以博斯腾湖为例,采用 SDSM 模型对气温和日降水进行了模拟;结合 HBV-D 模型对未来径流量变化趋势分别进行了模拟和预测。

9 塔河流域灾害应对措施数字集成方案

9.1 概述

旱灾是人类面临的主要自然灾害之一,是水分不足以满足人类生存和经济发展需要的一种自然现象,并且随着全球气候变化的影响以及人类对水资源的不合理开发利用,使水资源供求的矛盾日益加剧。在多源信息的数字集成平台上研究干旱信息,加强对区域旱情和水资源信息的管理,并根据旱情发展,科学合理地进行水资源调配,是信息技术在水利行业的具体应用之一。

数字集成就是在数字化的平台上,结合应用目标把不同的信息技术资源、内容、功能和方法有效的集聚成一个协同工作的整体,形成一个完整的解决方案。随着信息技术的发展,计算机技术、地理信息系统(GIS)、空间数据库以及网络技术的不断应用,数字集成,尤其是以地学空间信息利用为中心,融合数据管理、模型计算、信息共享与交换和成果展示为一体的集成信息平台已成为现代科学管理、地学应用和专题研究的重要组成部分,为社会的发展和科技的进步发挥着重要作用。

集成的思想可能最早来源于美国学者 Joseph Harrington 的"计算机集成制造"(Computer Integrated Manufacturing,CIM)这一概念。他认为在企业生产活动中,虽然各个环节已逐步实现了计算机化和数控化,但各环节之间缺乏良好的联系和协作,各自成为独立的"自动化孤岛",影响整个系统的工作效率。因此,需要科学有效地整合各环节形成一个整体,把生产过程视为工作流和生产链,把产品需求分析、设计、制造、经营管理和售后服务紧密连接并集成起来,协同工作,统一管理,形成完整的系统,从而提高效率。

对于信息应用和研究领域来说也是一样,分散的信息难于统一管理,分散产生大量重复和冗余;分散信息保存方式多样、形式各异,缺少统一的标准;在使用中,由于信息分散使得数据和模型难于联系,也会导致数据引用的不一致,产生错误。此外,由于使用信息的人员较多,更易导致数据信息的混乱,影响工作效率。所以集成化的管理和应用是目前信息技术的一个发展方向。

　　塔里木河流域地处我国内陆干旱区,地域辽阔,降雨甚少,蒸发强烈,自然环境十分恶劣,属于生态环境极其脆弱地区,旱灾是塔里木河流域最为严重和常见的灾害。多年来由于经济的发展和水资源的不合理利用,使用水矛盾更加突出,生态环境恶化,灾害频次明显加快。特别是跨季、跨年的旱灾越来越频繁,旱情持续时间更长,旱灾造成的损失也更加严重。塔河流域干旱预警与水资源应急调配专题研究就是在对干旱成因和规律系统研究的基础上,探索塔河流域干旱灾害发生的频率、强度和空间分布特征及其历史演变规律,揭示塔河流域干旱灾害的形成机理与特征;确定干旱综合指标;进行干旱预警和水资源的合理规划、调配,从而为塔里木河流域地区的经济和生态环境的可持续发展服务。塔里木河流域干旱与水资源调配技术研究涉及多源数据信息、多目标模型、多内容方法,以及信息共享与交换和研究成果等多种内容,为了便于信息共享、成果展示,基于集成管理的思想,构建以数据为中心的,集数据库、应用模型、GIS和研究成果统一的,面向流域旱情和水资源配置专业领域应用的数字集成方案。

9.2　塔河数字集成方案框架

　　塔河流域干旱和水资源调配数字集成(下称塔河数字集成)的目标是以 WEB-Service 为技术手段,针对流域干旱、水资源空间数据分布、模型应用特点,结合GIS、数据库、网页开发技术方法,构建融合基础信息、干旱专题、分析模型和成果展现的资源共享和信息交互平台,实现面向塔河流域旱情信息和干旱预警、水资源调配信息的集成。

9.2.1　数字集成方案的内容

塔河流域干旱和水资源调配数字集成方案的内容包括:
　　(1) 在收集和整理塔河流域自然地理信息、水资源信息、旱情信息和社会经济信息上,结合干旱预警和水资源调配的需要,有效地实现多源基础地理信息和专题信息的整合;
　　(2) 在空间数据采集和地图数字化的基础上,编辑、整理和构建塔河流域基础地理空间信息以及干旱预警和水资源调配相关空间信息,制作相关 GIS 地图;并基于 Web 发布,服务于旱情分析与应用;
　　(3) 基于通用数据库和 Web 技术构建基础信息数据库和干旱预警信息、水资源调配专用信息数据库；

（4）构建基于网络的信息查询应用和空间信息可视化的数字平台和实现数据交互共享；

（5）实现基于数字平台的干旱灾害评价与预警，分析不同旱情等级下水资源调配与调度模型、措施的应用。

9.2.2　集成建设原则

数字集成围绕着流域干旱和水资源调配的关键技术问题，在相关专题研究的基础上，紧密结合新疆内陆干旱区基础地理信息特点、水资源空间分布状况和干旱预警的实际，构建塔河流域的干旱预警及水资源调配数字平台。从而实现水资源、旱情信息的数字化管理和空间信息的可视化显示，为水资源调配方案以及不同方案对区域生态环境、农牧业产量、用水等影响的研究提供支撑，为类似地区干旱和水资源的科学管理、旱情调节与防灾减灾奠定基础。

构建塔里木河流域干旱与水资源调配数字集成平台需充分结合流域特点，从有利于区域干旱研究和水资源管理和调配专题研究的需求开发，采用先进的J2EE、数据库和GIS技术，在网络平台上集成干旱信息分析、水资源调配模型应用，力求达到先进性、实用性、标准化、集成化和网络智能化。

先进性：系统地采用当前国内外流行的WEBGIS技术，将基础地理信息、干旱专题信息和水资源分布和配置模型信息等合理有效地组织在平台中。

实用性：就是根据流域干旱和用水调度管理的实际需求出发，符合实际情况，反映实际特点，满足旱情预警研究和水资源调配研究对空间信息和辅助决策的根本要求，解决实际应用中的问题，从而在社会经济发展和生态保护中发挥效益。

标准化：数据结构和功能模块的标准化。数据结构的标准化主要是针对水情、旱情数据库和通用的地理信息，有利于数据共享和兼容；功能层间统一标准，统一数据库接口，易于扩展。

集成化：实现多源数据的集成，将分析、计算、显示等多项功能融合。

网络智能化：采用网络化的手段，多用户的角色管理，安全运行。

9.2.3　塔河数字集成需求分析

数字集成的总体目标是建立塔里木河流域干旱预警和水资源合理调配的网络

化信息系统,实现干旱信息的整合与集成,基于数字化平台实现不同等级的干旱情景下水资源的配置与应用。

（1）基础地理与环境信息需求

塔里木地区旱情的发生、发展和当地的自然生态环境密切相关,旱情研究以及水资源配置都离不开具体的自然地理条件和水资源状况。干旱区划、干旱成因分析以及干旱指标体系的建立需要大量的地理空间信息,干旱的预警也要结合大量的土地利用和区划信息进行;水资源合理配置要基于水资源量及其分布状况,基础水资源和环境信息是水资源合理配置的基础。数字集成目的之一是基于 GIS 空间信息应用,大量的基础地理信息将有助于用户充分掌握和了解塔河流域的干旱背景和水资源分布与利用状况,有利于干旱预警分析和水资源合理配置的进一步研究。

数字平台具有提供基础地理信息的功能。主要包括:行政、流域区划,水系,交通,主要居民地,地形和遥感资料等基本信息;还有水资源环境背景数据、土地资源数据、生态环境数据、卫星影像、统计数据、气象信息、专题数据等信息。

（2）干旱信息与旱情预警研究需求

旱情研究与分析是基于大量的气象、农业、生态因子,需要多要素的支持而进行的决策系统。数字集成平台兼顾现势性和历史资料数据,可以提供大量的历史数据供研究分析,支持干旱成因、演变和区划研究,可进行相应地区（流域）不同干旱等级的评价和概率统计。

数字平台在提供基础地理信息以及干旱专题信息的同时也反映了干旱研究的成果。结合干旱的分级分类体系,针对相应的研究单元进行干旱评价与旱情的预警。内容包括气象干旱信息（降雨、气温、蒸发等）,农业干旱信息（土壤商情等）,干旱区划,干旱指数,以及干旱需水分析等。

（3）水资源配置应用模型需求

水资源配置基于不同地域的需水分析和全境水资源分布状况,根据研究区流域水资源总量、区域分布情况、开发利用现状及存在的主要问题,以可持续性、有效性、公平性和系统性为原则进行科学配水。

水资源配置研究需要水资源分布空间信息以及输水水系的空间关系。概化水系和空间节点关系在水资源配置计算中起着重要的作用。不同地区用水、用水结构、需水、需水结构、可供水以及水质状况等都需要整合入库,水资源配置的结果也需要通过相应的接口入库,形成方案供用户共享。

借助于数字平台,结合不同的水资源配置原则可以分析研究不同干旱等级情况下的水资源调度和配置方案,有利于水资源合理利用的决策和规划。

（4）数字集成技术需求

网络技术需求：干旱预警和水资源调配数字集成平台是网络化、多用户的系统，主要功能的实现都是在局域网内完成的，这就要求所有的数据集成、信息的发布、模型的应用等都要基于网络的架构。

多源数据集成技术需求：数据集成服务于干旱研究地学数据集具有多源性、多时空、多尺度和多类型的特征。它们涉及面广、数据类型各异、形式多样，来源于不同的部门，或来自于网络，包括空间信息、属性信息、基础地理信息、各种专题信息和社会经济信息等。因此，多源数据集成结合研究的目的和应用的要求统一编辑、存储、管理和发布数据，实现数据的统一空间参考、数据类型等级、一致性和数据之间有效的关联，在此基础上建立起基于数据内容的数据集成模式。

GIS集成技术需求：地学应用研究离不开空间信息及其分析应用。干旱这种自然现象和人类对水资源的开发利用过程均具有明显的时间和空间分布特点，这种特征决定了地理空间信息及其应用在干旱成因分析、旱情监测、水资源管理和水资源合理调配研究方面的重要性。GIS技术是空间数据处理、空间信息可视化、空间信息分析和应用的有力工具，在数字化平台的框架下，将GIS技术和相关应用结合在一起成为必然。

模型应用的技术需求：许多专题应用研究有着相应的应用模型。它们往往是一个独立的算法、模型、软件或系统，具有离散、主观、不规范、缺少统一标准的特征，在统一的数字化平台上给数据交互传递以及相互应用造成困难，使整个平台的数据链、生产链割裂。应用模型集成的目的就是要把相应模型用有效的方式整合到数字化信息平台中，在统一的体系框架下，实现数据流的完整和应用的效率。干旱分析和水资源调配模型也有很多基于离散的算法模型和软件，如何在数字化平台的框架下有效地模型集成，需要针对模型、算法和软件在统一的系统集成框架下分析解决。

9.2.4　集成方案的框架体系

基于对塔河流域干旱和水资源配置数字集成内容、建设原则和需求的分析，结合项目的目标、功能、结构和特点，采用 Web 技术构建浏览器/服务器/数据库（B/S/D）三层构架下的应用服务体系（分布式异构数据库端、服务器端、客户端），融合 WebGIS 应用、数据库和模型的集成。以网络、数据库及相关技术为主要技术手段，在统一的规范和标准下，构建塔里木河流域基础地理和干旱、水资源调配数据库系统,通过数据采集建库,建立相应的数据维护管理体系,形成有效的塔里木河流域水资源与干旱预警数据服务平台,为水资源的合理调配及干旱分析预警提供基础服务。

集成方案基于 J2EE 体系架构技术,它由客户端、Web 服务器层、GIS 应用服务器层、数据库层等多层结构组成(图 9.1)。其中,数据库层是基础,管理基础地理信息空间数据和干旱专题数据信息;GIS 应用服务器和 Web 服务器是中间层。GIS 应用服务器层管理并发布空间数据到 GIS 服务器上;Web 服务器负责响应客户端请求,并调用 GIS 应用服务器上的服务实现 GIS 功能;用户通过浏览器来实现交互。总体结构属于基于面向服务的多层次的框架方式。

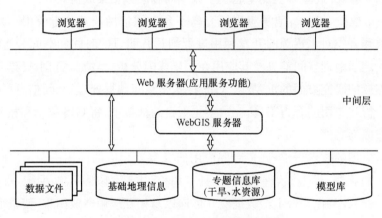

图 9.1 数字集成方案框架体系

9.3 塔河数字集成方案的功能与实现

9.3.1 平台运行环境

1) 硬件配置

服务器(包含 Web 服务器、WebGIS 服务器和数据库服务器);浏览器;局域网和互联网环境(同时访问)等。

2) 软件配置

Windows Server 2003(或 Windows XP);

IIS 5.1(或以上)；

SQL Server；

ArcGIS Desktop；

ArcGIS Server；

FlexBuilder；

MacroMedia 系列,等。

3) 布署

将服务器部署到一个或者多个机器上(本集成工作部署在同一台服务器上)。安装在一台机器上以便于开发和测试;分布式的安装是在同一个局域网的多个机器上部署服务器对象管理器(SOM),服务器对象容器(SOCs)和 Web 服务器,SOM 可以发送服务请求到系统中的任何一台 SOC 机器上。这样必须考虑多台服务器数据目录、使用权限、防火墙的设置等问题。

9.3.2　功能设计

1) 登录

基于浏览器,多用户登录,并供使用(见图 9.2)。

图 9.2　登录界面

2）功能模块设计

围绕塔河流域干旱和水资源调配研究，其数字集成平台的主要功能模块包括（见图 9.3、图 9.4）：

图 9.3　功能选择

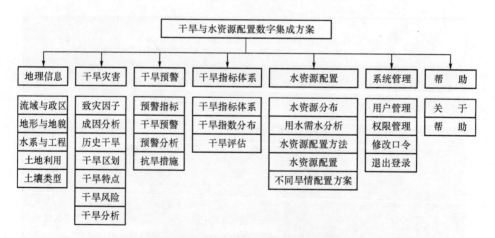

图 9.4　数字集成平台主要功能模块示意

地理行政区划、流域分布、水文与气象、水利工程、地形地貌、土地利用等。

干旱灾害：干旱成因、干旱历史数据查询、干旱特点、干旱区划和干旱风险图。

干旱指标体系:干旱指标体系、干旱评价指标、干旱分布。

干旱预警:干旱预警指标、干旱预警、干旱预警分析。

水资源配置:水资源配置规则、水资源分布、用水、需水、可用水、水资源配置方案,以及不同旱情下的水资源配置情况。

用户管理:用户维护、角色管理。

9.3.3 塔河数字集成平台数据组织、处理与集成

在流域干旱和水资源合理调配研究中,对地理空间信息的需求主要体现在地理信息可视化、信息处理、查询提取和共享上。用可视化方式表达旱情和与干旱有关的自然地理和社会经济基础信息,表达水资源空间分布及水资源调配信息,反映干旱和水资源的空间变化的关联信息,并以此作为分析、评价、管理塔河流域干旱状况的依据,进行塔里木河流域干旱的多空间因子分析,更有利于水资源合理利用、合理调配的管理和决策水平的提高。

数字集成方案中的数据来自于不同的平台和各种模型系统,类型多种多样,有水资源环境背景数据、土地资源数据、生态环境数据、卫星影像、统计数据、气象信息、专题数据等。针对塔河流域空间数据和干旱专题数据的特征和相关资料多时空(时相和空间参考)、多尺度、多源性、多种数据格式的特点,对不同的数据进行归类、统一和整合,采用多源数据(本地和网络数据)混搭(Mashup)应用的方式集成表现。

本地数据种类:矢量数据、栅格数据(包括遥感 LandSat 卫星数据)、DEM、多种专题数据、元数据、图表文件,以及多媒体数据等。

网络数据源:网络数据基于 ArcGIS Online 的瓦片格式数据,包括卫星影像和地形晕渲数据。ArcGIS Online 支持多种应用的地图服务,通过聚合本地塔河数据图层形成服务于旱情的集成地图和地理数据。

卫星影像:World_Imagery/MapServer

地形道路:ChinaOnlineStreetColor/MapServer

统一数据空间参考(坐标系统):通过投影转换和坐标变换实现不同坐标系统的统一。

基于多源信息的考虑,方案空间参考系采用麦卡托投影,其主要参数如下:

Coordinate System Name:World_Mercator

Projection:Mercator

False_Easting:0.000000

False _ Northing：0. 000000

Central _ Meridian：0. 000000

Standard _ Parallel _ 1：0. 000000

Linear Unit：Meter（1. 000000）

Geographic Coordinate System：GCS _ WGS _ 1984

Angular Unit：Degree（0. 01745329）

Prime Meridian：Greenwich（0. 00）

Datum：D _ WGS _ 1984

Spheroid：WGS _ 1984

 Semimajor Axis：6378137. 0000000

 Semiminor Axis：6356752. 314245

 Inverse Flattening：298. 257224

  空间数据整合与发布：围绕专题研究的特点和要求，通过数据编辑处理，实现空间数据之间内容的完整、分类体系的规范统一、认知的一致，通过整合处理取消多源信息中重复、不合理的部分。并且对部分空间信息进行了综合概化，形成概化图。

  塔河数字集成中，本地空间数据采用 dynamic（动态）类型；网络数据源的空间数据均为 tiled（切片）类型。

  多源空间信息根据不同的需要组合成基础信息图和专题地图，制作地图文档，在 ArcGIS Server 环境中发布（见图 9.5）。

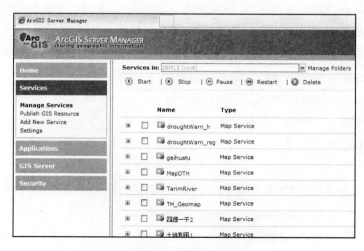

图 9.5　塔河本地数据网络发布示意图

（1）塔河基础地理数据内容（见图9.6、图9.7）

①文字资料：

塔里木河流域基本信息、水资源和生态环境、调度预案和规划等报告和文件。

②基础数据：

水文气象：水资源总量；降水（雪）量；蒸散发量；地表水资源量；地下水资源量；水资源质量；水资源分布及其特点；主要水文站点历史水位、流量、泥沙、水温、冰凌、气温、风速等资料，河系、站名及资料系列；主要雨量站点历史降水（雪）、蒸散发、旱情、墒情资料，河系、站名及资料系列；主要地下水监测站点历史地下水位资料。

水利工程资料：行政区划；工业发展；农业发展；畜牧业；渔业与养殖业；矿产资源；交通运输；邮电通信；旅游资源。

塔河流域社会经济及生态环境发展资料：历史生态评估报告及监测结果等；塔河流域历史干旱及国民经济等各行业损失情况调查资料。

③空间数据：

塔河流域基础地理和水利工程体系图（自然地理、行政区划、地形图、流域水系及站网分布图）

流域下垫面特性分布图：植被、土壤、土地利用图、灌区分布图、水文地质图、地下水富水性分区图、地下水埋深等值线图、水化学分区等。

④相关研究成果：干旱历史资料库；干旱灾害风险区划图；相关研究模型和成果等。

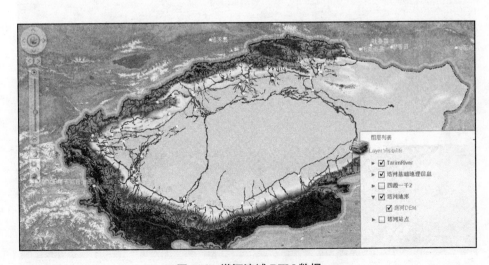

图9.6　塔河流域DEM数据

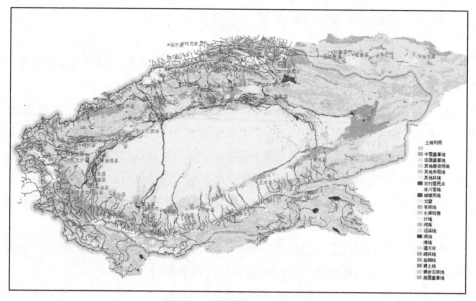

图 9.7　塔河流域土地利用图

（2）塔河专题数据内容（见图 9.8、图 9.9）

①专题（业务）数据

专题信息数据库包括干旱专题数据库，含干旱历史数据、预警数据等；水资源调配专题数据库，含用水、需水、可用水、用水结构等数据。

②模型库数据

模型、模型参数、模型计算数据等。

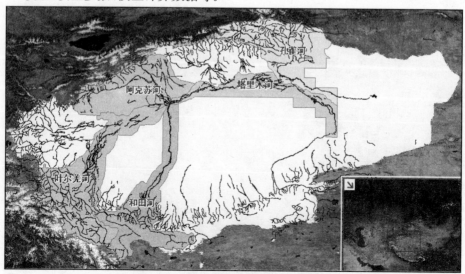

图 9.8　塔河流域"四源一干"分布图

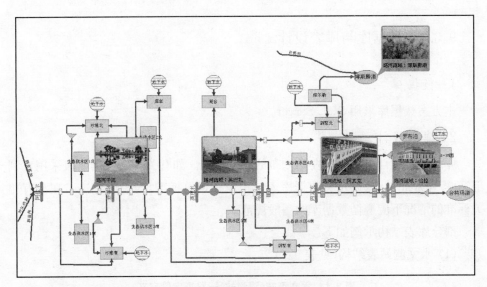

图 9.9 塔河干流节点概化图

（3）数据组织与关联方式

空间数据根据应用的目的和空间数据特征进行分层组织，在分层组织指导下对各种来源的多种矢量数据进行重新分类组织，落实到 ArcSDE 中的数据存储模型采用 GeoDatabase 方式，各个专题对应的是 ArcSDE 这个特殊的 GeoDatabase 下的数据集，每个数据集又有不同的特征类，对应于具体的特征图层。

空间数据采用 ArcGIS Desktop 软件用分层组织的方式；

属性数据分别存储于 ArcGIS 属性数据表中，专题属性保存在 SQL 数据库中，通过 OLE 以及数据库表关联、连接等方式交换数据（见图 9.10）。

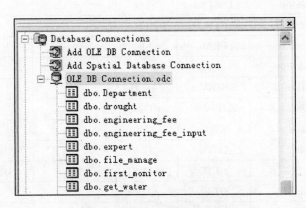

图 9.10 OLE 专题属性连接

9.3.4 数据库与库表设计

1）数据库

本方案数据库采用 SQL Server。

2）库表设计

库表结构设计力求符合业已颁布的专业标准。如有关水文数据库表采用水利部 2005 年颁布的《基础水文数据库表结构及标识符标准》与说明标准。在没有相关标准的情况下应遵循数据库的一般规范。

部分库表结构示例如下：

（1）水文测站表结构（见表 9.1）

表 9.1 水文测站（观测站）一览表字段定义

序　号	字段名	字段标识	类型及长度	是否允许空值	计量单位	主键序号
1	站码	STCD	C(8)	否		1
2	站名	STNM	C(24)	否		
3	站别	STCT	C(4)			
4	流域名称	BSHNCD	C(32)			
5	水系名称	HNNM	C(32)	否		
6	河流名称	RVNM	C(32)	否		
7	行政区划码	ADDVCD	C(6)	否		
8	水资源分区码	WRRGCD	C(6)			
9	设站年份	ESSTYR	N(4)	否		
10	设站月份	ESSTMTH	N(2)			
11	集水面积	DRAR	N(10.2)		平方千米	
12	流入何处	FLTO	C(32)			
13	至河口距离	DSTRVM	N(5.1)		千米	
14	基准基面名称	FDTMNM	C(10)			
15	站址	STLC	C(50)			
16	东经	LGTD	N(12.9)		度	
17	北纬	LTTD	N(11.9)		度	
18	测站等级	STGRD	C(1)			
19	备注	NT	C(80)			

（2）干旱计算单元库表（见表 9.2）

表 9.2 干旱评价单元（区）表字段定义

序 号	字段名	字段标识	类型及长度	是否允许空值	计量单位	主键序号
1	区码	ZNCD	C(20)	否		
2	流域水系码	BSHNCD	C(3)	否		1
3	区名	ZNNM	C(30)	否		2
4	区类	ZNTP	C(12)	否		
5	面积	AREA	N(12.2)	是	平方公里	
6	干旱指标	DINDEX	N(4)	是		
7	干旱预警等级	DCLASS	N(4)	是		

相应库表中不明确的需做简单的说明，其他库表略。

9.3.5 空间信息可视化建设

WebGIS 应用系统的开发通常主要使用 ADF，然而 ADF 开发技术复杂度较高，直接导致这一阶段的 WebGIS 应用项目开发时间成本较高。随着 GIS 领域的不断革新与进步，ArcGIS Server 逐渐取代了 ArcIMS，WebGIS 的开发方式也从简单的 html 页面发展到具有丰富表现力的 RIA 时代。REST API 和 Flex API 的推出，使得 WebGIS 应用构建的效率大大提高，实现了"简单易用"的特点。

塔河数字集成平台采用的空间信息可视化的主要工具之一就是 ArcGIS Flex API，是基于 ArcGIS9.3 和 Flex 上一套运行在浏览器端的地图 API。借助 ArcGIS Flex API 可以满足 GIS 需求，如地图浏览、多个专题图层叠加、地图符号的客户端绘制、动态数据、空间分析、属性条件查询、空间条件查询和编辑矢量数据功能。

1）初始界面布局配置

采用基于 XML 定义的标签来调用 Flex 框架的基础类库。标签提供了调用用户控件、导航、容器等可视化元素，但同时也提供调用非可视化方面的内容，比如用户界面、服务器端数据源以及服务器端的绑定。

塔河数字集成客户端应用初始界面布局的 mxml 配置文件程序内容如图 9.11 所示。

```
<s:Application xmlns:fx="http://ns.adobe.com/mxml/2009"
               xmlns:s="library://ns.adobe.com/flex/spark"
               xmlns:viewer="com.esri.viewer.*"
               xmlns:managers="com.esri.viewer.managers.*"
               pageTitle="ArcGIS Viewer for Flex">

    <fx:Style source="defaults.css"/>

    <fx:Metadata>
    [ResourceBundle("ViewerStrings")]
    </fx:Metadata>

    <viewer:ViewerContainer>
        <viewer:configManager>
            <managers:ConfigManager/>
        </viewer:configManager>
        <viewer:dataManager>
            <managers:DataManager/>
        </viewer:dataManager>
        <viewer:mapManager>
            <managers:MapManager/>
        </viewer:mapManager>
        <viewer:uiManager>
            <managers:UIManager/>
        </viewer:uiManager>
        <viewer:widgetManager>
            <managers:WidgetManager/>
        </viewer:widgetManager>
    </viewer:ViewerContainer>

</s:Application>
```

图 9.11　客户端应用初始界面布局配置

2）图层控制

基础地图图层采用 ArcGIS Online 的瓦片数据，分别为卫星影像和地形道路图层。

图层设置选项可以控制图层的显示与隐藏等（见图 9.12）。

3）地图操作浏览与定位

实现地图的平移、放大与缩小等地图操作基本功能。鼠标左键拖动地图可实现平移效果；移动导航工具条中的按钮可放大或缩小地图，或者用拉框缩放工具在地图上拉框放大与缩小，也可以用滚轮缩放。

图 9.12　图层控制

鼠标在地图上移动的同时，地图左下方会跟随鼠标显示指向地址的经纬度数据。

采用标签定位功能可以直接定位。如浏览地图直接定位到"四源一干"的某个流域，或指向指定的范围（见图 9.13）。

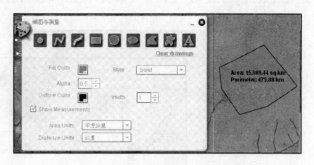

图 9.13　标签定位　　　　　　　　图 9.14　地图测量工具

4）画图测量工具

采用画图工具在装饰图层上画图（各种线、多边形），基于图形系统给出相应的长度、面积和周长数据（见图 9.14）。

5）查询与搜索

根据设定的图层，采用框选或站名、地名选择方法查询居民地或站点。

6）站点分布信息

查询本流域内相关站点，包括雨量站、水文站等。提供站点列表，并可根据列表站点搜索地图位置（见图 9.15）。

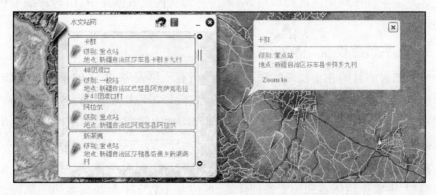

图 9.15　站点分布与查询

7）专题信息可视化

应用水资源评价分析和水资源调配模型计算的成果直接写入数据库，空间数据通过数据库表连接,使计算成果成为地图属性信息,并且采用专题成果表现方式进行可视化(见图 9.16)。如供需水分析等。

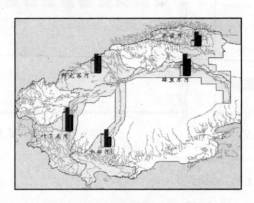

图 9.16　区域水资源分析示意图

9.3.6　应用模型集成

模型集成应用是数字集成中的重要环节。针对塔里木河流域自然资源和干旱生态环境信息和干旱预警、水资源调配模型的特点,在数字集成中采用松散耦合的方式进行。相对独立的干旱预警评价模型和水资源调配分析模型形成各自的数字集成的模型库。水资源调配模型作为独立应用程序、COM 或动态链接库 DLL 为系统客户端主程序调用或远程调用,结果保存为文件或数据库中,由客户端主程序实现可视化。

1) 干旱预警模型

干旱预警的目的在于及时发现哪些地区将有干旱发生,发生的旱情级别如何,并作出相应的警报。干旱预警基于及时发现灾险以采取措施。通常用干旱(预警)指数来及早识别灾情并发布警报,并可结合作物缺水敏感系数和生产、生活、生态需水的信息进行灾情及时评估。

基于流域干旱划分指标体系,确定干旱预警标准,结合多重基础数据建立干旱预警模型、灾害评估体系和预案管理体系,形成基于数字平台的高效的干旱预警系统,减轻灾害损失,促进塔里木河流域的可持续发展。

干旱预警标准是干旱强度和灾情程度的综合反映,是进行干旱监测、预测预警、灾害评估、预警应急响应的重要依据。具体干旱级别的划分标准参阅相关章节。

2）水资源配置模型

水资源调配模型就是基于塔里木河流域水资源的时空变化特征、干旱预警状况，以及受旱区域水资源现状、水利工程供水能力和可调配的有限水资源，研究不同干旱等级情势下的水资源供需关系，形成塔河流域水资源合理配置的方案，为极端旱情下水资源合理配置提供参考依据。

用水资源调配模型进行不同单元的水资源供需计算，结合水资源配置方案集，实现不同枯水保证率下的水资源配置分析。

水资源模拟模型采用线性规划计算方法，数学形式主要包括目标函数、平衡方程、计算时段、水文系列及模拟方案等因素。具体模型参阅相关章节。

3）模型集成

（1）模型库

①干旱预警模型

②水资源配置模型

（2）模型运行驱动

模型集成基于混搭的方式。由于 J2EE 包含许多组件，可简化并规范应用系统的开发与部署，进而提高可移植性、安全与再用价值。

J2EE 应用能够基于 Web，也可以不基于 Web。它一般将业务层和 Web 层合起来应用，在网页上驱动相关模型在外部运行。

9.3.7　网页集成开发和界面设计

网页开发是以 C/B/D 构架体系为基础，在网络开发环境中运用多种开发语言工具，结合 WebGIS，通过客户端网页浏览器操控、交互和运行，实现空间数据显示、信息查询、模型运算以及成果展示功能。

网页界面设计示例（见图 9.17）：

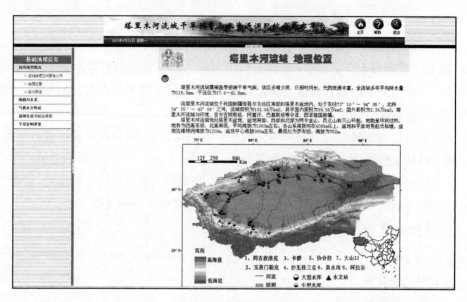

图 9.17　网页设计图

9.3.8　用户管理设计

塔河数字集成系统采用多用户设计。多个用户可以同时使用系统,用户通过身份验证之后进入操作界面。

多用户采用不同权限管理,不同的用户具有不同的使用权限控制。

系统对用户分为三级:一般用户、专业用户和管理员。一般用户可以浏览数据,查询分析计算结果;专业用户可以运用模型,修改模型参数、数据库和运行结果等;管理员具有最高权限。

用户的管理(增加用户、删除用户、权限设置等)由管理员操作执行(见图 9.18)。

图 9.18　用户管理界面

9.4　本章小结

　　本章重点介绍了塔河流域数字集成方案的具体思想,再结合干旱预警和水资源调配研究的需要,构建基于网络的干旱信息数据空间可视化框架,实现了干旱灾害评价与干旱预警,以及不同旱情等级下水资源调配与调度模型应用和干旱灾害应对措施与方案的数字集成。

参 考 文 献

[1] 毛德华,韩德麟,张发旺.塔里木河流域水资源、环境与管理:塔里木河流域水资源、环境与管理学术讨论会论文集[M].北京:中国环境科学出版社,1998.

[2] 王树基,高存海.塔里木内陆盆地晚新生代干旱环境的形成与演变[J].第四纪研究,1990(4):372—380.

[3] 金炯,董光荣,申建友.新疆塔里木盆地的现代气候状况[J].干旱区资源与环境,1994(3):12—21.

[4] 张月华,耿燕.乌鲁木齐地区一种新的干旱指标的探讨[J].沙漠与绿洲气象,2008(6):34—37.

[5] 朱炳瑗,谢金南,邓振镛.西北干旱指标研究的综合评述[J].甘肃气象,1998(1):37—39.

[6] 庄晓翠.干旱指标及其在新疆阿勒泰地区干旱监测分析中的应用[J].灾害学,2010(3):81—85.

[7] 雷志栋,等.塔里木河干流水资源的形成及其利用问题[J].中国科学,2003,33(5):473—480.

[8] 尤平达.塔里木河流域地表水资源及径流组成[J].干旱区地理,1995.18(2):29—35.

[9] World Meteorological Organization. International Meteoricaljogical Vocabulary(2nd)[C]. WMO,1992:182—784.

[10] Palmer W C. Meteorological Drought US[J]. Westher Bureau Research Paper,1965:45—58.

[11] Hugo A. Loaiciga. On the probability of droughts:the compound renewal model[J]. Water Resources Resesrch,2005,41.

[12] Zhang jingshu. Definition and logical analysis on drought[J]. Agricultural Resesrch in Arid Areas. 1993,11(3):97—100.

[13] 任尚义.干旱概念探讨[J].干旱地区农业研究.1991,1(1):78—80.

[14] 张强,潘学标,马柱国.干旱[M].北京:气象出版社,2009:199—210.

[15] Tabrizi A A,et al. Utilization of Time-Based Meteorological Droughts to Investigate Occurrence of Streamflow Droughts[J]. Water resources management,2010:1—20.

[16] Wilhite D A,M D Svoboda. Drought early warning systems in the context of drought preparedness and mitigation, in Early Warning Systems for Drought Preparedness and Drought Management,D. A. Wilhite,M. V. K. Sivakumar and D. A. Woods,D. A. Wilhite, M. V. K. Sivakumar and D. A. Woods Editors[J]. 2001,World Meteorol. Org. :Lisbon, Portugal. 1—21.

[17] Solomon S. Climate change 2007:the physical science basis:contribution of Working Group I to the Fourth Assessment Report of the Intergovernmental Panel on Climate Change

[M]. 2007:Cambridge Univ Pr.

[18] Shiau J. Fitting drought duration and severity with two-dimensional copulas[J]. Water Resources Management,2006,20:795—815.

[19] Tabrizi A A,Khalili D,Kamgar-Haghighi A A,Zand-Parsa S. Utilization of Time-Based Meteorological Droughts to Investigate Occurrence of Streamflow Droughts[J]. Water Resources Management,2010:1—20.

[20] Tallaksen L,Hisdal H,Lanen H. Space-time modelling of catchment scale drought characteristics[J]. Journal of hydrology,2009,375:363—372.

[21] Murphy B F,Timbal B. A review of recent climate variability and climate change in southeastern Australia[J]. International journal of Climatology,2008,28:859—879.

[22] Hisdal H,Tallaksen L M. Estimation of regional meteorological and hydrological drought characteristics:a case study for Denmark[J]. Journal of hydrology,2003,281:230—247.

[23] Zeng N. Drought in the Sahel[J]. science,2003,302:999.

[24] Zou X,Zhai P,Zhang Q. Variations in droughts over China:1951—2003[J]. Geophysical Research Letters,2005,32(4):707.

[25] 袁文平,周广胜. 干旱指标的理论分析与研究展望[J]. 地球科学进展,2004(19):982—991.

[26] Shukla S,Wood A. Use of a standardized runoff index for characterizing hydrologic drought[J]. Geophysical Research Letters,2008,35:L02405.

[27] Narasimhan B,Srinivasan R. Development and evaluation of Soil Moisture Deficit Index (SMDI)and Evapotranspiration Deficit Index (ETDI)for agricultural drought monitoring [J]. Agricultural and Forest Meteorology,2005,133:69—88.

[28] Andreadis K M. ,et al. Twentieth-century drought in the conterminous United States. 2009.

[29] FILIPE SANTOS J,I PULIDO-CALVO,M M PORTELA. Spatial and temporal variability of droughts in Portugal[J]. Water resources research,2010. 46(3).

[30] Shiau J T. Fitting drought duration and severity with two-dimensional copulas[J]. Water resources management,2006. 20(5):795—815.

[31] Tallaksen L M,H Hisdal,H Lanen. Space-time modelling of catchment scale drought characteristics[J]. Journal of Hydrology,2009. 375(3—4):363—372.

[32] 冯丽文. 我国近 35 年来干旱灾害及其对国民经济部门的影响[J]. 灾害学,1988,3(2):1—7.

[33] 张兰生,史培军,方修琦. 我国农业自然灾害灾情分析[J]. 北京师范大学学报,1990,6(3): 94—99.

[34] 陈菊英. 中国旱涝的分析和长期预报研究[M]. 北京:农业出版社,1991.

[35] 姜逢清,朱诚,胡汝骥,等. 新疆 1950—1997 年洪旱灾害的统计与分形特征分析[J]. 自然灾害学报,2002,11(4):96—100.

[36] 张允,赵景波. 1644—1911 年宁夏西海固干旱灾害时空变化及驱动力分析[J]. 干旱区资源与环境,2009,23(5):94—99.

[37] 黄会平,1949—2005 年全国干旱灾害若干统计特征[J]. 气象科技,2008,36(5):551—555.

[38] 李晶,王耀强,屈忠义,等. 内蒙古自治区干旱灾害时空分布特征及区划[J]. 干旱地区农

业研究,2010,28(5):266—272.

[39] 张景书.干旱的定义及其逻辑分析[J]. 干旱地区农业研究. 1993,11(3):97—100.

[40] Gibbs,W. J. and Maher,J. V. Rainfall deciles as drought indicators. Bureau of Meteorology Bulletin no. 48. Commonwealth of Australia,Melbourne 1967.

[41] Bogard H,Matgasovszky I. A hydroclimatological model of aerial drought[J]. Journal of Hydrology,1994,153(1—4):245—264.

[42] McKee T,Doesken N,Kleist J. The relationship of drought frequency and duration to time scales. Proceedings of the Eighth Conference on Applied Climatology. American Meteorological Society. Boston,1993:179—184.

[43] Nalbantis I,Tsakiris G. Assessment of Hydrological Drought Revisited[J]. Water Resources Management,2009,23(5):881—897.

[44] Kogan F N. Droughts of the late 1980s in the United States as derived from NOAA polarbitin-g satellite data[J]. Bulletin of the American Meteorological Society, 1975, 76: 655—668.

[45] Ghulan A,Li Z L,Qin Q,et al Exploration of the spectral space based on vegetation index and albedo for surface drought estination[J]. Journal of Applied Renote Sensing,2007, 1:013529.

[46] Ghulan A,Qin Q,Zhan Z. Designing of the perpendicular driught index[J]. Environmental Geology,2007,52(6):1045—1052.

[47] Brown J F,Wardlow B D. Tadesse T,et al. The Vegetation Drought Response Index(VegDRI):A new integrated approach for monitoring drought stress in vegetation[J]. GIScience and Remote Sensing,2008,45(1):16—46.

[48] 王劲峰.中国自然灾害影响评价方法研究[M]. 北京:中国科学技术出版社,1993:58—86.

[49] 鞠笑生,杨贤为,陈丽娟等. 我国单站旱涝指标确定和区域旱涝级别划分的研究[J]. 应用气象学报,1997,8(1):26—32.

[50] 杨青,李兆元.干旱半干旱地区的干旱指数分析[J].灾害学,1994,9(2):12—16.

[51] 王劲松,郭江勇,倾继祖.一种 K 干旱指数在西北地区春旱分析中的应用[J].自然资源学报,2007,22(5):709—717.

[52] 庞万才,周晋隆,王桂芝.关于干旱监测评价指标的一种新探讨[J].气象,2005,31(10): 32—35.

[53] Sen Z. Statistic analysis of hydrologic critical droughts[J]. Journal of The Hydraulics Division. 1991,106(1):99—115.

[54] Shiau J. Fitting Drought Duration and Severity with Two-Dimensional Copulas[J]. Water Resources Management. 2006,20(5):795—815.

[55] Shiau J T,FENG S,NADARAJAH S. Assessment of hydrological droughts for the yellow river,China,using copula[J]. Hydrological Processes,2007,21(16):2157:2163.

[56] Zhang L,Singh V P. Bivariate rainfall frequency distributions using Archimedean copulas [J]. Journal of Hydrology. 2007,332(1—2):93—109.

[57] Andreadis,K. M. ,et al. ,Twentieth-century drought in the conterminous United States. 2009.

[58] Tallaksen,L. M. ,H. Hisdal and H. Lanen. Space-time modelling of catchment scale drought characteristics[J]. Journal of Hydrology,2009,375(3－4):363－372.

[59] Joao Filipe Santos,et al. Spatial and temporal variability of droughts in Portugal[J]. Water resources research,2010,46(3).

[60] 阎宝伟,郭生练,肖义,等. 基于两变量联合分布的干旱特征分析[J]. 干旱区研究,2007,24(4):537－542.

[61] 王文胜. 河川径流水文干旱分析[J]. 甘肃农业大学学报,1999,34(2):184－187.

[62] 和宛琳,徐宗学. 渭河流域干旱特征及干旱指数计算方法初探[J]. 气象,2006,32(1):24－29.

[63] 彭高辉,夏军,马秀峰,等. 黄河流域干旱频率分布及轮次数字特征分析[J]. 人民黄河,2011,6(33):3－12.

[64] Dai,A. ,K. E. Trenberth,T. R. Karl. Global variations in droughts and wet spells:1900－1995[J]. Geophysical Research Letters,1998,25(17):3367－3370.

[65] Tabrizi,A. A. ,et al. ,Utilization of Time-Based Meteorological Droughts to Investigate Occurrence of Streamflow Droughts[J]. Water resources management,2010:p. 1－20.

[66] Nalbantis I,G Tsakiris,Assessment of hydrological drought revisited[J]. Water resources management,2009,23(5):881－897.

[67] Lohani VK,Loganathan GV,An early warning system for drought management using the Palmer drought index[J]. Am Water Resour Assoc,1997,33(6):1375－1386.

[68] Kim T,Valdes JB. Nonlinear model for drought forecasting based on a conjunction of wavelet transforms and neural networks[J]. Hydrol Eng ASCE,2003,8(6):319－328.

[69] 陈涛,刘兰芳,肖兰,等. 利用环流特征量进行衡阳干旱预测及其系统开发[J]. 贵州气象. 2008,32(1):21－23.

[70] 张遇春,张勃. 黑河中游近 49 年降水序列变化规律及干旱预测——以张掖市为例[J]. 干旱区资源与环境,2008,22(1):84－88.

[71] 林盛吉. 基于统计降尺度模型的钱塘江流域干旱预测和评估[D]. 浙江大学,2011.

[72] 张强,张良,崔显成,等. 干旱监测与评价技术的发展及其科学挑战[J]. 地球科学进展,2011,26(7):763－778.

[73] Steila D. Drought[C] O liver JE,Fairbridge R W,eds. The Encyclopedia of Climatology Van Nostrand Reinhold,1987:388－395.

[74] Navuth T E. Drought Management in the Lower Mekong Basin[C] 3rd Southeast Asia Water Forum,Kuala Lumpur,Malaysia,22－26 October 2007.

[75] Arab D. Developing an Integrated Drought Monitoring System Based on Socioeconomic Drought in a Transboundary River Basin:A Case Study[C]World Environmental and Water Resources Congress 2010:Challenges of Change,Planning and Management Council Providence,Rhode Island,May16－20,2010:2754－2761.

[76] Houorou H N,Popov G F,See L. Agrobioclimatic of Africa[M]. Agrometeorology Series

　　　　Working Paper 6,Food and Agriculture Organization,Rome,Italy,1993:227.

[77] Leathers D J. An evaluation of severe soil moisture droughts across the northeast United States[C]Preprints. 10th Conference on Applied Climatology. Reno,NV,American Meteorology Society,1997:326—328.

[78] 张强,高歌.我国近 50 年旱涝灾害时空变化及监测预警服务[J].科技导报,2004,(7):21—24.

[79] 樊高峰,苗长明,毛裕定.干旱指标及其在浙江省干旱监测分析中的应用[J].气象,2006,32(2):70—74.

[80] Von Storch, V. H. . Misuses of statistical analysis in climate research. In:Storch, H. V. , Navarra,A. (Eds.). Analysis of Climate Variability:Application of Statistical Techniques. Berlin:Springer-Verlag,1995,11—26.

[81] Sanjiv Kumar, Venkatesh Merwade. Streamflow trends in Indiana:Effects of long term persistence,precipitation and subsurface drains. Journal of Hydrology,374:171—183.

[82] Kulkarni,A. ,H. von Stroch. Monte Carlo experiments on the effect of serial correlation on the Mann-Kendall test of trend. Meteorologische Zeitschrift,1995,4(2):82—85.

[83] 翁白莎,严登华.变化环境下中国干旱综合应对措施探讨[J].资源科学,2010,32(2):309—316.

[84] MISHRA A K,SINGH V P. A review ofdrought concepts[J]. Journal of Hydrology,2010,391:202—216.

[85] 王艳玲.区域干旱模糊综合评价研究[D].济南:山东大学,2007.

[86] 安顺清,邢久星.修正的帕尔默干旱指数及其应用[J].气象,1985,11(12):17—19.

[87] 樊自立,王烨.塔里木河流域整治及生态环境保护研究(创新者的报告第 2 集)[M].北京:科学出版社,2001:139—156.

[88] 宋郁东,樊自立,雷志栋,等.中国塔里木河水资源与生态问题研究[M].乌鲁木齐:新疆人民出版社,2000:175—205.

[89] 李新琪,刘建军,朱海涌,等.新疆环境质量综合评价研究[J].干旱环境监测,2003,17(2):82—85.

[90] 宋郁东,樊自立,雷志栋.中国塔里木河流域水资源与生态问题研究[M].乌鲁木齐:新疆人民出版社,1999:398.

[91] 雷志栋,甄宝龙,尚松浩,等.塔里木河干流水资源的形成及利用问题[J].中国科学(E辑),2003,44(6):617—624.

[92] 海米提·依米提,塔西甫拉提·特依拜,熊黑钢.内流河流域水资源利用对径流年际年内变化影响的分析——以塔里木河流域为例[J].地理研究,2000,19(3):27—276.

[93] 郝兴明,陈亚宁,李卫红.塔里木河流域近 50 年来生态环境变化的驱动力分析[J].地理学报,2006,61(3):262—272.

[94] 新疆维吾尔自治区统计局.新疆统计年鉴[M].中国统计出版社,2005:43—120.

[95] 张一驰,李宝林,程维明,等.开都河流域径流对气候变化的响应研究[J].资源科学,2004,26(6):69—76.

[96] 樊自立,马英杰,季方,等.塔里木河生态环境演变及整治途径[J].干旱区资源与环境,2001,15(1):11—17.

[97] 杨青,何清.塔里木河流域的气候变化、径流量及人类活动之间的相互影响[J].应用气象学报,2003,14(3):309—321.

[98] 陈亚宁,崔旺诚,李卫红,等.塔里木河的水资源利用与生态保护[J].地理学报,2003,58(2):215—222.

[99] 杨戈,郭永平.塔里木河下游末端实施生态输水后植被变化与展望[J].中国沙漠,2004,24(2):167—172.

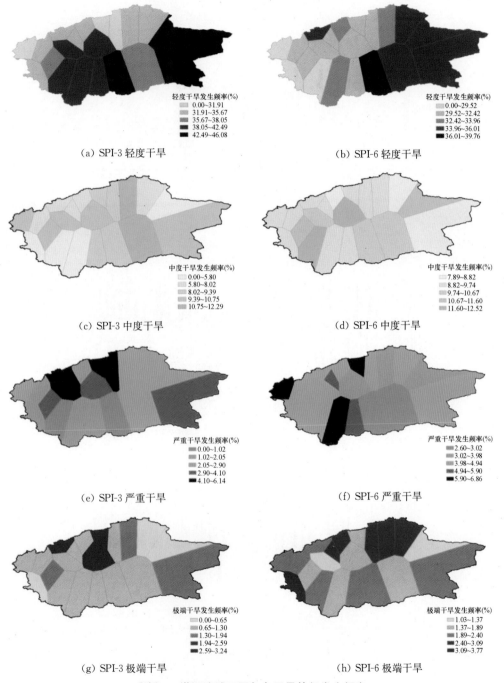

（a）SPI-3 轻度干旱   （b）SPI-6 轻度干旱

（c）SPI-3 中度干旱   （d）SPI-6 中度干旱

（e）SPI-3 严重干旱   （f）SPI-6 严重干旱

（g）SPI-3 极端干旱   （h）SPI-6 极端干旱

彩插 1　塔河流域不同气象干旱等级发生频率

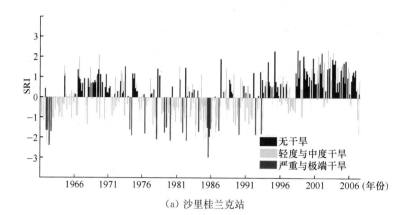

（a）沙里桂兰克站

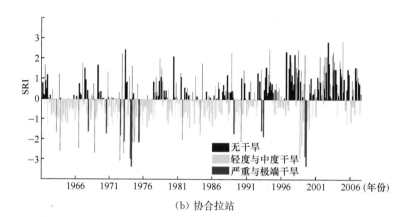

（b）协合拉站

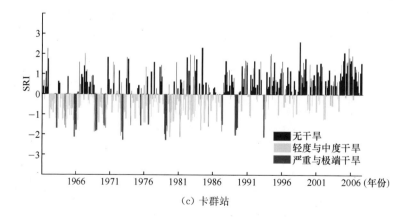

（c）卡群站

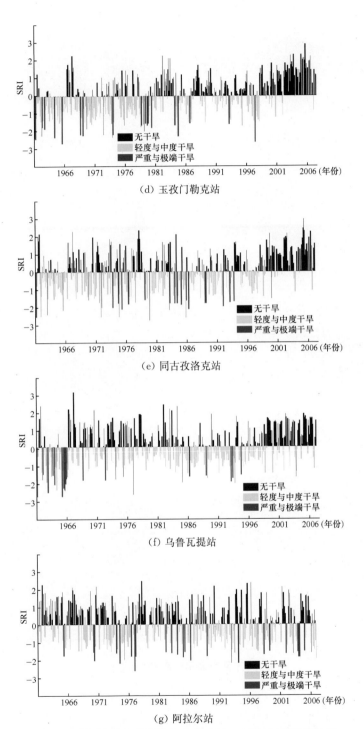

(d) 玉孜门勒克站

(e) 同古孜洛克站

(f) 乌鲁瓦提站

(g) 阿拉尔站

彩插 2　塔河流域主要代表水文站 1961—2007 年 SRI 指标值

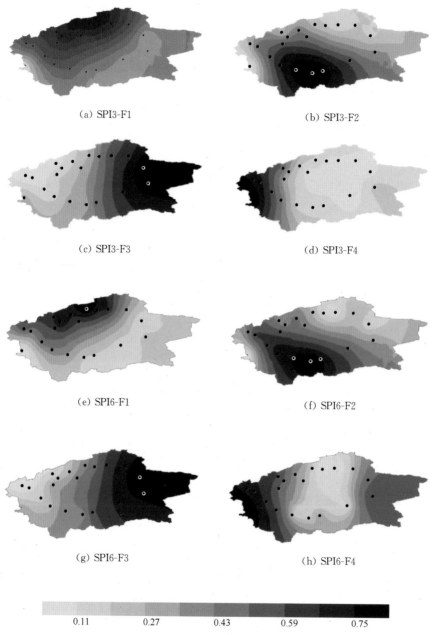

(a) SPI3-F1 (b) SPI3-F2

(c) SPI3-F3 (d) SPI3-F4

(e) SPI6-F1 (f) SPI6-F2

(g) SPI6-F3 (h) SPI6-F4

0.11 0.27 0.43 0.59 0.75

彩插 3 不同尺度 SPI 因子载荷空间分布

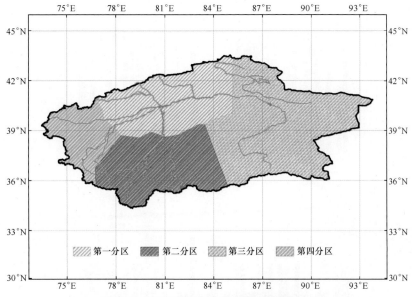

彩插 4 基于 SPI-3_{3～5月} 塔河流域干旱分区

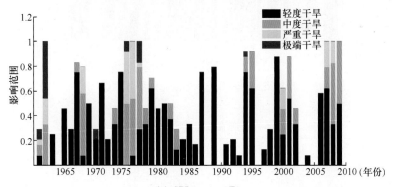

(a) SPI-3_{3～5月}～F1

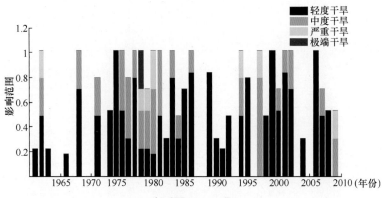

(b) SPI-3_{3～5月}～F2

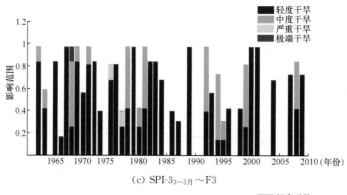

(c) SPI-3$_{3\sim5月}$~F3

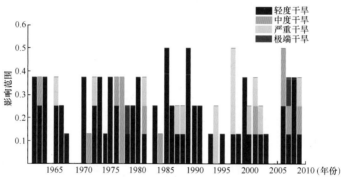

(d) SPI-3$_{3\sim5月}$~F4

彩插 5　各分区干旱影响范围变化情况

彩插 6　塔河流域主要干旱事件统计表

干旱类型	阈值水平	历时 L(月)			范围 A(%)			程度 S		
		1	2	3	1	2	3	1	2	3
气象干旱	0%	69/72	61/64	75/78	78/79	61/64	80/81	78	80/81	85
	10%	76/77	61/62	75	63	78	71	78	63	86
	20%	78	94	80	63	78	61	78	61	63
	30%	78	80	75	63	78	61	78	61	94
	40%	61	78	63	78	63	71	78	71	63
	50%	78	63	61	75	78	63	75	78	94
农业干旱	0%	97/00	80/81	61/62	97/00	78	63	68	93	67
	10%	98/00	97	80/81	97	63	00	61	65	73
	20%	98/99	97	78	97	00	63	63	87	90
	30%	97	00	78	98	97	99	94	87	74
	40%	97	00	98	97	98	99	87	69	97
	50%	97	00	98	00	97	98	97	63	81

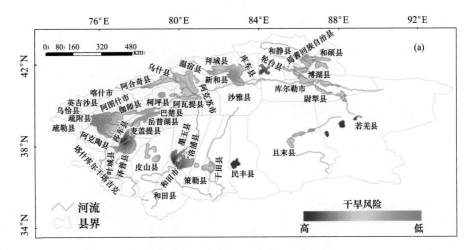

彩插 7　轻度干旱发生概率空间分布

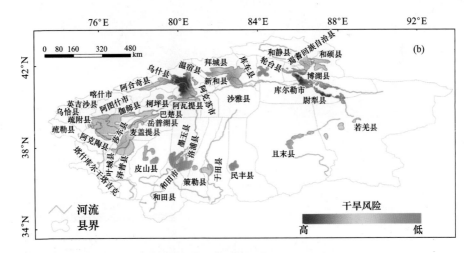

彩插 8　中度干旱发生概率空间分布

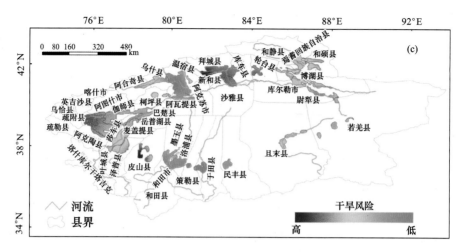

彩插 9　重度干旱发生概率空间分布

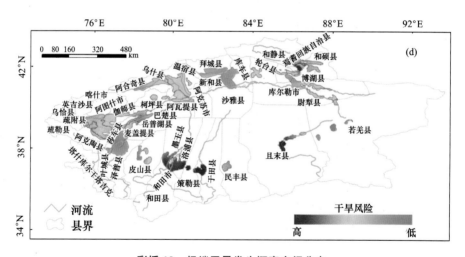

彩插 10　极端干旱发生概率空间分布